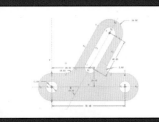

第3章 草图绘制
卡盘草图

第4章 基准特征
创建来自方程的曲线

创建通过点的曲线

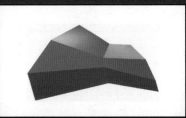

第5章 草绘特征创建
电源插头

扫描混合特征

创建旋转混合特征

螺旋扫描

弯管

轴承内套圈

轴承轴

轴承轴套

第6章 放置特征设计
拨叉

机械设计院

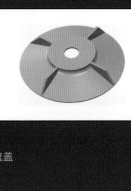

导流盖

轴盖

凉水壶

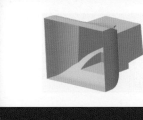

显示器壳主体

轴承轴

轴承外套圈

第7章 修改零件模型
轴承内隔网

第8章 特征复制
耳麦

发动机曲轴

填充阵列

轴承垫圈

锥齿轮

机械设计院

第9章 曲面设计

飞机模型

拉伸曲面

苹果

漏斗

第10章 装配设计

轴承装配

第11章 动画制作

轴承分解动画

第12章 钣金设计

成型工具1

成型工具2

成型工具3

机箱前板

第13章 三维工程图

弯头

创建弯头视图

机械设计院

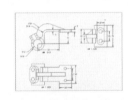

标注弯头工程图尺寸

轴支架

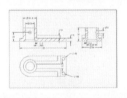

轴支架工程图

第14章 齿轮泵综合设计
齿轮泵后盖

齿轮轴

阶梯轴

齿轮泵基座

齿轮组件装配体

内六角螺钉

齿轮泵前盖

齿轮泵总装配

齿轮泵爆炸视图

机械设计院

机械设计院
•从入门到精通•

Creo 1.0 中文版辅助设计从入门到精通

王宏 万金环 编著

人民邮电出版社
北京

图书在版编目（CIP）数据

Creo 1.0中文版辅助设计从入门到精通 / 王宏，万
金环编著. -- 北京：人民邮电出版社，2012.1
　　（机械设计院. 从入门到精通）
　　ISBN 978-7-115-26886-0

　　Ⅰ．①C… Ⅱ．①王… ②万… Ⅲ．①模具－计算机辅
助设计－应用软件 Ⅳ．①TG76-39

中国版本图书馆CIP数据核字(2011)第235045号

内 容 提 要

　　本书主要以 Creo Parametric 模块为平台，详细介绍了零件造型模块、零件装配模块、钣金模块和工程图模块的功能及具体操作。全书共 14 章，内容由浅入深，包括 Creo 概述、Creo Parametric 中文版的界面和基本操作、草绘功能、基准特征、零件建模的基本方法、零件建模的编辑、曲面造型的创建、装配图的创建、钣金特征的创建和工程图的相关知识。内容全面具体，实例丰富实用，可以帮助读者在短时间内有效提升 Creo 工程设计能力。

　　随书配送的多媒体光盘包含全书所有实例的源文件和全部实例操作过程 AVI 文件，可以帮助读者更加形象直观、轻松自在地学习本书。

　　本书适合作为各级学校和培训机构相关专业学员学习 Creo 软件的教材和自学辅导书，也可作为机械设计和工业设计相关人员的学习参考书。

机械设计院・从入门到精通

Creo 1.0 中文版辅助设计从入门到精通

◆ 编　　著　王　宏　万金环
　　责任编辑　俞　彬

◆ 人民邮电出版社出版发行　　北京市崇文区夕照寺街 14 号
　　邮编　100061　　电子邮件　315@ptpress.com.cn
　　网址　http://www.ptpress.com.cn
　　三河市潮河印业有限公司印刷

◆ 开本：787×1092　1/16
　　印张：24.5　　　　　　　　　彩插：2
　　字数：642 千字　　　　　　　2012 年 1 月第 1 版
　　印数：1 – 3 500 册　　　　　2012 年 1 月河北第 1 次印刷

ISBN 978-7-115-26886-0

定价：55.00 元（附光盘）

读者服务热线：**(010)67132692**　印装质量热线：**(010)67129223**
反盗版热线：**(010)67171154**
广告经营许可证：京崇工商广字第 **0021** 号

前　　言

Creo 是一个整合 Pro/ENGINEER、CoCreate 和 ProductView 三大软件并重新分发的新型 CAD 设计软件包，针对不同的应用任务，采用更为简单化的子应用方式，所有子应用采用统一的文件格式。Creo 目的在于解决目前 CAD 系统难用，以及多 CAD 系统数据共用等问题。

鉴于 Creo 软件与上版差异过大，使得即使长期从事三维软件的工作人员在使用新版软件时也不免有些吃力，而对其他读者而言无异于新软件。因此，本书面对的读者范围大大增加，这也相对提高了我们在书籍的更多方面的质量。

本书主要以 Creo Parametric 模块为平台，详细介绍了零件造型模块、零件装配模块、钣金模块和工程图模块的功能和具体操作。全书共 14 章，由浅入深进行安排，分别讲述 Creo 概述、Creo Parametric 中文版的界面和基本操作、草绘功能、基准特征、零件建模的基本方法、零件建模的编辑、曲面造型的创建、装配图的创建、钣金特征的创建和工程图的相关知识。内容全面具体，实例丰富实用，可以帮助读者在短时间内有效提升 Creo 工程设计能力。

随书配送的多媒体光盘包含全书所有实例的源文件和效果图演示，以及全部实例操作过程 AVI 文件，时长达 200 分钟，可以帮助读者更加形象直观、轻松自在地学习本书。

本书由王宏和万金环编著。此外，参与本书编辑和修改的有王敏、刘昌丽、康士廷、王义发、胡仁喜、王培合、王艳池、王玉秋、周冰、董伟、王渊峰、张俊生、王兵学、李瑞、王佩楷、张日晶、孟培、闫聪聪等。在此，编者对以上人员致以诚挚的谢意！

由于作者水平有限，时间仓促，疏漏之处在所难免，恳请读者登录网站 www.sjzsanweishuwu.com 或发送邮件到 win760520@126.com 批评指正，也可联系本书责任编辑俞彬，邮件发送到 yubin@ptpress.com.cn。

编　者

2011 年 10 月

目　　录

第 1 章
Creo 概述

本章导读

本章主要介绍了 Creo 软件的主要功能、应用模块。本书主要以 Creo Parametric 模块为基础进行讲解，所以这章也介绍了 Creo Parametric 模块的功能以及扩展。

知识重点

- Creo Parametric 简介

- 系统配置

- 基本概念

1.1 Creo 简介

Creo 是一个整合 Pro/ENGINEER、CoCreate 和 ProductView 三大软件并重新分发的新型 CAD 设计软件包，针对不同的应用任务，采用更为简单化的子应用方式，所有子应用采用统一的文件格式。Creo 目的在于解决目前 CAD 系统难用，以及多 CAD 系统数据共用等问题。

1.1.1 主要功能特色

作为 PTC 闪电计划中的一员，Creo 具备互操作性、开放性、易用性三大特点。在产品生命周期中，不同的用户对产品开发有着不同的需求。不同于目前的解决方案，Creo 旨在消除 CAD 行业中几十年迟迟未能解决的问题。

- 解决机械 CAD 领域中未解决的重大问题，包括基本的易用性、互操作性和装配管理。
- 采用全新的方法实现解决方案（建立在 PTC 的特有技术和资源上）。
- 提供一组可伸缩、可互操作、开放且易于使用的机械设计应用程序。

为设计过程中的每一名参与者适时提供合适的解决方案。

1.1.2 主要应用模块

Creo 通过整合原来的 Pro/Engineer、CoCreate 和 ProductView 三个软件后，重新分成各个更为简单而具有针对性的子应用模块，所有这些模块统称为 Creo Elements。而原来的三个软件则分别整合为新的软件包中的一个子应用。

- Pro/Engineer 整合为 Creo Elements/Pro。
- CoCreate 整合为 Creo Elements/Direct。
- ProductView 整合为 Creo Elements/View。

整个 Creo 软件套装将由 4 个解决方案所组成：AnyRole Apps、AnyMode Modelling、AnyData Adoption 和 AnyBOM Assembly。

1. AnyRole APPs（应用）

在恰当的时间向用户提供合适的工具，使组织中的所有人都参与到产品开发过程中。最终结果：激发新思路、创造力以及个人效率。

2. AnyMode Modeling （建模）

提供业内唯一真正的多范型设计平台，使用户能够采用二维、三维直接或三维参数等方式进行设计。在某一个模式下创建的数据能在任何其他模式中访问和重用，每个用户可以在所选择的模式中使用自己或他人的数据。此外，Creo 的 AnyMode 建模将让用户在模式之间进行无缝切换，而不丢失信息或设计思路，从而提高团队效率。

3．AnyData Adoption（采用）

用户能够统一使用任何 CAD 系统生成的数据，从而实现多 CAD 设计的效率和价值。参与整个产品开发流程的每一个人，都能够获取并重用 CREO 产品设计应用软件所创建的重要信息。此外，CREO 将提高原有系统数据的重用率，降低了技术锁定所需的高昂转换成本。

4．AnyBOM Assembly（装配）

为团队提供所需的能力和可扩展性，以创建、验证和重用高度可配置产品的信息。利用 BOM 驱动组件以及与 PTC Windchill PLM 软件的紧密集成，用户将开启并达到团队乃至企业前所未有过的效率和价值水平。

1.1.3　Creo 推出的意义

Creo 在拉丁语中是创新的含义。Creo 的推出，是为了解决困扰制造企业在应用 CAD 软件中的 4 大难题。CAD 软件已经应用了几十年，三维软件也已经出现了二十多年，似乎技术与市场逐渐趋于成熟。但是，目前制造企业在 CAD 应用方面仍然面临着 4 大核心问题。

（1）软件的易用性。目前 CAD 软件虽然已经技术上逐渐成熟，但是软件的操作还很复杂，宜人化程度有待提高。

（2）互操作性。不同的设计软件造型方法各异，包括特征造型、直觉造型等，二维设计还在广泛的应用。但这些软件相对独立，操作方式完全不同，对于客户来说，鱼和熊掌不可兼得。

（3）数据转换的问题。这个问题依然是困扰 CAD 软件应用的大问题。一些厂商试图通过图形文件的标准来锁定用户，因而导致用户有很高的数据转换成本。

（4）装配模型如何满足复杂的客户配置需求。由于客户需求的差异，往往会造成由于复杂的配置大大延长产品交付时间。

Creo 的推出，正是为了从根本上解决这些制造企业在 CAD 应用中面临的核心问题，从而真正将企业的创新能力发挥出来，帮助企业提升研发协作水平，让 CAD 应用真正提高效率，为企业创造价值。

1.2　Creo Parametric 简介

工程部门在努力创造突破性的产品时面临着无数挑战，它们必须管理严格的技术过程以及不同开发团队中的快速信息流。在过去，寻求 CAD 益处的公司可能会选择那些注重易用性但却缺乏深度和广度的工具。有了 Creo Parametric，公司就获得了简单但功能强大的解决方案，能够创造出不折不扣的出色产品。

Creo Parametric 帮助您快速提供最高质量和最准确的数字化模型。凭借无缝的 Web 连接性，Creo Parametric 可让产品团队访问他们所需的资源、信息和功能——从概念设计和分析到模具开

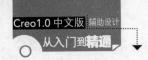
发和加工。此外，利用 Creo Parametric，高精度和数字化模型具有全相关性，从而使用在任何地方所做的产品变更都能更新交付数据。这正是在您将大笔资金投入到采购、产能和量产之前，获取对数字化产品信心的必要条件。

1.2.1 主要优点

Creo Parametric 具有以下优点。

- 快速发布最优质和最新颖的产品。
- 利用自由风格的设计功能加快概念设计速度。
- 利用更高效灵活的 3D 详细设计功能提高工作效率。
- 提高模型质量、促进原始零件和多 CAD 零件的再利用以及减少模型错误。
- 轻松处理复杂的曲面设计要求。
- 即时连接到 Internet 上的信息和资源，实现高效的产品开发过程。

1．Creo Parametric 是快速实现价值的最佳选择。

通过灵活顺畅的用户界面，Creo Parametric 以不同于任何其他 3D CAD 软件的方式推动着个人工程效率的提高。业界领先的用户体验允许直接建模、提供特征处理和智能捕捉，并使用几何预览，从而使用户能在实施变更之前看到变更的效果。此外，Creo Parametric 构建在人们熟悉的 Windows 用户界面标准之上，能让用户立即上手，而且可扩展这些标准以应对 3D 产品设计的独特挑战。

虽然大多数离散制造商都投资于计算机辅助设计和其他产品开发技术，但是他们的投资未必一定会产生所期望的回报。缺乏互操作性，功能缺陷、实用性差以及概念—设计—制造这一连续过程中出现脱节，经常阻碍着工程团队更高效地开发优质的数字化产品模型。

既强大又丰富的功能使工程师能够根据客户的需求进行设计，而不会受到软件的限制。Creo Parametric 利用具有关联性的 CAD、CAM 和 CAE 应用程序，可在所有工程过程中创建无缝的数字化产品信息。此外，Creo Parametric 在多 CAD 环境中表现出色，并且保证向上兼容来自早期 Pro/ENGINEER 版本的数据。

快速、安全的协作意味着更高的生产效率和更低的风险。Creo Parametric 通过内嵌的 Web 浏览器提供对重要资源的即时连接。作为 PTC 综合产品开发系统的一部分，Creo Parametric 提供与 Windchill 的无缝体验。

2．绝无半点折中

Creo Parametric 建立在经验验证的 Pro/ENGINEER 技术的基础上，可提供最新和最有创新性的 3D CAD 详细设计功能。作为专业设计师，您不能冒着风险采用可能给您的产品、工艺或生产效率带来损害的 CAD 工具，选择 Creo Parametric，您就拥有了得心应手的工具，能够快速、准确地完成整个工作，绝不会因为软件功能缺陷受到影响。

1.2.2 Creo Parametric 功能

Creo Parametric 的功能有如下几点。

1. 3D 实体建模

- 无论模型有多复杂都能创建精确的几何图形。
- 自动创建草绘尺寸，从而能快速轻松地进行重用。
- 快速构建可靠的工程特征，例如倒圆角、倒角、孔等。
- 使用族表创建系列零件。

2. 可靠的装配建模

- 享受到更智能、更快速地装配建模性能。
- 即时创建简化表示。
- 使用独有的 Shrinkwrap 工具共享轻量但完全准确的模型表示。
- 充分利用实时的碰撞检测。
- 使用 AessemblySense 嵌入拟合、形状和函数知识，以快速准确地创建装配。

3. 包含 2D 和 3D 工程图的详细文档

- 按照国标标准创建 2D 和 3D 工程图。
- 自动创建关联的物料清单和关联球标说明。
- 用模板自动创建工程图。

4. 专业曲面设计

- 利用自由风格功能更快速地创建复杂的自由形状。
- 使用扫描、混合、延伸、偏移和其他各种专门的特征开发复杂的曲面几何。
- 使用诸如拉伸、旋转、混合和扫描等工具修剪/延伸曲面。
- 执行诸如复制、合并、延伸和变换等曲面操作。
- 显示定义复杂的曲面几何。

5. 革命性的扭曲技术

- 对选定的 3D 几何进行全局变形。
- 动态缩放、拉伸、折弯和扭转模型。
- 将"扭曲"应用于从其他 CAD 工具导入的几何。

6. 钣金件建模

- 使用简化的用户界面创建壁、折弯、冲头、凹槽、成型和止裂槽。
- 自动从 3D 几何生成平整形态。
- 使用各种弯曲余量计算来创建设计的平整形态。

7. 数字化人体建模

- 利用 Manikin Lite 功能在 CAD 模型中插入数字化人体并对其进行处理。
- 在设计周期的早期，获得有关您的产品与制造、使用和维护人员之间交互的重要见解。

8. 焊接建模和文档

- 定义连接要求。
- 从模型中提取重要信息，例如质量属性、间隙、干涉和成本数据。
- 轻松产生完整的 2D 焊缝文档。

9．分析特征
- 利用 CAE lite 功能在零件和组件上执行基本的静态结构分析。
- 从运动雪上验证设计产品的运动情况。
- 与 PTC Mathcad 的互操作允许您将 Mathcad 工作表与设计集成在一起，以预测行为和驱动重要的参数和尺寸。
- 将 Microsoft Excel 文件添加到设计中。

10．实时照片渲染
- 快速创建精确并如照片般逼真的产品图像，同时甚至可以渲染最大的组件。
- 可动态更改几何，同时保持照片般逼真的特效，如阴影、反射、纹理和透明。

11．集成的设计动画
- 从建模环境中直接创建装配/分解动画。
- 轻松地重用模型，同时可以选择包括机构模拟。

12．集成的 NC 功能
- 利用集成的 CAM lite 功能在更短的时间内创建 1/2 轴铣削程序。
- 利用 5 轴定位加工棱柱形零件。
- 用 2D 工程图导入向导控制工程图实体。

13．数据交换

使用各种标准的文件格式。包括 STEP、IGES、DXF、STL、VRML、AutoCAD DWG、DXF、ACIS 导入/导出、Parasolid 导入/导出。

14．Web 功能提供即时的访问
- 支持 Internet，可快速访问电子邮件、FTP 和 Web——这一切在 Creo Parametric 内就可完成。
- 无缝访问 Windchill 以管理内容和流程。

15．完善的零件、特征、工具库及其他项目库
- 使用 J-Link 编程接口下载预定义的零件和符号。
- 自定义 Creo Parametric 用户界面以满足您的特定需求。
- 利用集成的教程、帮助资源和额外的 PTC University 培训内容更快速地上手。

1.2.3 Creo Parametric 扩展

Creo Parametric 无限制的伸缩性意味着，您可以随着业务和需求的持续增长而轻松添加新用户、新模块和新功能，而不必担心导入不兼容的数据或学习使用新的用户界面。Creo Parametric 的附加扩展包无缝地提供扩展的功能，包括以下产品。

1．3D CAD——高级设计解决方案

Creo 提供许多高级的专业功能，以满足广大设计师的需求。从结构框架到数字化人体模型，Creo 的扩展包帮助您在 3D 模式下捕捉更多设计构思。

2．3D CAID 扩展包

Creo 提供创建设计方案精确形状、曲面和漂亮外观所需的功能。利用 Creo CAID 产品，可以释放您的创造力，并展现设计方案的最好一面。

3．3D CAE 扩展包

在过程的早期验证设计方案性能可以帮助您更快速地获得最终结果。因此，Creo 能够为设计工程师提供各种集成的模拟和分析功能，以帮助他们满怀信心地设计产品。

4．3D NC 和模具扩展包

简化模具的设计和制造过程可以加快产品的上市速度。Creo NC 和模具解决方案提供各种凸模和凹模的设计和加工功能。因此，用户可以充分利用 3D CAD 数据，从而节省时间和减少错误。

5．多 CAD 数据交换和其他产品

Creo Parametric 提供与多种 2D 和 3D 文件格式进行原始数据交换的功能。以下附加扩展包还提供了关联的互操作性和其他功能，例如数字版权管理、分布式处理、与第三方应用程序的互操作性等。

1.3 系统配置

1.3.1 最低配置

CUP：PentiumⅢ建议主频在 800Hz 以上。

内存：至少在 128MB 以上，基本要求达到 256MB。

显卡：支持 OPENGL，不要使用集成显卡，建议用 8 位以上 32MB 显存的显卡。

硬盘：4GB 以上安装空间。

网卡：无特殊要求，但必须配置。

鼠标：三键或带滚轮的两键鼠标。

1.3.2 推荐配置

CUP: Pentium4 2.0GHz 以上处理器。

内存：512MB 以上。

硬盘：5GB 以上安装空间。

声卡：Dirextx Sound 兼容。

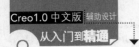

显卡：Direct 3D（128MB 以上）。

网卡：无特殊要求，但必须配置。

鼠标：三键或带滚轮的两键鼠标。

1.4 基本概念

特征造型和参数化设计是 Creo Parametric 的基本特点，详细介绍如下。

1.4.1 特征造型

特征造型是 CAD 技术的一大飞跃。通过特征造型，使用者不再需要面对复杂且乏味的点、线和面了，可以直接进行特征造型建模。Creo Parametric 中常用的基础特征包括拉伸、旋转、扫描和混合。除此之外，还有作为实体建模时参考的基准特征，如基准面、基准轴、基准点和基准坐标系等。Creo Parametric 不但是一个以特征造型为主的实体建模系统，而且对数据的存取也是以特征作为最小单元。Creo Parametric 创建的每一个零件都是由一串特征组成，零件的形状直接由这些特征控制，通过修改特征的参数就可以修改零件。

1.4.2 参数化设计

最初的 CAD 系统所构造的产品模型都是几何图素（点、线、圆等）的简单堆叠，仅仅描述了设计产品的可视形状，不包含设计者的设计思想，因而难以对模型进行改动，生成新的产品实例。参数化的设计方法正是解决这一问题的有效途径。

通常，参数化设计是指零件或部件的形状比较定型，用一组参数约束该几何图形的一组结构尺寸序列，参数与设计对象的控制尺寸有显示对应，当赋予不同的参数序列值时，就可以驱动达到新的目标几何图形，其设计结果是包含设计信息的模型。参数化为产品模型的可变性、可重用性、并行设计等提供了手段，使用户可以利用以前的模型方便地重建模型，并可以在遵循原设计意图的情况下方便地改动模型，生成系列产品，大大提高了生产效率。参数化概念的引入代表了设计思想上的一次变革，即从避免改动设计到鼓励使用参数化修改设计。

Creo Parametric 提供了强大的参数化设计功能。配合 Creo Parametric 的单一数据库，所有设计过程使用的尺寸（参数）都存在数据库中，设计者只需更改 3D 零件的尺寸，则 2D 工程图（Drawing）、3D 组合（Assembly）、模具（Mold）等就会依照尺寸的修改做几何形状的变化，以达到设计修改工作的一致性，避免发生人为改图的疏漏情形，且减少许多人为改图的时间和精力消耗。也正因为有参数化的设计，用户才可以运用强大的数学运算方式，建立各尺寸参数间的关系式（Relation），使得模型可自动计算出应有的外型，减少尺寸逐一修改的繁琐费时，并减少错误发生。

第2章
基本操作

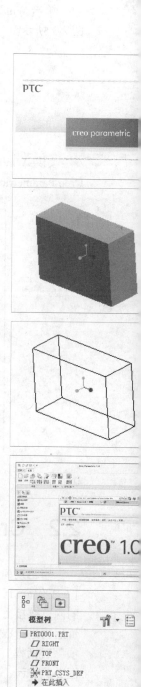

本章导读

　　本章介绍了软件的工作环境和基本操作,包括 Creo Parametric 1.0 的界面组成、定制环境和基本的文件操作、显示控制等操作方法。目的是让读者尽快地熟悉 Creo Parametric 1.0 的用户界面和基本技能。这些都是后面章节 Creo Parametric 1.0 建模操作的基础,建议读者能够仔细掌握。

知识重点

- Creo Parametric 的工作窗口
- 文件操作
- 快捷操作方式
- 设置工作目录

2.1 启动 Creo Parametric 1.0

单击 Windows 窗口中的"开始"菜单，展开"程序（P）"→"▣ Creo Parametric 1.0"，如图 2-1 所示。

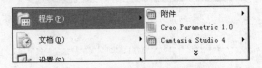

图 2-1　打开 Pro/Engineer 系统

如果 Windows 桌面上有图标"▣"的话，双击此图标，也可启动 Creo Parametric 1.0。启动 Creo Parametric 1.0 时，将出现如图 2-2 所示的闪屏（Splash screen）。

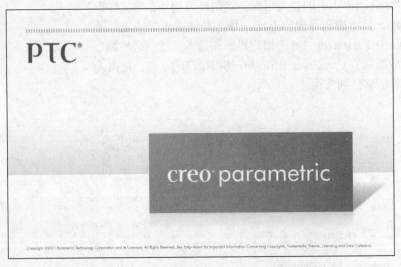

图 2-2　打开 Creo Parametric 1.0 系统时的闪屏

2.2 Creo Parametric 1.0 工作窗口介绍

当出现闪屏后，将打开如图 2-3 所示的 Creo Parametric 1.0 工作窗口。一进入 Creo Parametric 1.0 工作窗口，Creo Parametric 系统会直接通过网络和 PTC 公司的 Creo Parametric 1.0 资源中心的网页链接上（如果网络通的话）。要取消这一设置（可以先跳过这个操作，看过工作窗口的布置后再进行取消），可以单击"文件"菜单条中的"选项"命令，系统打开"Creo Parametric 选项"对话框，如图 2-4 所示。单击"窗口设置"属性页标签，打开"窗口设置"属性页，如图 2-5 所示。

将"窗口设置"属性页中的"启动时展开浏览器"检查框取消，然后单击"确定"按钮，以后再打开 Creo Parametric 1.0 时就不会再直接链接资源中心的网页。

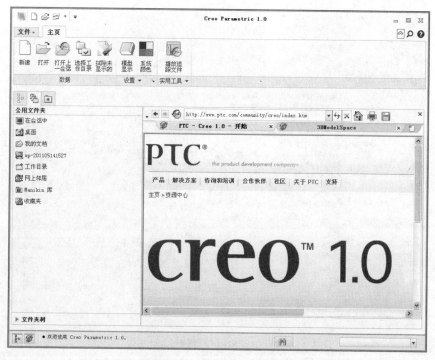

图 2-3　Creo Parametric 窗口

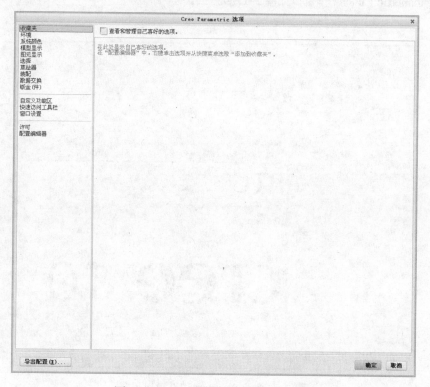

图 2-4　"Creo Parametric 选项"对话框

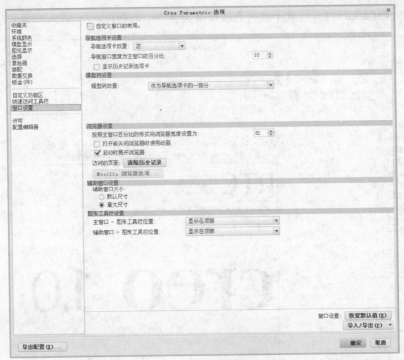

图 2-5 窗口设置属性页

Creo Parametric 1.0 的工作窗口如图 2-6 所示，分为 7 部分。

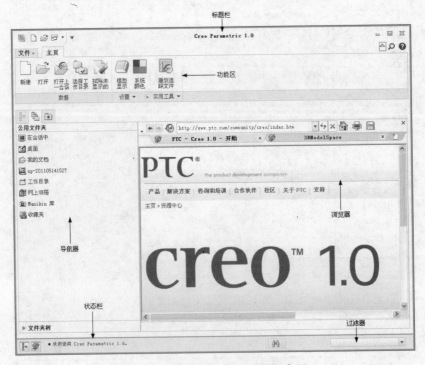

图 2-6 Creo Parametric 1.0 窗口布置

2.2.1　标题栏

标题栏显示当前活动的工作窗口名称，如果当前没有打开任何工作窗口，则显示系统名称。系统可以同时打开几个工作窗口，但是只有一个工作窗口处于活动状态，用户只能对活动的窗口进行操作。如果需要激活其他的窗口，可以在"视图"功能区"窗口"面板中的"窗口"下拉列表中选取要激活工作窗口，此时标题栏将显示被激活的工作窗口的名称，如图 2-7所示。

图 2-7　Creo Parametric 标题栏

2.2.2　功能区

右键单击功能区中的任何一个处于激活状态的命令，可以打开工具栏配置快捷菜单条，如图 2-8 所示。

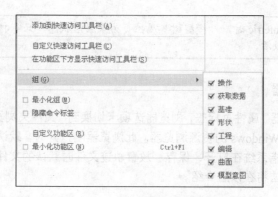

图 2-8　工具栏配置快捷菜单条

面板名称前带对号标识的表示当前窗口中打开了此面板。需要打开或关闭功能区上的某个面板，勾选或取消这个工具条名称即可。

2.2.3　浏览器选项卡

浏览器选项卡中有 3 个属性页，分别是"模型树"、"文件夹浏览器"和"收藏夹"，分别介绍如下。

1．模型树

"模型树"属性页如图 2-9 所示，从图中可以看到，"模型树"浏览器显示当前模型的各种特征，如基准面、基准坐标系、插入的新特征等。用户在此浏览器中可以快速地找到想要进行操作的特征，查看各特征生成的先后次序等，给用户带来极大的方便。

"模型树"属性页提供了两个下拉按钮，分别是"显示"命令和"设置"命令。

单击"显示"命令,打开如图 2-10 所示下拉菜单。单击"显示"下拉菜单中的"层树"命令,此属性页将切换到"层树"浏览器,显示当前设计环境中的所有层,如图 2-11 所示,用户在此浏览器中可以对层进行新建、删除、重命名等操作,在此就不再详述,读者可以自己展开"设置"下拉菜单看一看。单击"显示"命令,在弹出的下拉菜单中选取"模型树"命令,则切换回"模型树"浏览器,其中的"全部展开"和"全部折叠"命令用于展开或收缩所有的子项,读者可以单击观察一下效果,此处不再详述。

图 2-9　模型树属性页

图 2-10　显示选项

注意 　打开 Creo Parametric 时,"模型树"属性页为未激活状态,只有打开或新建设计文件后,此属性页才被激活。

2．文件夹浏览器

单击"文件夹浏览器"属性页标签,浏览器选项卡切换到"文件夹浏览器"属性页,如图 2-12 所示,此属性页类似于 Windows 的资源浏览器。此浏览器刚打开时,默认的文件夹是当前系统的工作目录。工作目录是指系统在打开、保存、放置轨迹文件时默认的文件夹,工作目录也可以由用户重新设置,具体方法将在以后介绍。

图 2-11　层树子项

图 2-12　文件夹属性页

在"文件夹浏览器"的根目录下有一个"在会话中"子项,单击此子项,"浏览器"窗口将显示驻留在当前进程中的设计文件,如图 2-13 所示,这些文件就是在当前打开的 Creo Parametric 环境中设计过的文件。如果关闭 Creo Parametric,这些文件将丢失,再重新打开 Creo Parametric 时,那些保留在进程中的设计文件就没有了。

3．收藏夹

单击"收藏夹"属性页标签，浏览器选项卡切换到"收藏夹"属性页，如图 2-14 所示，在此浏览器中显示个人文件夹，通过此属性页下的"添加"、"组织"命令可以进行文件夹的新建、删除和重命名等操作。

图 2-13　进程中子项　　　　　　　　　　　　图 2-14　收藏夹属性页

2.2.4　主工作区

Creo Parametric 的主工作区是 Creo Parametric 工作窗口中面积最大的部分，在设计过程中设计对象就在这个区域显示，其他的一些基准，如基准面、基准轴、基准坐标系等也在这个区域显示。

2.2.5　拾取过滤栏

单击拾取过滤栏的下拉按钮，弹出如图 2-15 所示菜单，在此可以选取拾取过滤的项，如特征、基准等。在拾取过滤栏选取了某项，就不会在主工作区中选取其他的项。拾取过滤栏默认的选项为"智能"，在主工作区中可以选取弹出菜单中列出的所有项。

图 2-15　拾取过滤栏

2.2.6　消息显示区

对当前窗口所进行操作的反馈消息就显示在消息显示区中，告诉用户此步操作的结果。

2.2.7　命令帮助区

当鼠标落在命令、特征、基准等上面时，命令帮助区将显示如命令名、特征名、基准名等帮助信息，便于用户了解即将进行的操作。

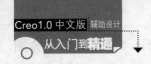

2.3 文件操作

本节主要介绍文件的基本操作，如新建文件、打开文件、保存文件等，注意硬盘文件和进程中的文件的异同，以及删除和拭除的区别。

2.3.1 新建文件

1. 单击"快速访问"工具栏中的"新建"按钮 □，系统打开"新建"对话框，如图 2-16 所示。

注意 也可单击"文件"菜单条中的"新建…"命令，打开"新建"对话框。

从图中可以看到，Creo Parametric 1.0 提供如下文件类型。

草绘：2D 剖面图文件，扩展名为.sec。

零件：3D 零件模型，扩展名为.prt。

装配：3D 组合件，扩展名为.asm。

制造：NC 加工程序制作，扩展名为.mfg。

绘图：2D 工程图，扩展名为.drw。

格式：2D 工程图的图框，扩展名为.frm。

报告：生成一个报表，扩展名为.rep。

图表：生成一个电路图，扩展名为.dgm。

记事本：产品组合规划，扩展名为.lay。

标记：为装配体添加标记，扩展名为.mrk

2. 默认的选项为"零件"，在子类型中可以选择"实体"、"钣金件"和"主体"，默认的子类型选项为"实体"。

3. 单击"新建"对话框中的"装配"单选按钮，其子类型如图 2-17 所示。

4. 单击"新建"对话框中的"制造"单选按钮，其子类型如图 2-18 所示。

5. 在"新建"对话框中选中"使用默认模板"复选框，生成文件时将自动使用默认的模板，否则在单击"新建"对话框中的"确定"按钮后还要在弹出的"新文件选项"对话框中选取模板。在选取"零件"单选按钮后的"新文件选项"对话框如图 2-19 所示。

6. 在"新文件选项"对话框中可以选取所要的模板。

图 2-16　新建零件

图 2-17　新建组件

图 2-18　新建制造

图 2-19　选取模板

2.3.2　打开文件

单击"快速访问"工具栏中的"打开"按钮，系统打开"文件打开"对话框，如图 2-20 所示。

在此对话框中，可以选择并打开 Creo 的各种文件。单击"文件打开"对话框中的"预览"按钮，则在此对话框的右侧打开文件预览框，可以预览所选择的 Creo 文件。

> **注意**　由于 Creo Parametric 保存文件的方式不是用现有设计环境中的文件覆盖原有的同名文件，而是在此文件名后添加的数字再加上"1"，比如原有的文件名为"a.prt.1"，则再保存文件 a 时的文件名为"a.prt.2"，所以打开操作时打开的是最新版本。

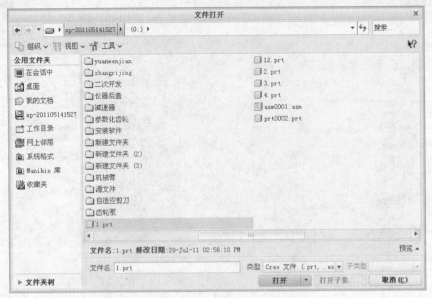

图 2-20 "文件打开"对话框

2.3.3 打开内存中文件

单击"文件打开"对话框上部的"在会话中" ■命令，则可以选择当前进程中的文件，单击"文件打开"对话框中的"确定"命令就可以打开此文件。同样，打开的文件也是进程中的最新版本。

2.3.4 保存文件

当前设计环境中如有设计对象时，单击"快速访问"工具栏中的"保存"按钮 ■，系统打开"保存对象"对话框，在此对话框中可以选择保存目录、新建目录、设定保存文件的名称等操作，单击此对话框中的"确定"按钮就可以保存当前设计的文件。

2.3.5 删除文件

单击"文件"菜单条中的"管理文件"命令，弹出一个二级菜单，如图 2-21 所示。

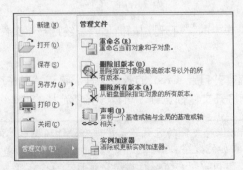

图 2-21 删除操作

在此二级命令中有两个命令。

（1）"删除旧版本"命令用于删除同一个文件的旧版本，就是将除了最新版本的文件以外的所有同名的文件全部删除。注意使用"删除旧版本"命令将删除数据库中的旧版本，而在硬盘中这些文件依然存在。

（2）"删除所有版本"命令删除选中文件的所有版本，包括最新版本。注意此时硬盘中的文件也不存在了。

2.3.6   删除内存中文件

单击"文件"菜单条中的"管理会话"命令，弹出一个二级菜单，如图 2-22 所示。

图 2-22　拭除操作

在此二级命令中有两个命令。

（1）"拭除当前"命令用于擦除进程中的当前版本。

（2）"拭除未显示的"命令用于擦除进程中除当前版本之外的所有同名的版本。

2.4　模型显示

Creo Parametric 提供了 4 种模型显示方式，分别是线框模型、隐藏线模型、消隐模型和着色模型。这 4 种显示方式通过单击"线框"、"隐藏线"、"消隐"和"着色"命令切换。下面以一个长方体为例，例举这 4 种模型显示效果。

线框模型显示效果如图 2-23 所示；隐藏线模型显示效果如图 2-24 所示；无隐藏线模型显示效果如图 2-25 所示；着色模型显示效果如图 2-26 所示。

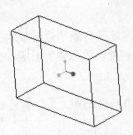

图 2-23　线框模型

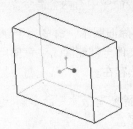

图 2-24　隐藏线模型

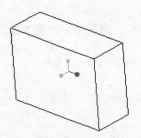

图 2-25　无隐藏线模型

图 2-26　着色模型

2.5　鼠标+键盘操作

Creo Parametric 提供了快捷的鼠标和键盘操作，通过这些操作，用户可以快捷的平移、缩放和旋转设计对象，希望读者熟练掌握这几种操作，以提高设计效率。

1．平移

键盘"Shift"+鼠标中键：以鼠标放置点为中心，平移设计对象。

2．旋转

键盘"Alt"＋鼠标中键：以鼠标放置点为中心，旋转设计对象，再次单击鼠标中键则退出旋转操作；直接按住鼠标中键，也可以旋转设计对象。

3．缩放

键盘"Ctrl"＋鼠标中键：以鼠标放置点为中心，缩放设计对象；直接滚动鼠标中键，也可以缩放设计对象。

2.6　设置工作目录

工作目录是指系统在打开、保存、放置轨迹文件时默认的文件夹，系统默认的工作目录一般是 Windows 操作系统的"我的文档"文件夹。工作目录可以由用户重新设置，具体方法是：单击"文件"菜单条的"管理会话"中的"选择工作目录"命令，系统打开"选择工作目录"对话框，如图 2-27 所示，在此对话框中可以选取工作目录或新建工作目录。

图 2-27　设置工作目录

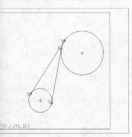

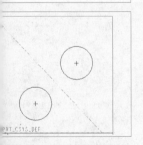

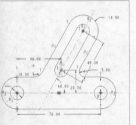

第3章
草图绘制

本章导读

建立特征时往往需要先草绘特征的截面形状，在草图绘制中就要创建特征的许多参数和尺寸。另外，基准的创建和操作也需要进行草图绘制。在本章中将讲述绘制草图和编辑草图，以及草图的尺寸标注和几何约束。

知识重点

- 绘制图形
- 标注尺寸
- 草图编辑
- 几何约束

3.1　基本概念

使用 Creo Parametric 进行 3D 实体建模时，必须先建立 3D 的基本实体，然后在这个基本实体上进行各项操作，如添加实体、切除实体等，这是使用 Creo Parametric 进行 3D 设计的基本思路。这个基本的实体，可以由多种方式生成，如拉伸、旋转等。要进行拉伸、旋转此类操作，就会用到 Creo Parametric 中一个非常重要的操作：草图绘制。

草图绘制就是建立 2D 的截面图，然后以此截面生成拉伸、旋转等特征实体。Creo Parametric 的 2D 截面图是参数化的，其实 Creo Parametric 的"参数化设计"特性也往往是由 2D 截面设计中指定参数来得到的。Creo Parametric 的初学者在进行 2D 草图绘制时要养成一个草图绘制的好习惯，并切实体会 2D 草图绘制时的"参数化"精神。

构成 2D 截面的要素有 3 个：2D 几何图形（Geometry）数据、尺寸（Dimension）数据和 2D 几何约束（Alignment）数据。用户在草图绘制环境下，绘制大致的 2D 几何图形形状，不必是精确的尺寸值，然后再修改尺寸值，系统会自动以正确的尺寸值来修改几何形状。除此之外，Creo Parametric 对 2D 截面上的某些几何图形会自动假设某些关联性，如对称、对齐、相切等限制条件，以减少尺寸标注的困难，并达到全约束的截面外形。

3.2　进入草绘环境

进入草绘环境的方法有两种。

一是单击"快速访问"工具栏中的"新建"按钮，在弹出的"新建"对话框中选取"草图"单选按钮，如图 3-1 所示。单击"新建"对话框中的"确定"按钮，系统进入草绘环境。

二是在"零件"设计环境下，单击"模型"功能区"基准"面板上的"草绘"按钮，系统弹出"草绘"对话框，此对话框默认打开的是"放置"属性页，如图 3-2 所示。

图 3-1　新建草绘文件

图 3-2　草绘"放置"属性页

此对话框要求用户选取草绘平面及参考平面，一般来说，草绘平面和参考平面是相互垂直的两个平面。在此步骤中，选取前（FRONT）面为草绘平面，此时系统默认把右（RIGHT）面设为参考面，设计环境中的基准面如图 3-3 所示。

此时"草绘"对话框中显示出草绘平面和参考平面，如图 3-4 所示。

图 3-3　系统默认基准平面　　　　　　图 3-4　"草绘"对话框

单击"草绘"对话框中的"草绘"按钮，系统进入草绘设计环境，用户就可以在此环境中绘制 2D 截面图。

用户完成 2D 截面草图后，单击"确定"按钮 ✔，退出草图绘制环境。

3.3　草绘功能区

上述两种方式进入的草绘环境基本是一致的，只是后者进入的草绘环境约束要多一些，因为它涉及到绘图平面和参考平面等内容。在使用 Creo Parametric 的草绘环境时，大多数是通过第二种方式进入草绘环境，在这里详细说明以第二种方式进入的草绘环境。

"草绘"功能区如图 3-5 所示。

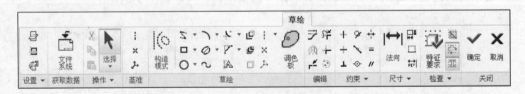

图 3-5　"草绘"功能区

单击这些命令，就可以直接使用这些命令。如单击某些命令边的三角形按钮，则打开这些命令的下拉命令条。

3.4　绘制图形

在本节中，主要讲述常用几何图形及其他特征的生成，本节使用第二种方式进入 2D 草图绘制环境，因为此设计环境主要还是针对 2D 截面设计的。具体进入 2D 草绘设计环境的方法前面已经介绍，在此不再赘述，下面就直接在此设计环境中进行操作。

3.4.1 直线

1. 直线

绘制矩形的步骤如下。

（1）单击"草绘"功能区面板上的"线"按钮 ，移动鼠标，此时出现一根类似橡皮筋的直线，如图 3-6 所示。

（2）在适当位置单击，生成一条直线，移动鼠标以第二次单击的地方为起点又出现一条橡皮筋线，如图 3-7 所示。

图 3-6 "草绘"功能区

图 3-7 "草绘"功能区

（3）若再次单击又生成一条直线，此时单击鼠标中键，则退出"直线"命令，此时设计环境中只有一条直线，如图 3-8 所示。

图 3-8 结束直线绘制状态

2．相切线

绘制相切线的步骤如下：

（1）单击"草绘"功能区面板上的"直线相切"按钮 ↘，单击如图 3-9 所示的两圆上的两点处。

（2）系统生成一条两圆的外公切线，如图 3-10 所示。

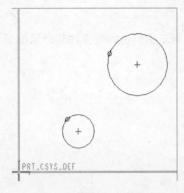

图 3-9　拾取外公切线的点

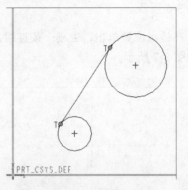

图 3-10　生成外公切线

（3）单击如图 3-11 所示的两圆上的两点处。

（4）系统生成一条两圆的内公切线，如图 3-12 所示。

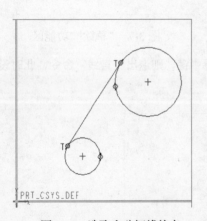

图 3-11　选取内公切线的点

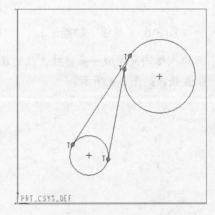

图 3-12　生成内公切线

3.4.2　矩形

绘制矩形的步骤如下。

（1）在当前 2D 设计环境中，单击"草绘"功能区面板上的"矩形"按钮 □，单击确定角点，移动鼠标，此时出现 4 根类似橡皮筋的直线，围成一个矩形，如图 3-13 所示。

（2）在适当位置单击，生成一个矩形，如图 3-14 所示。单击鼠标中键，则退出"矩形"命令。

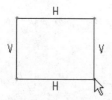

图 3-13 绘制矩形时的橡皮线

图 3-14 生成矩形

（3）拾取设计环境中矩形的 4 条边。

3.4.3 圆

1. 圆

绘制圆的步骤如下。

（1）单击"草绘"功能区面板上的"圆心和点"按钮 ○，单击确定圆心，移动鼠标，此时出现一个随鼠标移动而改变半径的圆，如图 3-15 所示。

（2）在适当位置单击，生成一个圆形，如图 3-16 所示。

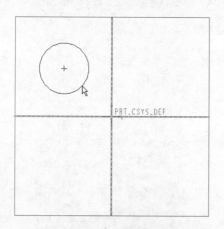

图 3-15 绘制圆时的橡皮筋线

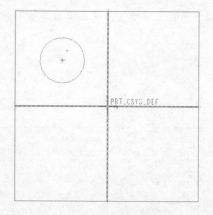

图 3-16 生成圆

（3）重复步骤（1）～步骤（2），在当前设计环境中再绘制两个圆，如图 3-17 所示。

2. 同心圆

绘制同心圆的步骤如下。

（1）单击"草绘"功能区面板上的"同心圆"按钮 ◎，然后单击左下部的圆（确定圆心），出现和选中圆同心的圆，并随鼠标移动而改变半径，如图 3-18 所示。

（2）在适当位置单击，生成一个同心圆形。

3．3点相切圆

绘制 3 点相切圆的步骤如下。

（1）单击"草绘"功能区"草绘"面板上的"3 相切"按钮○，然后依次单击如图 3-19 所示的 3 个带黑点的圆。

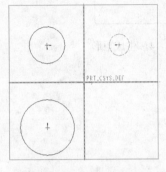

图 3-17　再生成两个圆　　　图 3-18　生成同心圆　　　图 3-19　选取外切圆的点

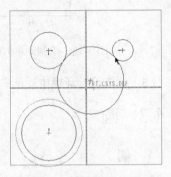

（2）系统则生成一个与 3 个圆相切的圆，如图 3-20 所示。

4．3点圆

（1）单击"草绘"功能区面板上的"3 点"按钮○，依次单击如图 3-21 所示的 3 个点。

（2）系统生成一个 3 点定位方式的圆，如图 3-22 所示。

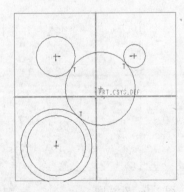
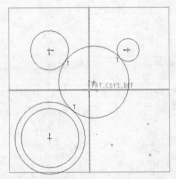
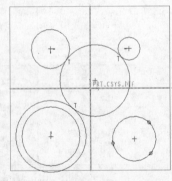

图 3-20　生成外切圆　　　图 3-21　拾取生成圆的 3 点　　　图 3-22　生成 3 点圆

3.4.4　圆弧

1．圆心和端点圆弧

绘制圆心和端点圆弧的步骤如下。

（1）单击"草绘"功能区面板上的"圆心和端点"按钮⌒，在适当位置单击，此点为圆弧的圆心，然后移动鼠标，在适当位置单击，这点为圆弧的起始端点，此时移动鼠标将出现一条橡皮筋似的圆弧，如图 3-23 所示。

（2）在适当位置单击，生成一条圆弧，如图 3-24 所示。

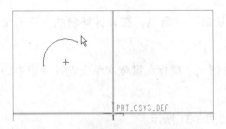 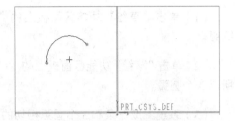

图 3-23　绘制圆弧时的橡皮筋线　　　　　　　　图 3-24　生成圆弧

2．3 点相切端圆弧

绘制 3 点相切端圆弧步骤如下。

（1）单击"草绘"功能区面板上的"3 点相切端"按钮 ，单击当前设计环境中的圆弧的一个端点，然后移动鼠标，设计环境中出现一条切于已有圆弧的橡皮筋似的圆弧，如图 3-25 所示。

（2）在适当位置单击，生成一条切于已有圆弧的圆弧，如图 3-26 所示。

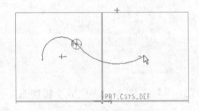 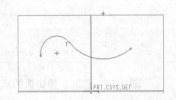

图 3-25　选取圆弧切点　　　　　　　　　图 3-26　生成端点相切类型圆弧

3．绘制同心圆弧

绘制同心圆弧步骤如下。

（1）单击"草绘"功能区面板上的"3 点相切端"按钮 ，绘制如图 3-27 所示的圆弧。

（2）单击"草绘"功能区"草绘"面板上的"同心"按钮 ，单击左下部的圆弧，则此圆弧的圆心为所要生成圆弧的圆心，然后移动鼠标，在设计环境中单击左键，此点为新生成圆弧起点，此时移动鼠标，设计环境将出现一条固定圆心、起点，但是终点可变化的橡皮筋似的圆弧，如图 3-28 所示。

（3）在适当位置单击，以"同心圆弧"方式生成一条圆弧，如图 3-29 所示。

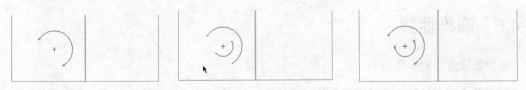

图 3-27　生成圆弧　　　图 3-28　绘制同心圆弧时的橡皮筋线　　　图 3-29　生成同心圆弧

4．3 相切圆弧

绘制 3 相切圆弧步骤如下。

（1）单击"草绘"功能区面板上的"3 点相切端"按钮，在设计环境的右下部生成一条圆弧。

（2）单击"草绘"功能区面板上的"3 相切"按钮，鼠标左键依次单击设计环境中如图 3-30 所示 3 个圆弧。

（3）系统生成一条和 3 个圆弧相切的圆弧，如图 3-31 所示。

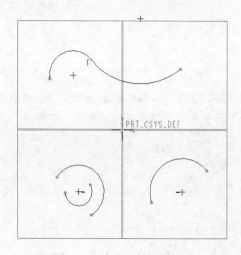

图 3-30　选取 3 相切弧的点

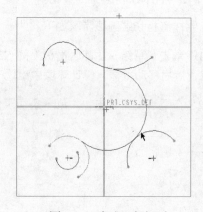

图 3-31　生成 3 相切弧

3.4.5　点

点的用途有标明切点的位置、显示线相切的接点和标明倒圆角的顶点等。

单击"草绘"功能区面板上的"点"按钮，在设计环境中单击放置一个点，如图 3-32 所示。

图 3-32　生成点

3.4.6　圆锥曲线

绘制圆锥曲线的步骤如下。

（1）单击"草绘"功能区面板上的"圆锥"按钮，在设计环境中单击，此点为圆锥曲线的起点，移动鼠标，再单击，此点为圆锥曲线的终点，此时移动鼠标，将出现一条橡皮筋似的圆锥曲线。

（3）在适当位置单击，确定圆锥曲线的肩点，生成一条圆锥曲线，如图 3-33 所示。

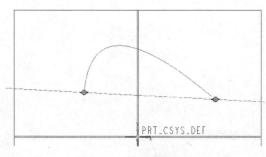

图 3-33　生成圆锥曲线

3.4.7　坐标系

单击"草绘"功能区面板上的"坐标系"按钮 ⬌ ，直接在设计环境中单击，放置一个坐标系，如图 3-34 所示。

图 3-34　生成坐标系

3.4.8　倒圆角

倒圆角的步骤如下。

（1）单击"草绘"功能区面板上的"3 点相切端"按钮 ⬑ ，生成如图 3-35 所示的两个圆弧。

（2）单击"草绘"功能区面板上的"椭圆形修剪"按钮 ⬑ ，选取上面生成的两个圆弧，系统生成一条椭圆倒角，如图 3-36 所示。

利用"圆形修剪"按钮 ⬑ 创建倒圆角的步骤和"椭圆形修剪"类似，这里就不再重复，读者可以自己试试。

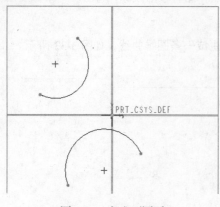

图 3-35　生成两圆弧

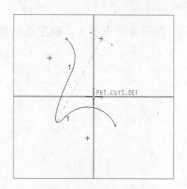

图 3-36　生成椭圆倒角

3.4.9　样条曲线

绘制样条曲线的步骤如下。

（1）单击"草绘"功能区面板上的"样条曲线"按钮 ～ ，在设计环境中单击，确定样条曲线的起点，然后移动鼠标，在适当位置单击，确认第二点。

（3）重复操作确定其他点，单击鼠标中键，退出样条命令，此时生成如图 3-37 所示的一条样条曲线。

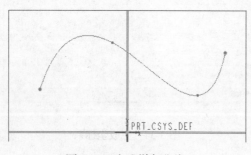

图 3-37　生成样条曲线

3.4.9　文本

绘制文本的步骤如下。

（1）单击"草绘"功能区"草绘"面板上的"文本"按钮 A ，在设计环境中单击鼠标，确定文本行的第一点。

（2）移动鼠标，再单击确定文本行的第二点即确定行高，此时弹出"文本"对话框，如图 3-38 所示。

（3）在文本框中输入文字，然后单击"确定"按钮，如图 3-39 所示，单击鼠标中键退出文本输入命令。

图 3-38 "文本"对话框

图 3-39 生成文本

3.5 标注尺寸

在 Creo Parametric 的草图绘制环境中给设计对象标注尺寸要注意两点:一是要清楚标注出设计对象的定位尺寸,一般是通过基准或其他设计对象定位;二是要清楚标注出设计对象本身的尺寸。

3.5.1 标注直线

直线的尺寸标注如下。

(1)在设计环境中绘制如图 3-40 所示的一条直线。

(2)标注水平/竖直尺寸

① 单击"草绘"功能区"尺寸"面板上的"法向"按钮|↔|,单击直线的一个端点,然后单击一个基准面,如图 3-41 所示。

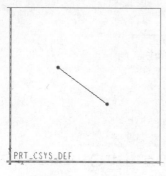

图 3-40 生成直线

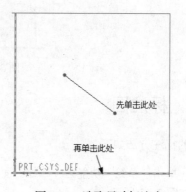

图 3-41 选取尺寸标注点

② 在适当位置单击鼠标中键，放置尺寸，生成如图 3-42 所示的尺寸。

③ 重复上述操作，标注其他尺寸，如图 3-43 所示。

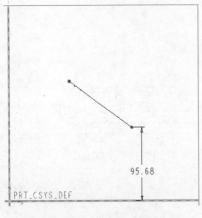

图 3-42　生成尺寸标注

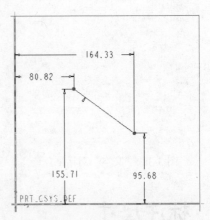

图 3-43　生成其他尺寸标注

（3）标注角度尺寸

① 单击"草绘"功能区"尺寸"面板上的"法向"按钮|↔|，单击直线上任意一点，然后单击一个基准面。

② 在适当位置单击鼠标右键，放置尺寸，生成角度尺寸如图 3-44 所示。

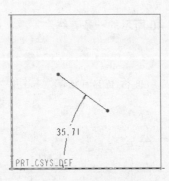

图 3-44　角度尺寸标注

3.5.2　标注圆

圆的标注方法如下。

（1）单击"草绘"功能区"草绘"面板上的"圆心和点"按钮 ◯，在草绘设计环境中绘制一个圆，如图 3-45 所示。

（2）单击"草绘"功能区"尺寸"面板上的"法向"按钮|↔|，单击圆周线上任意一点，然后单击圆周线上对称的另一点，再使用鼠标中键单击两者中间的位置，生成如图 3-46 所示的一个直径尺寸。

（3）单击"草绘"功能区"尺寸"面板上的"法向"按钮|↔|，单击圆周线上任意一点，再使用鼠标中键单击圆周线外的位置，生成如图 3-47 所示的一个半径尺寸。

图 3-45　生成圆

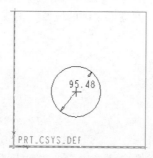

图 3-46　圆直径尺寸标注

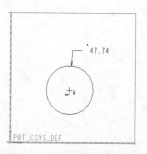

图 3-47　圆半径尺寸标注

（4）加上圆心定位的尺寸，此圆的标注完成，在此不再赘述。将设计环境中圆的半径尺寸及圆删除。

3.5.3　标注圆弧

圆弧的标注方法如下。

（1）单击"草绘"功能区"草绘"面板上的"3 点相切端"按钮⌒，在草绘设计环境中绘制一个圆弧，如图 3-48 所示。

（2）单击"草绘"功能区"尺寸"面板上的"法向"按钮|↔|，单击圆弧线上任意一点，再使用鼠标中键单击圆弧线外的位置，生成如图 3-49 所示的一个半径尺寸。

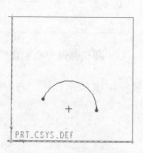

图 3-48　生成圆弧

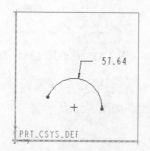

图 3-49　圆弧半径尺寸标注

（3）圆弧的标注除半径尺寸外，还需要定位圆弧的圆心和圆弧的两个端点，这些方法前面已经介绍，此处不再赘述。将设计环境中的圆弧半径尺寸及圆弧删除。

3.5.4　标注圆和圆弧

圆和圆弧的标注方法如下。

（1）单击"草绘"功能区"草绘"面板上的"圆心和点"按钮○，在草绘设计环境中绘制一个圆。

（2）单击"草绘"功能区"草绘"面板上的"3 点相切端"按钮↘，在草绘设计环境中绘制一个圆弧，如图 3-50 所示。

（3）单击"草绘"功能区"尺寸"面板上的"法向"按钮|↔|，单击圆的圆心，再使用单击圆弧的圆心，然后使用鼠标中键单击两圆心之间的位置，生成如图 3-51 所示的一个尺寸。

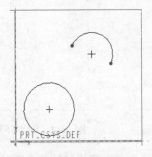

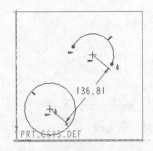

图 3-50　生成圆　　　　　　　　　　图 3-51　圆及圆弧中心尺寸标注

（4）将设计环境中的尺寸删除。单击"草绘"功能区"尺寸"面板上的"法向"按钮|↔|，单击圆的圆心，再单击圆弧的圆心，然后使用鼠标中键单击如图 3-52 所示的位置，生成竖直尺寸，如图 3-53 所示。

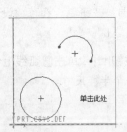

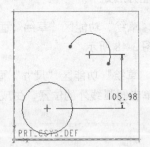

图 3-52　选取尺寸标注类型　　　　　图 3-53　圆和圆弧中心竖直尺寸标注

（5）单击圆的圆心，再单击圆弧的圆心，然后使用鼠标中键单击如图 3-54 所示的位置。生成水平尺寸，如图 3-55 所示。

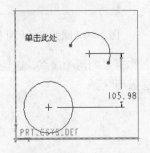

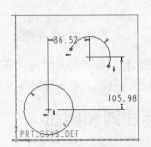

图 3-54　选取尺寸标注类型　　　　　图 3-55　圆及圆弧水平尺寸标注

（6）分别单击圆周线和圆弧线，此时两者由红色显示，然后用鼠标中键单击如图 3-56 所示的位置，生成如图 3-57 所示的相切水平尺寸。

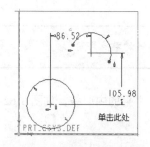

图 3-56　选取尺寸标注类型

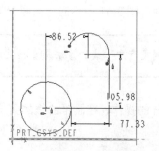

图 3-57　圆及圆弧水平相切尺寸标注

3.5.5　标注圆锥曲线

圆锥曲线的尺寸标注包括：

- 两端点间的相对位置尺寸
- rho 值
- 两端点的角度

rho 值的定义如图 3-58 所示。rho 值用来决定圆锥曲线的种类有以下几点。

（1）椭圆：$0.05 < rho < 0.5$。

（2）抛物线：$rho = 0.5$。

（3）双曲线：$0.5 < rho < 0.95$。

rho 值越大，则圆锥曲线越尖，反之则越扁，如图 3-59 所示，左边的圆锥曲线 rho 小，右边的圆锥曲线 rho 大。

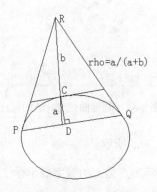

图 3-58　圆锥曲线 rho 的图形表示

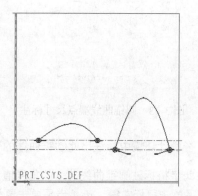

图 3-59　两个 rho 的圆锥曲线的比较

圆锥曲线标注的步骤如下。

（1）单击"草绘"功能区"草绘"面板上的"圆锥"按钮，在当前的二维设计环境中绘制如图 3-60 所示的一条圆锥曲线。

（2）单击"草绘"功能区"草绘"面板上的"中心线"按钮┊，表示将绘制使用虚线表示的中心线，绘制如图 3-61 所示的一条竖直的中心线。

注意 绘制竖直中心线的方法是直接使用左键单击圆锥曲线的端点即可。

（3）同样的操作，在圆锥曲线的另一个端点绘制一条水平的中心线，如图 3-62 所示。

 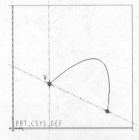 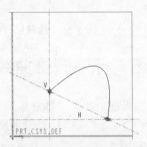

图 3-60　生成圆锥曲线　　　图 3-61　生成竖直中心线　　　图 3-62　生成水平中心线

（4）单击"草绘"功能区"尺寸"面板上的"法向"按钮|↔|，以上面绘制的两条中心线为基准标注圆锥曲线的端点位置尺寸，如图 3-63 所示。

（5）单击圆锥曲线，然后移动鼠标到图 3-64 所示的位置单击鼠标中键。

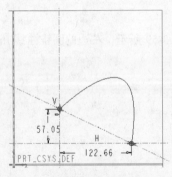 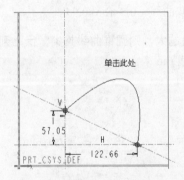

图 3-63　圆锥曲线端点尺寸标注　　　　　图 3-64　圆锥曲线 rho 值的标注

（6）在设计环境中标注出此圆锥曲线的 rho 值，如图 3-65 所示。

（7）此步将标注圆锥曲线端点的角度值，图 3-66 所示黑点边上的数字表示标注的步骤，其中前 3 步是单击鼠标左键，第 4 步是单击鼠标中键。

（8）在设计环境中标注出的圆锥曲线一端点的角度值，如图 3-67 所示。

（9）重复步骤 7，标注圆锥曲线另一个端点的角度值，标注完成后如图 3-68 所示。

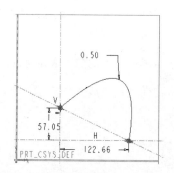

图 3-65 生成圆锥曲线 rho 尺寸标注

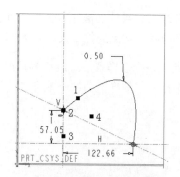

图 3-66 选取 rho 角度标注的点

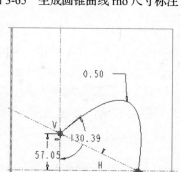

图 3-67 生成圆锥曲线端点角度标注

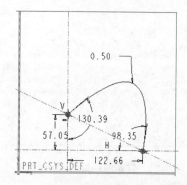

图 3-68 生成圆锥曲线另一端点角度标注

3.5.6 标注样条曲线

样条曲线首尾两端点的位置尺寸必须给定，首尾端点的角度标注方法和圆锥曲线类似，但是样条曲线的拾取稍有不同。

样条曲线的标注步骤如下。

（1）单击"草绘"功能区"草绘"面板上的"样条曲线"按钮~，在当前的二维设计环境中绘制如图 3-69 所示的一条样条曲线。

（2）单击"草绘"功能区"草绘"面板上的"中心线"按钮⋮，在样条曲线的两端点处绘制两条水平的中心线，如图 3-70 所示。

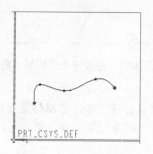

图 3-69 生成样条曲线

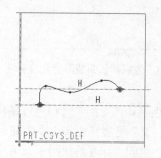

图 3-70 生成两条水平中心线

（3）单击"草绘"功能区"尺寸"面板上的"法向"按钮|↔|，分别拾取样条曲线的两端点，标注出样条曲线两端点的位置尺寸，如图 3-71 所示。

（4）此步将标注样条曲线端点的角度值，图 3-72 所示黑点边上的数字表示标注的步骤，在设计环境中标注出的样条曲线一端点的角度值如图 3-73 所示。

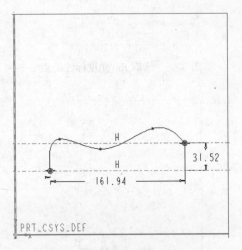

图 3-71　样条曲线端点尺寸标注

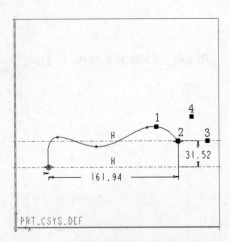

图 3-72　选取样条曲线端点角度标注点

（5）重复步骤（4），标注样条曲线另一个端点的角度值，标注完成后如图 3-74 所示。

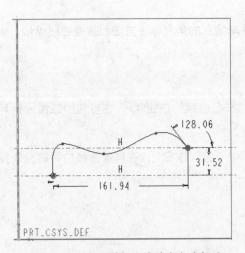

图 3-73　生成样条曲线端点角度标注

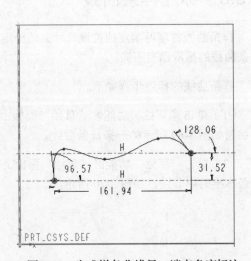

图 3-74　生成样条曲线另一端点角度标注

（6）样条曲线中间点的尺寸标注就是将中间点的位置标注出来。当鼠标落在样条曲线上时，系统将用绿色"×"号显示中间点。中间点位置的标注可以通过中心线、基准面、基准坐标系等特征进行标注，中间点标注后如图 3-75 所示。

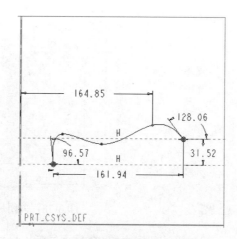

图 3-75　样条曲线中间点尺寸标注

3.6　修改标注

在本节中，通过绘制并再生一个封闭的截面，如图 3-76 所示，讲述尺寸的显示、尺寸的移动、尺寸值的修改、尺寸值的精度显示等内容。

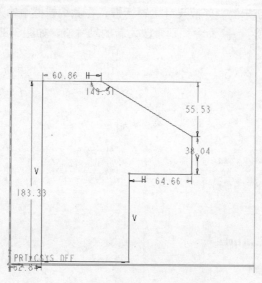

图 3-76　绘制一个 2D 截面

3.6.1　控制尺寸的显示

此时设计环境中的 2D 截面如图 3-76 所示。系统的"草绘器显示过滤器"如图 3-77 所示，其命令依次为："显示尺寸"、"显示约束"、"显示栅格"和"显示顶点"。

取消"显示尺寸"复选框的勾选，此时设计环境中的 2D 截面如图 3-78 所示。

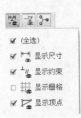

图 3-77　"草绘器显示过滤器"

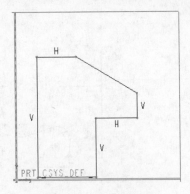

图 3-78　关闭尺寸显示

勾选"显示尺寸"复选框，此时设计环境中的 2D 截面显示出尺寸值，此处不再赘述。

3.6.2　修改尺寸值

尺寸值修改的操作步骤如下。

（1）单击"草绘"功能区"编辑"面板上的"修改"按钮，单击当前设计环境中 2D 封闭截面上端水平尺寸。

（2）弹出如图 3-79 所示的"修改尺寸"对话框，在此编辑框中输入一个新的尺寸值，然后单击此对话框中的"接受值" 命令，则修改为新的尺寸值，如图 3-80 所示。

图 3-79　"修改尺寸"对话框

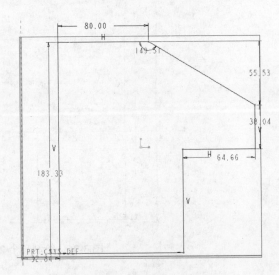

图 3-80　修改尺寸

（3）同理，修改其他尺寸。

也可以通过双击要修改的尺寸，如图 3-81 所示，在编辑框中直接输入尺寸后，按 Enter 键，修改后的尺寸如图 3-82 所示。

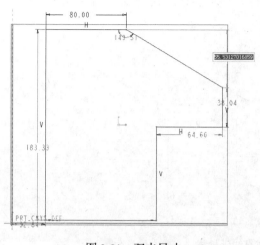

图 3-81 双击尺寸

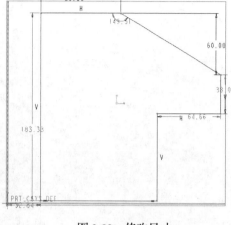

图 3-82 修改尺寸

3.7 草图编辑

3.7.1 拐角

拐角命令可以将图元多余部分剪除，或将图元延长到另一个图元。

拐角的操作步骤如下。

（1）在当前设计环境中绘制如图 3-83 所示的 3 条直线。

（2）单击"草绘"功能区"编辑"面板上的"拐角"按钮，然后依次单击两条相交直线右边。

（3）系统裁减掉两直线多余的部分，如图 3-84 所示。

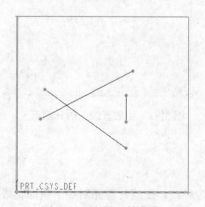

图 3-83 绘制 3 条直线

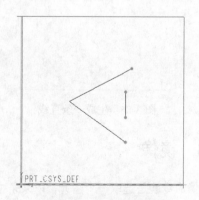

图 3-84 裁减选取的直线

（4）依次单击竖直线下端和下端斜线。

（5）系统延长一条直线到指定直线，并裁减掉另一条直线多余的部分，如图 3-85 所示。

图 3-85　生成直线延长线

3.7.2　分割

分割命令就是将指定图元在左键单击点处分割。

分割的操作步骤如下。

（1）在当前设计环境中绘制一条直线，如图 3-86 所示。

（2）单击"草绘"功能区"编辑"面板上的"分割"按钮 ，然后单击直线上任意一点。

（3）系统在单击处生成一个断点，将直线分为两部分，如图 3-87 所示，分割点用绿色表示。

　　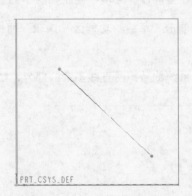

图 3-86　生成一条直线　　　　　　图 3-87　生成直线上的分割点

3.7.3　镜像

镜像命令就是选取一个图元，以某条中心线为镜像轴线，生成此图元对称于镜像轴线的另一个图元。

镜像的操作步骤如下。

（1）在设计环境中绘制如图 3-88 所示的一个圆及一条中心线。

（2）单击"草绘"功能区"编辑"面板上的"镜像"按钮 ，单击圆，再单击中心线，然后鼠标中键单击中心线另一侧，如图 3-89 所示，黑点表示鼠标单击处，数字表示操作的步骤。

（3）系统生成指定圆相对于指定中心线的镜像，如图 3-90 所示。

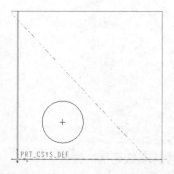
图 3-88　生成一个圆及一条直线

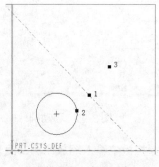
图 3-89　选取对象

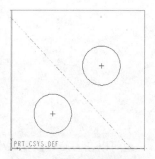
图 3-90　生成镜像特征

3.7.4　旋转调整图元

旋转调整图元的操作步骤如下。

（1）在设计环境中绘制如图 3-91 所示的圆。

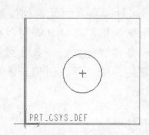
图 3-91　生成圆

（2）选择圆，单击"草绘"功能区"编辑"面板上的"旋转调整大小"按钮 ，打开"旋转调整大小"操控板，如图 3-92 所示。拖动"缩放"按钮 ，放大或缩小圆。

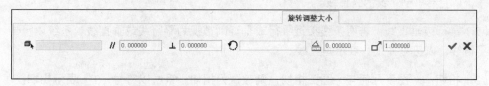
图 3-92　旋转调整大小

（3）拖动"旋转"按钮 ，转动圆。

（4）单击圆心，移动鼠标，选中的圆随鼠标移动而移动，如图 3-93 所示，单击"确定"按钮 。

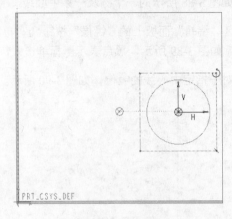

图 3-93　移动圆

也可以在"旋转调整大小"操控板中输入缩放比例、旋转角度来更改图形的位置。

3.8　几何约束

2D 截面绘制并标注尺寸后，要进行"再生"操作，进行截面外形尺寸的重新计算，以检查所有的尺寸和关系，若截面尺寸合理并且关系完整，则再生成功。

当一个截面进行再生时，系统会自动检测所有的几何元素及所给的尺寸，若有未作尺寸的几何元素，系统就会依照本身的假设去计算各几何元素的位置及尺寸（自动对齐），如果系统假设的部分（含尺寸标注位置）并非所需的限制条件，则可以在绘制截面时，加大各几何元素的差异，使得再生不会去使用这些假设条件，比如，一条直线绘制的近似于水平，系统往往将认为其为水平，因此可以修改一下此直线，使之不再近似于水平，则系统就不会再认为此直线为水平。

3.8.1　几何约束基础知识

Creo Parametric 系统中，有如下一些几何约束。

（1）水平或竖直线：接近水平或竖直的线会被视为水平线或竖直线。系统以符号"H"表示水平线，以符号"V"表示竖直线。

（2）平行或垂直线：若两条线接近平行或垂直则被视为平行线或垂直线。系统以符号"//"表示平行线，以符号"⊥"表示垂直线。

（3）相切：一图素几何与一圆弧相切，则被认为相切。系统以符号"T"表示相切。

（4）相等半径：两个圆或圆弧如果半径几乎相等，则被认为相等半径。系统用符号"R*"表示相等半径，"*"表示流水号。

（5）中心线对齐：两个圆或圆弧的中心点如果接近水平或竖直对齐，则被认为水平对齐或竖直对齐。系统以符号"--"表示水平对齐或竖直对齐。

（6）点位置自动对齐：如果一个点（或圆心）的位置接近某一个元素，则此点被认为位于该元素上。系统用符号"-O-"表示点位置自动对齐。

·（7）等长：如果两直线几乎等长，则被认为等长。系统用符号"Li"表示等长。

（8）相等半径：两圆或弧的半径接近相等，则视为等半径。系统用符号"R*"表示相等半径，"*"表示流水号。

（9）中心线两侧对称：两类似元素间如果有接近等距离的中心线，则被认为对称。系统用符号"－><－"表示中心线两侧对称。

3.8.2　几何约束

1．水平/竖直约束

（1）单击"草绘"功能区"草绘"面板上的"线"按钮 ⟋，绘制直线，如图 3-94 所示。

（2）单击"草绘"功能区"约束"面板上的"水平"按钮 ╋，在视图中选择直线，添加直线的水平关系，如图 3-95 所示。

（3）单击"草绘"功能区"约束"面板上的"竖直"按钮 ╋，在视图中选择第（1）步绘制的斜直线，添加直线的竖直关系，如图 3-96 所示。

图 3-94　绘制直线　　　　图 3-95　添加水平约束　　　　图 3-96　添加竖直约束

2．相切约束

（1）单击"草绘"功能区"草绘"面板上的"圆心和点"按钮 ◯ 和"线"按钮 ⟋，绘制一条直线和圆，如图 3-97 所示。

（2）单击"草绘"功能区"约束"面板上的"相切"按钮 ⋎，在视图中选择直线和圆，添加直线和圆相切关系，图上显示字母 T，如图 3-98 所示。

3．对称关系

（1）单击"草绘"功能区"草绘"面板上的"线"按钮 ⟋ 和"中心线"按钮 ⦙，绘制如图 3-99所示的图形。

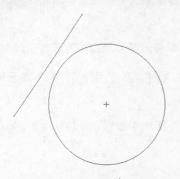

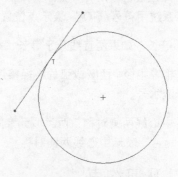

图 3-97　绘制圆和直线	图 3-98　添加相切关系

（2）单击"草绘"功能区"约束"面板上的"对称"按钮 ┼┠┼，首先选择中心线，然后分别选择两条直线的顶点，结果如图 3-100 所示。

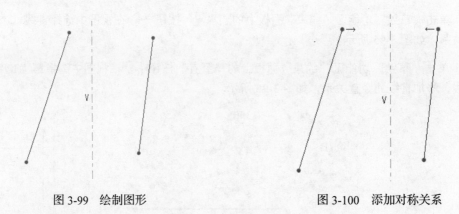

图 3-99　绘制图形	图 3-100　添加对称关系

其他几何约束读者可以自己动手练练，这里就不在赘述。

3.9　综合实例——卡盘草图

思路分析

本例创建卡盘草图，如图 3-101 所示。首先绘制中心线，然后绘制圆和直线，添加各种约束，最后标注并修改尺寸。

绘制步骤

1. 新建文件。单击"快速访问"工具栏中的"新建"按钮 ，在弹出的"新建"对话框中选择"草绘"选项，输入文件名称为"kapan"，如图 3-102 所示。单击"确定"按钮，创建一个新的草绘文件。

2. 绘制中心线。单击"草绘"功能区"草绘"面板上的"中心线"按钮 ，绘制两条基准线，一条水平线，一条斜直线，如图 3-103 所示。

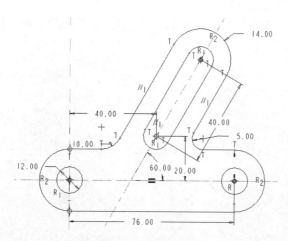

图 3-101　卡盘草图

图 3-102　"新建"对话框

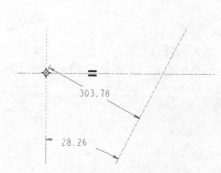

图 3-103　绘制中心线

3. 绘制同心弧。单击"草绘"功能区"草绘"面板上的"圆心和点"按钮○，绘制圆，结果如图 3-104 所示。

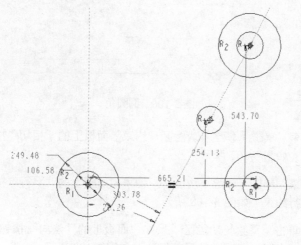

图 3-104　绘制圆弧

4. 绘制两连接弧。单击"草绘"功能区"草绘"面板上的"线"按钮，绘制直线。如图 3-105 所示。

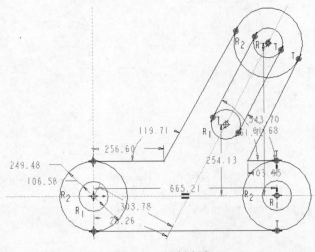

图 3-105 绘制直线

5. 绘制倒圆角。单击"草绘"功能区"草绘"面板上的"圆形修剪"按钮，选取要倒圆角的图元，并修剪，结果如图 3-106 所示。

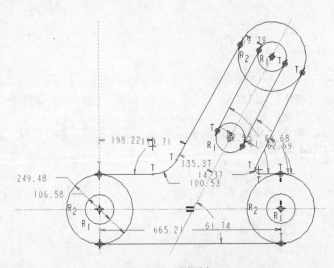

图 3-106 倒圆角

6. 添加相切约束。单击"草绘"功能区"约束"面板上的"相切"按钮，添加直线与圆的相切关系，如图 3-107 所示。

7. 添加平行约束。单击"草绘"功能区"约束"面板上的"平行"按钮，添加斜中心线和斜直线平行约束，如图 3-108 所示。

8. 标注尺寸。单击"草绘"功能区"尺寸"面板上的"法向"按钮，选取要标注尺寸的图元，单击中键，即可进行尺寸标注，如图 3-109 所示。

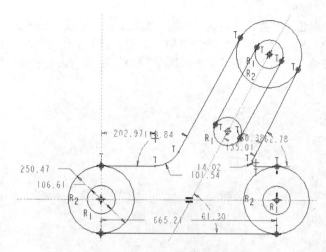

图 3-107　添加相切约束

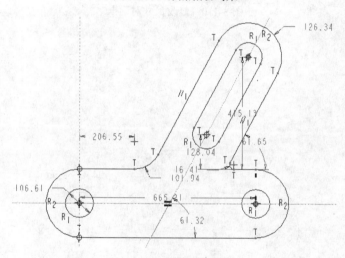

图 3-108　添加平行约束

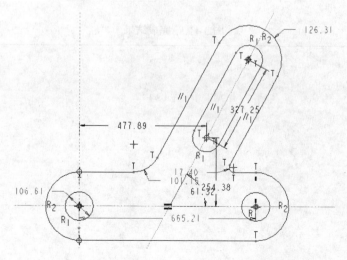

图 3-109　标注尺寸

9. 修改尺寸。单击"草绘"功能区"编辑"面板上的"修改"按钮 🗗，系统弹出"修改尺寸"对话框，用来输入需要修改的数值，如图 3-110 所示。取消"重新生成"复选框的勾选，并在输入框输入数值，单击"确定"按钮 ✓ 即可进行修改。最后结果如图 3-111 所示。

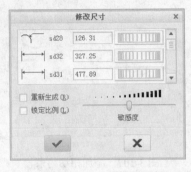

图 3-110　修改尺寸对话框

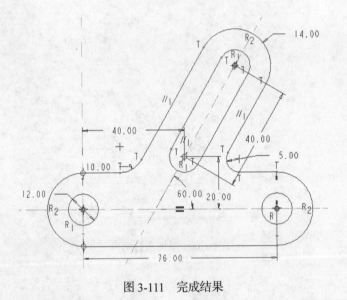

图 3-111　完成结果

第4章
基准特征

本章导读

　　基准（Datum）是建立模型的参考，它虽然不属于实体（Solid）或曲面（Surface）特征，但它也是特征的一种。基准特征的主要用途是作为 3D 对象设计的参考或基准数据。比如要在平行于某个面的地方生成一个特征，就可以先生成这个平行某个面的基准面，然后在这个基准面上生成特征；还可以在这个特征上再生成其他特征，当这个基准面移动时，这个特征及在这个特征上生成的其他特征也相应的移动。

知识重点

- 基准平面
- 基准轴
- 基准点
- 基准曲线
- 基准坐标系

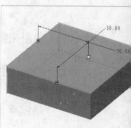

4.1 基准平面

本小节主要讲述基准平面的用途、创建、方向及基准面的显示控制。

4.1.1 基准平面的用途

基准平面在设计环境中是一个无限大的平面，其用符号"DIM*"标识，其中"*"表示流水号。基准平面的用途主要有 5 种，详述如下。

（1）尺寸标注参考。系统进入"零件"设计环境时，设计环境中默认存在 3 个相互垂直的基准平面，分别是"Front"面（前面）、"Right"面（右面）和"Top"面（顶面），如图 4-1 所示。

在尺寸标注时，如果可选择零件上的面或通过原先建立的基准平面来标注尺寸，则最好选择原先建立的基准平面，因为这样可以减少不必要的父子特征关系。

（2）确定视向。3D 实体的视向需通过两个相互垂直的面才能确定，基准面恰好可以成为决定 3D 实体视向的平面。

（3）绘图平面。建立 3D 实体时常常需要绘制 2D 剖面，如果建立 3D 实体时在设计环境中没有适当的绘图平面可供使用，则可以建立基准平面作为 2D 剖面的绘图平面。

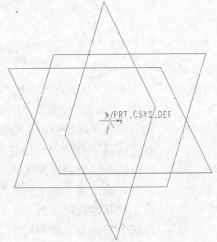

图 4-1　系统默认基准平面

（4）装配参考面。零件在装配时可以利用平面来进行装配，因此，可以使用基准平面作为装配参考面。

（5）产生剖视图。如图需要显示 3D 实体的内部结构，需要定义一个参考基准面，利用此参考基准面来剖此 3D 实体，得到一个剖视图。

4.1.2 基准平面的创建

基准平面的建立方式有直接创建和间接创建两种。

1．直接创建

直接创建的基准平面在设计环境中永久存在，此面可以重复用于其他特征的创建。直接创建的基准平面在辅助其他特征创建时非常方便，但是，如果这种在设计环境中永久存在的基准平面太多，屏幕上的过多的基准面会影响设计人员的设计。

（1）单击"模型"功能区"基准"面板上的"平面"按钮／，系统弹出"基准平面"对话框，如图 4-2 所示。

图 4-2 基准平面对话框

（2）"基准平面"对话框中默认打开的时"放置"属性页，此属性页决定基准平面的放置位置。在这里，单击"Front"面，此时设计环境中的"Front"基准平面被红色和黄色的线加亮，并且出现一个黄色的箭头，如图 4-3 所示，其中黄色箭头代表基准平面的正向。此时的"基准平面"对话框的"放置"属性页如图 4-4 所示。

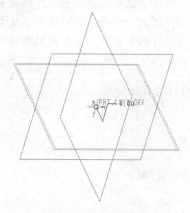

图 4-3 选取草绘平面

图 4-4 基准平面放置属性页

（3）单击"参考"编辑框中的"偏移"项，系统弹出一个列表框，如图 4-5 所示。

在此列表框中可以看到，新建基准平面的方式除了"偏移"外，还有"穿过"、"平行"和"法向"。"偏移"方式是新建基准平面与某一平面或坐标系平行但偏移一段距离；"穿过"方式是新建的基准平面必须穿过某轴、平面的边、参考点、顶点或圆柱面；"平行"方式是新建的基准平面必须与某一平面平行；"法向"方式是新建的基准平面和某一轴、平面的边或平面垂直。

（4）单击"放置"属性页中下拉列表框的"偏移"选项，然后在"平移"下拉框中输入数字"50"，单击"基准平面"对话框中的"确定"按钮，在设计环境中生成一个沿"Front"面正向偏移"50"的新基准平面，此平面的名为"DTM1"，如图 4-6 所示。

"基准平面"对话框中的"显示"属性页中可以切换偏移的方向，"属性"属性页中可以设定新基准平面的名称，读者可以自己切换到这两个属性页，观察一下这两个属性页的功能。

图 4-5　选取放置类型

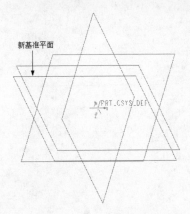

图 4-6　生成新基准平面

2．间接创建

在设计 3D 实体特征时，如果设计环境中没有合适的基准面可供使用，可以在实体特征设计时创建基准平面，所以此基准平面又叫临时性基准面，它并不是永久存在于设计环境中，当这个 3D 实体特征设计完成后，此基准平面和所创建的 3D 实体成为一个组，临时基准面就不再在当前设计屏幕上显示。使用间接创建的基准面好处是不会因为屏幕上基准面太多而影响设计人员的设计，建议读者在以后的设计中多使用临时性基准面。

临时性基准面的创建和使用将在后面的 3D 实体设计时详细介绍。

4.2　基准轴

本小节主要讲述基准轴的用途、创建及基准轴的显示控制。

4.2.1　基准轴的用途

基准轴用黄色中心线表示，并在模型树中用符号"A_*"标识，其中"*"表示流水号。基准轴的用途主要有两种，详述如下。

（1）作为中心线。可以作为回转体，如圆柱体、圆孔和旋转体等特征的中心线。拉伸一个圆成为圆柱体或旋转一个截面成为旋转体时会自动产生基准轴。

（2）同轴特征的参考轴。如果要使两特征同轴，可以对齐这两个特征的中心线，就确保这两个特征同轴。

4.2.2　基准轴的创建

创建基准轴的操作步骤如下。

（1）单击"模型"功能区"基准"面板上的"轴"按钮，系统弹出"基准轴"对话框，如图 4-7 所示。

（2）"基准轴"对话框中默认打开的是"放置"属性页，此属性页决定基准轴的放置位置。在当前设计环境中有一个长方体，左键单击此长方体的顶面，此时长方体的"Front"顶面被红色加亮并在左键单击处出现一条垂直于顶面面的基准轴，此轴有 3 个控制手柄，如图 4-8 所示。"基准轴"对话框的"放置"属性页如图 4-9 所示。

图 4-7 基准轴对话框

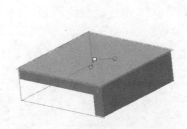
图 4-8 放置轴在长方体顶面

图 4-9 选取基准轴参考

（3）单击"参考"编辑框中的"法向"项，系统弹出一个列表框，如图 4-10 所示。

在此列表框中可以看到，新建基准轴的方式除了"法向"外，还有"穿过"。"法向"方式是新建的基准轴和某一平面垂直；"穿过"方式是新建的基准轴必须穿过某参考点、顶点或面。

（4）单击"放置"属性页中下拉列表框的"法向"选项，然后将鼠标落在新建轴的一个操作柄上，此操作柄变成黑色，如图 4-11 所示。

（5）按住鼠标左键，拖动选定的操作柄，落在长方体的一条边上，如图 4-12 所示。

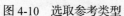
图 4-10 选取参考类型

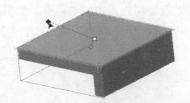
图 4-11 选取轴的操作柄

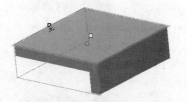
图 4-12 移动轴的操作柄

松开鼠标左键，此时设计环境中拖动到边的操作柄和轴之间出现一个尺寸，如图 4-13 所示。

此时"基准轴"对话框中的"放置"属性页如图 4-14 所示。

（6）同样的操作，将新建轴的另一个操作柄拖到长方体的另一条边上，此时的设计环境上又出现一个尺寸，如图 4-15 所示。

（7）此时"基准轴"对话框中的"放置"属性页如图 4-16 所示，从图中可以看到，"确定"按钮此时为可点击状态。

图 4-13　显示轴放置尺寸

图 4-14　"基准轴"对话框

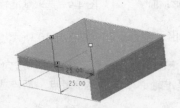

图 4-15　放置基准轴的另一个操作柄

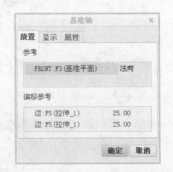

图 4-16　基准轴"放置"属性页

　　双击设计环境中的尺寸，尺寸值变为可编辑状态，如图 4-17 所示。在下拉编辑框中输入数字 "35"，按 "Enter"键。

　　（8）同样的操作，将另一尺寸值改为 "40"，此时设计环境中新建轴的位置如图 4-18 所示。

　　此时 "基准轴"对话框中的 "放置"属性页也发生相应的变化，如图 4-19 所示。

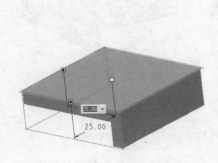

图 4-17　修改基准轴放置尺寸

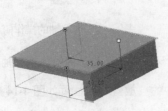

图 4-18　移动基准轴

图 4-19　基准轴"放置"属性页

　　（9）单击 "基准轴"对话框中的 "确定"按钮，在设计环境中生成一条垂直于长方体顶面的新基准轴，此轴的名为 "A_1"，如图 4-20 所示。

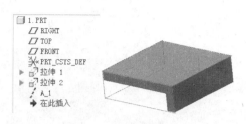

图 4-20 生成基准轴

4.3 基准曲线

本小节主要讲述基准曲线的用途、创建。

基准曲线主要用来建立几何的曲线结构，其用途主要有 3 种，详述如下。

（1）作为扫描特征（Sweep）的轨迹线。

（2）作为曲面特征的边线。

（3）作为加工程序的切削路径。

单击"模型"功能区"基准"面板上的"曲线"按钮∿
右侧的▶命令，系统弹出如图 4-21 所示的下拉列表。从上至
下依次为：通过点的曲线、来自方程的曲线和曲线来自横截面。

图 4-21 下拉列表

4.3.2 创建通过点的曲线

通过点创建曲线的操作步骤如下。

（1）单击"模型"功能区"基准"面板下的"通过点的曲线"按钮∿，系统弹出"曲线：
通过点"操控板，如图 4-22 所示。

图 4-22 "曲线：通过点"工具条

（2）在绘图区中选取两点后，显示一条线段，如图 4-23 所示。

（3）同理，拾取其他点，生成样条曲线，如图 4-24 所示。单击"使用线连接点"按钮∧，
如图 4-25 所示。

（4）单击操控板中的"确定"按钮✓，生成基准曲线如图 4-26 所示。

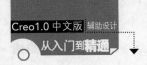

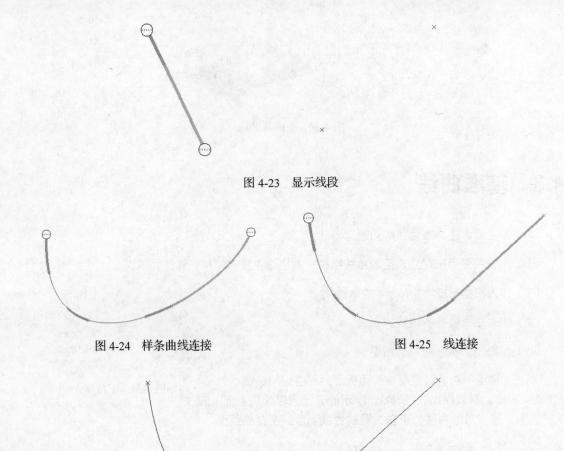

图 4-23　显示线段

图 4-24　样条曲线连接

图 4-25　线连接

图 4-26　生成基准曲线

4.3.2　创建来自方程的曲线

创建来自方程曲线的操作步骤如下。

（1）单击"模型"功能区"基准"面板下的"来自方程的曲线"按钮～，打开"曲线：从方程"操控板，如图 4-27 所示。

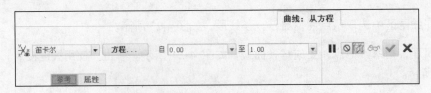

图 4-27　"曲线：从方程"操控板

（2）在模型树或者视图中选择系统的坐标系 PRT_CSYS_DEF 坐标系为参考坐标系。

（3）在操控板中选择"柱坐标系"，单击"方程"按钮，弹出"方程"对话框，如图 4-28 所示。

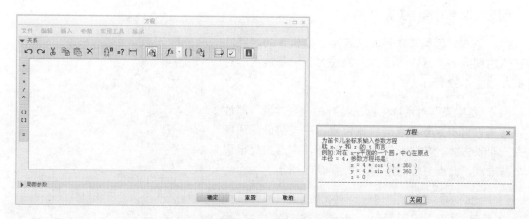

图 4-28 "方程"对话框

（4）在对话框中输入方程如图 4-29 所示，单击"确定"按钮，然后在操控板中单击"确定"按钮 ✓，生成曲线如图 4-30 所示。

图 4-29 输入方程

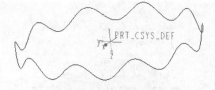

图 4-30 生成曲线

4.4 基准点

本小节主要讲述基准点的用途、创建。

基准点大多用于定位，基准点用符号"**PNT***"标识，其中"*****"表示流水号。基准点的用途主要有 3 种，详述如下。

（1）作为某些特征定义参数的参考点。

（2）作为有限元分析网格上的施力点。

（3）计算几何公差时，指定附加基准目标的位置。

单击"模型"功能区"基准"面板下的"点"按钮 右侧的 ▾ 命令，系统弹出如图 4-31 所示的下拉列表。从上至下依次为：基准点工

图 4-31 基准下拉命令

具、偏移坐标系基准点工具和域基准点工具，下面详述这 3 个创建新基准点命令的使用方法。

4.4.2　创建基准点

创建基准点的操作步骤如下。

（1）单击"模型"功能区"基准"面板下的"点"按钮 ✕✕ 右侧的 ▼ "点" ✕✕ 命令，系统弹出"基准点"对话框，如图 4-32 所示。

（2）"基准点"对话框中默认打开的是"放置"属性页，此属性页决定基准点的放置位置。在当前设计环境中有一个长方体，单击此长方体的顶面，在点击处出现一个基准点，此点有控制手柄，如图 4-33 所示。

（3）此时的"基准点"对话框的"放置"属性页如图 4-34 所示。从图上可以看到，"基准点"对话框中的"确定"按钮为不可用状态，表示此时新建的基准点还未定位好。单击"参考"编辑框中的"在其上"项，系统弹出一个列表框，如图 4-35 所示。

图 4-32　"基准点"对话框

图 4-33　放置基准点

图 4-34　基准点放置属性页

（4）在此列表框中可以看到，新建基准点的方式除了"在其上"外，还有"偏移"。"在其上"方式是新建的基准点就在平面上；"偏移"方式是新建的基准点以指定距离偏移选定的平面。

（5）单击"放置"属性页中下拉列表框的"在其上"选项，然后将鼠标落在新建基准点的一个操作柄上，此操作柄变成黑色，如图 4-36 所示。

（6）拖动选定的操作柄，落在长方体的一条边上，松开鼠标左键，此时设计环境中拖动到边的操作柄和新建基准点之间出现一个尺寸，如图 4-37 所示。

同样的操作，将新建基准点的另一个操作柄拖到长方体的另一条边上，此时的设计环境上又出现一个尺寸，如图 4-38 所示。

图 4-35　选取基准点参考类型

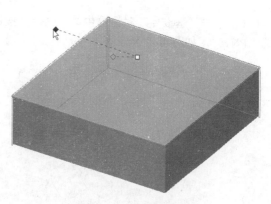

图 4-36　选取基准点操作柄

图 4-37　移动基准点操作柄

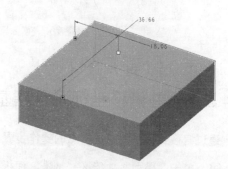

图 4-38　移动基准点另一个操作柄

（7）此时"基准点"对话框中的"放置"属性页也发生相应的变化，如图 4-39 所示。

（8）双击设计环境中的尺寸，尺寸值变为可编辑状态，在下拉编辑框中输入数字"30"，按"Enter"键。同样的操作，将另一尺寸值改为"30"，此时设计环境中新建基准点的位置如图 4-40 所示。

图 4-39　基准点"放置"属性页

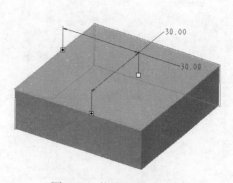

图 4-40　修改基准点放置尺寸

（9）此时"基准点"对话框中的"放置"属性页如图 4-41 所示，从图中可以看到，"确定"

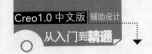

按钮此时为可点击状态。

（10）单击"基准点"对话框中的"确定"按钮，在设计环境中生成一个新的基准点，此点名为"PNT0"，如图 4-42 所示。

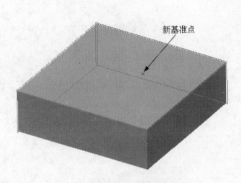

图 4-41　基准点"放置"属性页　　　　　　　图 4-42　生成基准点

4.4.3　通过偏移坐标系创建基准点

通过偏移坐标系创建基准点的操作步骤如下。

（1）单击"模型"功能区"基准"面板下的"点"按钮 右侧的 "偏移坐标系" 命令，系统打开"基准点"对话框，如图 4-43 所示。

（2）"基准点"对话框中默认打开的是"放置"属性页，此属性页决定基准点的放置位置。单击当前设计环境中的默认坐标系"PRT_CSYS_DEF"，此时坐标系用加亮显示，如图 4-44 所示。

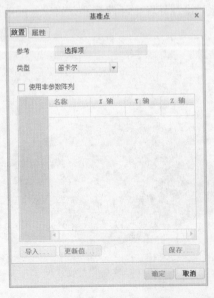

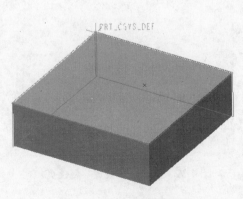

图 4-43　"基准点"对话框　　　　　　　图 4-44　选取参考坐标系

（3）此时"基准点"对话框的"放置"属性页如图 4-45 所示。单击"名称"下面的那一栏，此时"偏移坐标系基准点"对话框的"放置"属性页如图 4-46 所示。此时设计环境中的长方体出现 3 个尺寸，如图 4-47 所示。

图 4-45　偏移坐标系基准点对话框

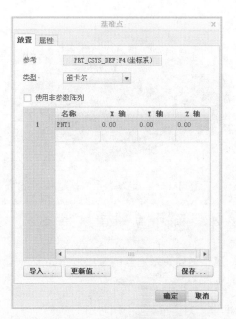

图 4-46　设置基准点偏移距离

（4）单击"基准点"对话框的"放置"属性页中"X 轴"下面的"0.00"项，此时这一项为可编辑状态，输入数值"20"。同样的操作，将"Y 轴"下面的项输入数值"20"，如图 4-48 所示。此时设计环境中的长方体上的 3 个尺寸也发生一致的变化，如图 4-49 所示。

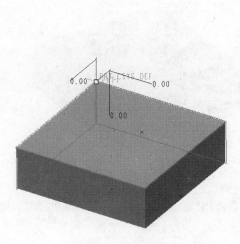

图 4-47　创建基准点

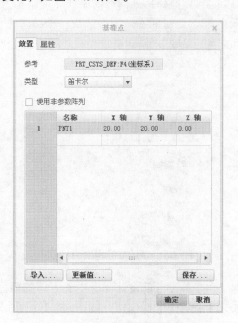

图 4-48　偏移坐标系基准点对话框

（5）单击"偏移坐标系基准点"对话框中的"确定"按钮，系统生成一个新的基准点，名称为"PNT2"，如图 4-50 所示。

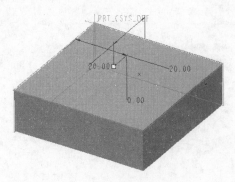

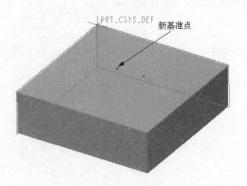

图 4-49　设定基准点偏移距离　　　　　　　　　图 4-50　生成基准点

4.4.4　通过域创建基准点

通过域创建基准点的操作步骤如下。

（1）单击"模型"功能区"基准"面板下的"点"按钮 右侧的 "域" 命令，系统打开"基准点"对话框，如图 4-51 所示。

（2）"基准点"对话框中默认打开的时"放置"属性页，此属性页决定基准点的放置位置。将鼠标落在当前设计环境中长方体的最前面上，此面被绿色加亮并且鼠标变成一个绿色的"×"号。

（3）将鼠标移动到当前设计环境中长方体的顶面，此时顶面将被绿色加亮并且鼠标变成绿色"×"号，此时的提示为：选取一个参考（例如曲线、边、曲面或面组）以放置点。此处的参考指的就是"域"，新建基准点只能落在某个域上。

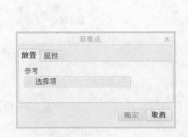

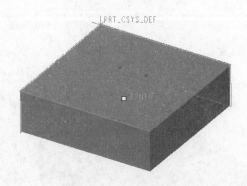

图 4-51　"域基准点"对话框　　　　　　　　　图 4-52　生成临时基准点

（4）单击当前设计环境中长方体的顶面，在点击处出现一个临时的基准点"FPNT0"，此临时基准点有一个操作柄，如图 4-52 所示。此时"基准点"对话框的"放置"属性页如图 4-53 所示。

（5）将鼠标落在此临时基准点的操作柄上，此操作柄变成黑色。按住鼠标左键移动鼠标，此临时基准点也一起移动，但是不能移出长方体的顶面。单击"基准点"对话框中的"确定"按钮，在长方体的顶面生成一个新的基准点，名称为"FPNT0"，如图 4-54 所示。

图 4-53 域基准点对话框

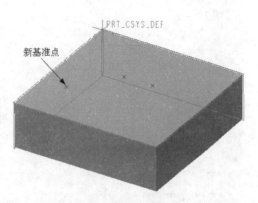

图 4-54 生成基准点

4.5 基准坐标系

本小节主要讲述基准坐标系的用途、创建及基准坐标系的显示控制。

4.5.1 基准坐标系的用途

基准坐标系用符号"CS*"标识，其中"*"表示流水号。基准坐标系的用途主要有 4 种，详述如下。

（1）零部件装配时，如要用到"坐标系重合"的装配方式，需用到基准坐标系。

（2）IGES、FEA 和 STL 等数据的输入与输出都必须设置基准坐标系。

（3）生成 NC 加工程序时必须使用基准坐标系作为参考。

（4）进行重量计算时必须设置基准坐标系以计算重心。

4.5.2 基准坐标系的创建

创建基准坐标系的操作步骤如下。

（1）单击"模型"功能区"基准"面板上的"坐标系"按钮，系统弹出"坐标系"对话框，如图 4-55 所示。

（2）"坐标系"对话框中默认打开的是"原点"属性页，此属性页决定基准点的放置位置。在当前设计环境中有一个长方体，单击此长方体的顶面，此时顶面被加亮并在鼠标点击处出现一个基准坐标系，如图 4-56 所示。

图 4-55 "坐标系"对话框　　　　　　　图 4-56 选取坐标系放置位置

（3）此时的"坐标系"对话框的"原点"属性页如图 4-57 所示。单击当前设计环境种默认的坐标系"PRT_CSYS_DEF"，此时设计环境中出现新建坐标系偏移默认坐标系的 3 个偏移尺寸值，如图 4-58 所示。

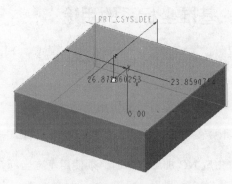

图 4-57 "坐标系"对话框　　　　　　　图 4-58 显示坐标系偏移尺寸

（4）此时"坐标系"对话框的"原点"属性页如图 4-59 所示。

可以在"原始"属性页中的"X"、"Y"和"Z"编辑框中直接输入新建坐标系偏移默认坐标系的偏移值，也可以双击设计环境中的坐标值进行偏移值的修改，在此不再赘述。将"X"、"Y"和"Z"都设为"20"，然后单击"坐标系"对话框中的"确定"命令，系统生成一个新基准坐标系，名称为"CS0"，如图 4-60 所示。

可以通过"坐标系"对话框中的"方向"属性页，设定坐标系轴的方向，"属性"属性页中可以设定坐标系的名称。"原始"属性页中的偏移类型还有"柱坐标"和"球坐标"等偏移类型，读者可以切换到这些内容看一看。

图 4-59　坐标系"原始"属性页

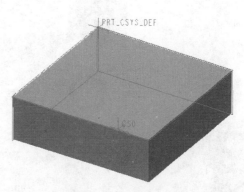

图 4-60　生成基准坐标系

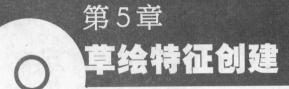

第 5 章
草绘特征创建

本章导读

  Creo Parametric 中常用的草绘特征包括拉伸、旋转、扫描和混合。除此之外，还有作为实体建模时参考的基准特征，如基准面、基准轴、基准点、基准坐标系等。Creo Parametric 不但是一个以特征造型为主的实体建模系统，而且对数据的存取也是以特征作为最小单元。Creo Parametric 创建的每一个零件都是由一串特征组成，零件的形状直接由这些特征控制，通过修改特征参数就可以修改零件。

知识重点

本章主要介绍如下几点。

- 拉伸特征

- 旋转特征

- 扫描特征

- 扫描混合特征

- 混合特征

5.1 进入建模环境

单击"快速访问"工具栏中的"新建"按钮 ，在弹出的"新建"对话框中选取"零件"类型，选择"实体"子类型，如图 5-1 所示。单击"新建"对话框中的"确定"按钮，系统进入建模环境。

草绘特征命令主要在"模型"功能区的"形状"面板中，如图 5-2 所示。

图 5-1 "新建"对话框

图 5-2 "形状"面板

草绘特征的创建方式有两种。

一是单击"模型"功能区"基准"面板上的"草绘"按钮 ，绘制完 2D 截面后，再单击"模型"功能区"形状"面板上的创建按钮，完成特征的创建。

二是单击"模型"功能区"形状"面板上的创建按钮 ，然后选取一个 2D 截面或单击"模型"功能区"基准"面板上的"草绘"按钮 ，绘制一个 2D 截面，完成特征的创建。

5.2 拉伸特征

拉伸特征指定的 2D 截面沿垂直于 2D 截面的方向生成的三维实体。

5.2.1 创建拉伸特征

创建拉伸特征的操作步骤如下。

（1）新建一个"零件"设计环境。单击"模型"功能区"基准"面板上的"草绘"按钮 ，系统弹出"草绘"对话框，如图 5-3 所示。

（2）单击"FRONT"草绘平面，将这个面设为草绘面，此时系统默认将"RIGHT"面设为参考面，此时的"草绘"对话框如图 5-4 所示。

图 5-3 "草绘"对话框

图 5-4 选取草绘面及参照面

（3）单击"草绘"对话框中的"草绘"按钮，进入草图绘制环境。单击"草绘"功能区"草绘"面板上的"矩形"按钮 □，然后在草绘设计环境中绘制一个矩形，此时矩形的尺寸由系统自动标注上，如图 5-5 所示。

（4）单击鼠标中键退出绘制矩形命令，双击矩形上的一个尺寸，此尺寸变为可编辑状态，如图 5-6 所示。

（5）在尺寸编辑框中输入尺寸值"200.00"，然后按 Enter 键，可以看到矩形大小随尺寸值动态改变，尺寸修改后的矩形如图 5-7 所示。

图 5-5 绘制矩形 　　　　 图 5-6 修改矩形尺寸 　　　　 图 5-7 矩形再生

（6）同样地操作，将矩形的另一个尺寸修改为"150"，尺寸修改后的矩形如图 5-8 所示。

（7）截面绘制完成后，单击"确定"按钮 ✔，退出草图绘制环境，退出草绘环境，进入零件设计环境，如图 5-9 所示。

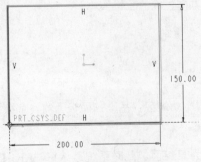

图 5-8 修改另一个尺寸

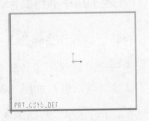

图 5-9 生成拉伸截面

（8）单击"模型"功能区"形状"面板上的"拉伸"按钮 ，自动选择上步绘制的草图，如图 5-10 所示，图中特征中心处的尺寸表示拉伸的深度，也就是拉伸特征的拉伸长度。

（9）双击拉伸深度尺寸，然后输入尺寸值"100.00"，按"Enter"键，此时拉伸深度修改为"100.00"。单击"拉伸"操控板中的"确定"按钮 ，系统完成拉伸特征的创建，如图 5-11 所示。

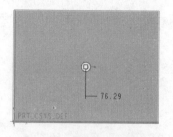

图 5-10 生成拉伸预览体

图 5-11 生成拉伸特征

（10）"拉伸"操控板如图 5-12 所示。

图 5-12 "拉伸"操控板

"拉伸特征"操控板选项介绍如下。

- 拉伸为实体 ：生成一个实体拉伸特征。
- 拉伸为曲面 ：生成一个曲面拉伸特征。
- 从草绘平面以指定深度值拉伸 ：以草绘平面为起点，按指定深度拉伸 2D 截面。
- 对称拉伸 ：沿垂直于草绘平面的两个方向，分别以指定值的一半拉伸 2D 截面。
- 拉伸到指定面 ：以草绘平面为起点，拉伸到指定的面。
- 拉伸深度尺寸输入框 100.00 ：输入拉伸特征的深度。
- 更改拉伸方向 ：切换拉伸特征的拉伸方向。
- 去除材料 ：拉伸特征为减材料，此命令在已有实体特征上生成减料特征时才可以使用。
- 加厚草绘 ：生成一个有厚度的拉伸框架。此命令不同于"拉伸为曲面"命令，因为曲面是没有厚度的。左键单击此命令后，打开"输入厚度"编辑框，在此编辑框中可以输入想要的厚度值，此时设计环境中的拉伸特征如图 5-11 所示。
- 暂停 ：暂停当前操控板的使用，用户可以使用其他操控板。
- 几何预览 ：预览拉伸特征的生成效果。
- 确定 ：生成拉伸特征。
- 取消特征创建/重定义 ：取消拉伸特征的创建或重定义拉伸特征。

5.2.2 编辑拉伸特征

右键单击"模型树"浏览器中的"拉伸"特征，弹出快捷菜单，如图 5-13 所示。

从上面的快捷菜单可以看到，可以对拉伸特征进行删除、成组、隐藏、重命名、编辑、编辑定义以及阵列等多项操作。

1."编辑"命令

编辑命令操作步骤如下。

（1）单击快捷菜单管理器中的"编辑"命令，此时设计环境中的拉伸体的边被红色加亮并且尺寸也显示出来，如图 5-14 所示。

（2）双击尺寸值"200.00"，此尺寸值变成可编辑状态，如图 5-15 所示。

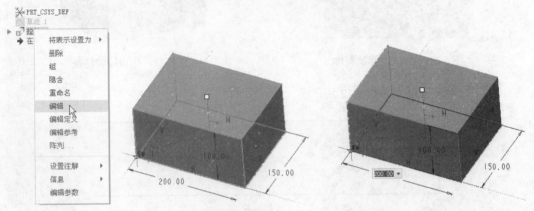

图 5-13　快捷菜单管理器　　　　图 5-14　编辑长方体特征　　　　图 5-15　修改长方体尺寸

（3）输入新尺寸值"150.00"，然后按 Enter 键，此时的尺寸值变成"150.00"，并用绿色加亮表示，但是拉伸体并没有随之发生变化，如图 5-16 所示。

（4）同样地操作，可以修改拉伸体的其他尺寸，在此不再赘述。

2."编辑定义"命令

编辑定义命令操作步骤如下。

（1）单击快捷菜单管理器中的"编辑定义"命令，此时系统打开"拉伸"操控板，并且设计环境中的拉伸体也回到待编辑状态，如图 5-17 所示。

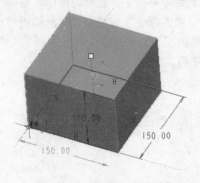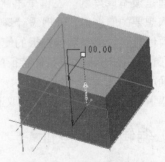

图 5-16　尺寸修改效果预览　　　　　图 5-17　编辑长方体特征

（2）通过"拉伸"操控板，可以重新设定拉伸体的拉伸类型，如方向，深度等，方法和创建拉伸特征时的方法一样，在此不再赘述。重新定义完成后，单击"确定"按钮✓，重新生成拉伸特征；或者单击"取消特征创建/重定义" ✖ 按钮，设计环境中的拉伸特征不发生任何改变。

5.2.3　实例——轴承轴

思路分析

本例创建轴，如图 5-18 所示。首先绘制轴的截面，通过拉伸得到轴基体。

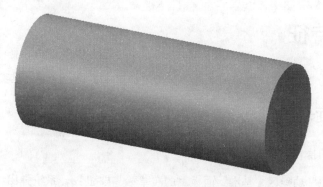

图 5-18　拉伸特征

绘制步骤

1. 新建模型。

单击"快速访问"工具栏中的"新建"按钮□，在弹出的"新建"对话框中，选取"零件"类型，在"名称"后的文本框中输入零件名称"zhou"，然后单击"确定"按钮，系统默认模版，进入实体建模界面。

2. 拉伸轴。

（1）单击"模型"功能区"形状"面板上的"拉伸"按钮，打开"拉伸"操控板。

（2）在"拉伸"操控板上选择"放置"→"定义"。在工作区选择基准平面 TOP 作为草绘平面。

（3）单击"草绘"功能区"草绘"面板上的"圆心和点"按钮〇，绘制截面，标注尺寸如图 5-19 所示。单击"确定"按钮✓，退出草图绘制环境。

（4）在操控板上设置旋转方式为"变量"，输入拉伸深度为"100"作为旋转的变量角。

（5）在操控板中单击"确定"按钮✓完成特征，结果如图 5-20 所示。

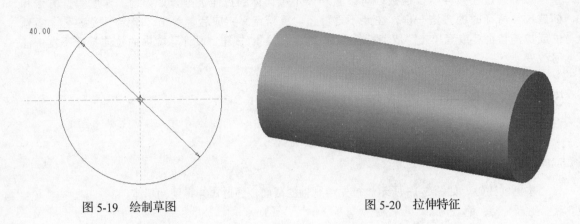

图 5-19 绘制草图   图 5-20 拉伸特征

5.3 旋转特征

旋转特征指定的 2D 截面绕指定的中心线按指定的角度旋转，生成三维实体。

5.3.1 创建旋转特征

创建旋转特征的操作步骤如下。

（1）单击"模型"功能区"基准"面板上的"草绘"按钮，系统弹出"草绘"对话框，选取"FRONT"基准面为绘图平面，使用系统默认的参考面，进入草图绘制环境，在设计环境中绘制如图 5-21 所示的 2D 截面。

（2）单击"草绘"功能区"基准"面板上的"中心线"按钮，在当前草图绘制环境中绘制一条竖直中心线，如图 5-22 所示。

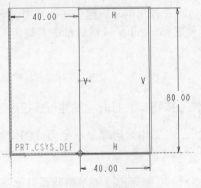

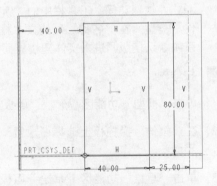

图 5-21 绘制旋转截面   图 5-22 绘制旋转中心轴

（3）单击"确定"按钮，退出草图绘制环境，退出草绘环境，进入零件设计环境。

（4）单击"模型"功能区"形状"面板上的"旋转"按钮，此时系统以 360°旋转出一个预览旋转体，如图 5-23 所示，并同时打开"旋转"操控板。

（5）将"旋转"操控板中的角度值改为"270"，如图 5-25 所示，此时设计环境中的预览旋转体如图 5-24 所示。

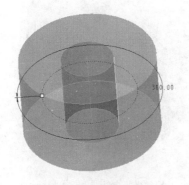

图 5-23　旋转特征预览体

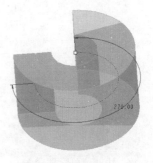

图 5-24　修改旋转角度

（6）单击"旋转"操控板中的"确定"按钮 ✔，生成旋转特征，如图 5-26 所示。

图 5-26　生成旋转特征

图 5-25　"旋转"操控板

5.3.2　编辑旋转特征

右键单击"模型树"浏览器中的"旋转"特征，弹出快捷菜单，如图 5-27 所示。从上面的快捷菜单看到，可以对旋转特征进行删除、成组、隐藏、重命名、编辑、编辑定义以及阵列等多项操作。

1．"编辑"命令

（1）单击快捷菜单管理器中的"编辑"命令，此时设计环境中的旋转体的边被红色加亮并且尺寸也显示出来，如图 5-28 所示。

（2）双击尺寸值"270.00"，此尺寸值变成可编辑状态，输入新尺寸值"180.00"，按键盘"Enter"键，此时设计环境中的旋转体发生改变，如图 5-29 所示。

2．"编辑定义"命令

（1）单击快捷菜单管理器中的"编辑定义"命令，此时系统打开"旋转"操控板，并且设计

环境中的旋转体也回到待编辑状态，如图 5-30 所示。

图 5-27　快捷菜单管理器

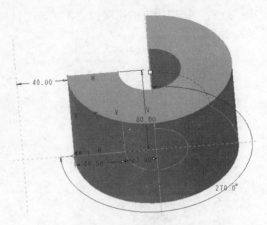

图 5-28　编辑旋转特征

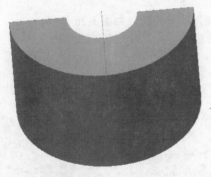

图 5-29　再生旋转体

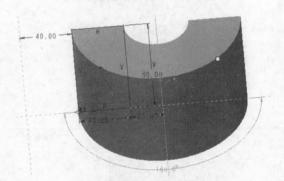

图 5-30　编辑定义

（2）通过"旋转特征"操控板，可以重新设定旋转体的旋转类型，如方向、角度等，方法和创建旋转特征时的方法一样，在此不再赘述。重新定义完成后，单击"确定"按钮 ✓，重新生成旋转特征；或者单击"取消特征创建/重定义"按钮 ✗，设计环境中的旋转特征不发生任何改变。

5.3.3　实例——轴承内套圈

思路分析

本例创建内套圈，如图 5-31 所示。首先创建内套圈的母线，通过旋转得到内套圈的基体。内套圈上的滚珠槽通过旋转切除得到，最后创建倒角特征，得到最终模型。

绘制步骤

1. 新建模型。

单击"快速访问"工具栏中的"新建"按钮 ⬜，在弹出的"新建"对话框中，选取"零件"类型，在"名称"后的文本框中输入零件名称"neitaoquan"，然后单击"确定"按钮，系统默认模版，进入实体建模界面。

2. 旋转内套圈基体。

(1) 单击"模型"功能区"形状"面板上的"旋转"按钮◆，打开"旋转"操控板。

(2) 在"旋转"操控板上选择"放置"→"定义"，在工作区选择基准平面 TOP 作为草绘平面。

(3) 单击"草绘"功能区"基准"面板上的"中心线"按钮 ，绘制水平中心线作为旋转轴。单击"草绘"功能区"草绘"面板上的"线"按钮 ，绘制如图 5-32 所示的截面图，并标注尺寸。单击"确定"按钮 ，退出草图绘制环境。

(4) 在操控板上设置旋转方式为"变量" ，在操控板上输入"360"作为旋转的变量角。

(5) 单击"确定"按钮 完成特征，结果如图 5-33 所示。

图 5-31　轴承内套圈

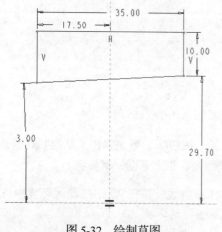

图 5-32　绘制草图

图 5-33　旋转内套圈基体

3. 切除滚珠槽。

(1) 单击"模型"功能区"形状"面板上的"旋转"按钮◆，打开"旋转"操控板。

(2) 在基准平面 TOP 上绘制如图 5-34 所示的截面。先绘制两个圆，然后使用分割工具打断圆，再利用拾取工具选择图元，使用键盘上的 DeIete 键删除的多余线。

(3) 单击"拉伸"操控板上的"切减材料"按钮 。

(4) 在操控板上设置旋转方式为"变量"，输入"360"作为旋转的变量角。

(5) 单击"确定"按钮 ，结果如图 5-35 所示。

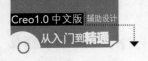

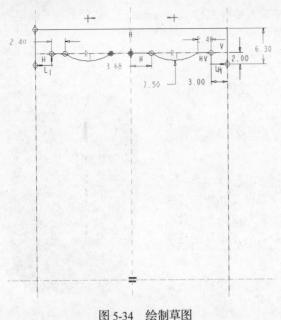

图 5-34　绘制草图

图 5-35　切除滚珠槽

5.4　扫描特征

扫描特征将指定剖面沿一条指定的轨迹扫出一个实体特征。

5.4.1　创建横截面扫描特征

创建横截面扫描特征的操作步骤如下。

（1）单击"模型"功能区"基准"面板上的"草绘"按钮，系统弹出"草绘"对话框，选取"FRONT"基准面为绘图平面，使用系统默认的参照面，进入草图绘制环境。

（2）单击"草绘"功能区"草绘"面板上的"样条曲线"按钮，在设计环境中绘制如图 5-36 所示的轨迹线。单击"确定"按钮，退出草图绘制环境。

（3）单击"模型"功能区"形状"面板上的"扫描"按钮，打开"扫描"操控板，如图 5-37 所示；此时系统默认把上步绘制的样条曲线作为扫描轨迹线，如图 5-38 所示。

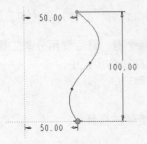

图 5-36　绘制扫描轨迹线

图 5-37　"扫描"操控板

（4）单击"创建或编辑扫描剖面"按钮，系统进入草绘设计环境，并自动旋转样条曲线使之垂直于屏幕，此时设计环境中的样条曲线如图 5-39 所示。

（5）单击"草绘"功能区"草绘"面板上的"圆心和点"按钮〇，在当前设计环境中绘制一个圆，如图 5-40 所示。

图 5-38　选取扫描轨迹线　　　　图 5-39　旋转扫描轨迹线　　　　图 5-40　绘制扫描截面

（6）单击"确定"按钮✔，退出草图绘制环境，系统进入零件设计环境，在当前设计环境中生成一个预览扫描特征，旋转此扫描特征，如图 5-41 所示。

（7）单击"扫描"操控板中的"确定"按钮✔，生成扫描特征，如图 5-42 所示。

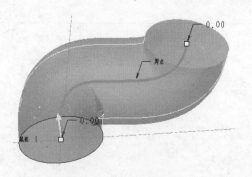
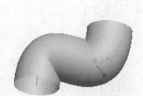

图 5-41　扫描预览特征　　　　　　图 5-42　生成扫描特征

5.4.2　创建变截面扫描特征

创建变截面扫描特征的操作步骤如下。

（1）绘制曲线 1。单击"模型"功能区"基准"面板上的"草绘"按钮，选取基准平面 FRONT 作为草绘平面，绘制如图 5-43 所示的曲线，然后单击"确定"按钮✔，退出草图绘制环境。

（2）绘制曲线 2。单击"模型"功能区"基准"面板上的"平面"按钮▱，新建基准平面

DTM1，选取 FRONT 平面作为参考平面，设置为偏移方式，偏距为"100"。

（3）单击"模型"功能区"基准"面板上的"草绘"按钮 ，在 DTM1 平面内绘制第二条曲线（如图 5-44 中带有尺寸标注的曲线），然后单击"确定"按钮 ✓，退出草图绘制环境。

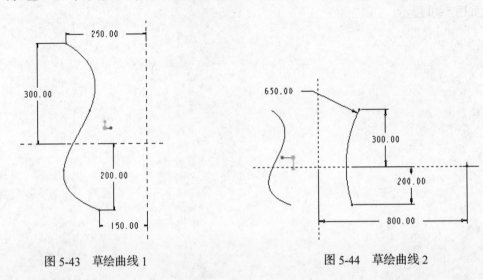

图 5-43　草绘曲线 1　　　　　　　　　　　图 5-44　草绘曲线 2

（4）绘制曲线 3。单击"模型"功能区"基准"面板上的"草绘"按钮，在 RIGHT 面内绘制如图 5-45 所示的第 3 条曲线，然后单击"确定"按钮 ✓，退出草图绘制环境。

（5）执行命令。单击"模型"功能区"形状"面板上的"扫描"按钮 📎，系统打开"扫描"操控板。单击操控板上的"实体" □ 按钮和"变截面"按钮 ∠，选择建立实体模型。然后单击"参考"按钮，系统打开如图 5-46 所示的下滑面板。

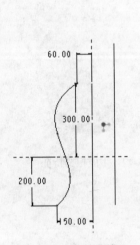

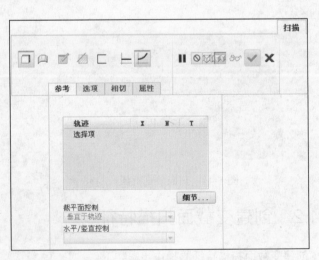

图 5-45　草绘曲线 3　　　　　　　　　　图 5-46　操控板及参考下滑面板

（6）选取曲线。单击"轨迹"选项下的收集器，然后按住"Ctrl"键依次选取草绘曲线 1、曲线 2、曲线 3。也可以不使用"Ctrl"键，选取草绘曲线 1 后，单击收集器下的"细节"按钮弹出如图 5-47 所示的"链"对话框，单击"添加"按钮选取草绘曲线 2，然后再添加曲线 3，曲线选取后如图 5-48 所示，完成曲线选取。

图 5-47 "链"对话框

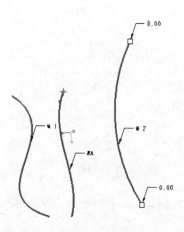

图 5-48 选取曲线

（7）设置参数。在"轨迹"下的选项板中，单击选中"链 2"和"X"项对应的复选框，设置"链 2"为 x 轨迹；同样也选中"原点"选项和"N"项对应的复选框，设置原点轨迹为曲面形状控制轨迹；然后在"截平面控制"选项中选择"垂直于轨迹"，如图 5-49 所示。其中"垂直于轨迹"表示所创建模型的所有截面均垂直于原点轨迹。

（8）绘制点。单击操控板上的"草绘"按钮，绘制扫描截面。进入草绘界面后，所显示的点中，每条曲线上都有一个以小"×"的方式显示，图 5-50 所示的 A、B、C 三点，所绘的扫描截面必须通过该点。

图 5-49 "参考"上滑面板设置

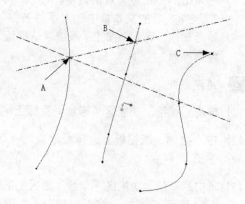

图 5-50 截面控制点

（9）绘制截面。单击"草绘"功能区"草绘"面板上的"3 点"按钮 ，选取图 5-186 所示的 A、B、C 三点绘制一个通过这三点的圆，如图 5-51 所示；然后单击"确定"按钮✔，退出草图绘制环境。

（10）单击操控板中的"确定"按钮✔，结果如图 5-52 所示。

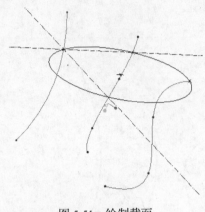

图 5-51　绘制截面

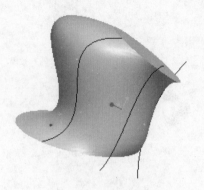

图 5-52　可变剖面扫描

5.4.3　实例——弯管

思路分析

本例创建弯管，如图 5-53 所示。首先创建底座，然后扫描创建弯管，最后创建另一侧。

图 5-53　弯管

绘制步骤

1. 新建模型。

单击"快速访问"工具栏中的"新建"按钮 ，在弹出的"新建"对话框中，选取"零件"类型，在"名称"后的文本框中输入零件名称"wanguan"，然后单击"确定"按钮，系统默认模版，进入实体建模界面。

2. 创建底座。

(1) 单击"模型"功能区"形状"面板上的"拉伸"按钮 ，打开"拉伸"操控板。

(2) 在"拉伸"操控板上选择"放置"→"定义"，在工作区选择基准平面 TOP 作为草绘平面。

(3) 单击"草绘"功能区"草绘"面板上的"圆心和点"按钮○，绘制截面，标注尺寸如图 5-54 所示。单击"确定"按钮✔，退出草图绘制环境。

(4) 在操控板上设置拉伸方式为"变量" ，输入拉伸深度为"10"。

（5）在操控板中单击"确定"按钮 ✓ 完成特征，结果如图 5-55 所示。

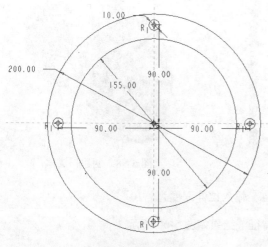

图 5-54　绘制草图

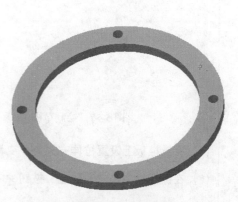

图 5-55　拉伸特征

3. 绘制扫描轨迹线。

（1）单击"模型"功能区"基准"面板上的"草绘"按钮 ，打开"草绘"对话框。在工作区上选择基准平面 RIGHT 作为草绘平面。

（2）单击"草绘"功能区"草绘"面板上的"3 点相切端"按钮 ，绘制如图 5-56 所示的草图。单击"确定"按钮 ✓，退出草图绘制环境。

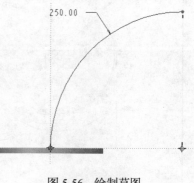

4. 创建扫描体。

（1）单击"模型"功能区"形状"面板上的"扫描"按钮 ，打开"扫描"操控板。

图 5-56　绘制草图

（2）选择上步绘制的草图为扫描轨迹线。

（3）单击"横截面"按钮 ，单击"绘制草图"按钮 ，绘制如图 5-57 所示的截面。单击"确定"按钮 ✓，退出草图绘制环境。

（4）在操控板在单击"确定"按钮 ✓，结果如图 5-58 所示。

5. 创建另一侧底座。

（1）单击"模型"功能区"形状"面板上的"拉伸"按钮 ，打开"拉伸"操控板。

（2）在"拉伸"操控板上选择"放置"→"定义"，在工作区选择基准平面 TOP 作为草绘平面。

（3）单击"草绘"功能区"草绘"面板上的"圆心和点"按钮 ，绘制截面，标注尺寸如图 5-59 所示。单击"确定"按钮 ✓，退出草图绘制环境。

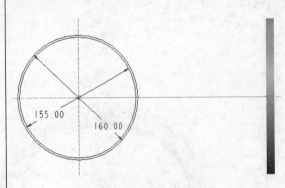

图 5-57 绘制草图

图 5-58 创建扫描体

（4）在操控板上设置拉伸方式为"变量" ⬇️，输入拉伸深度为"10"。

（5）在操控板中单击"确定"按钮 ✓ 完成特征，结果如图 5-60 所示。

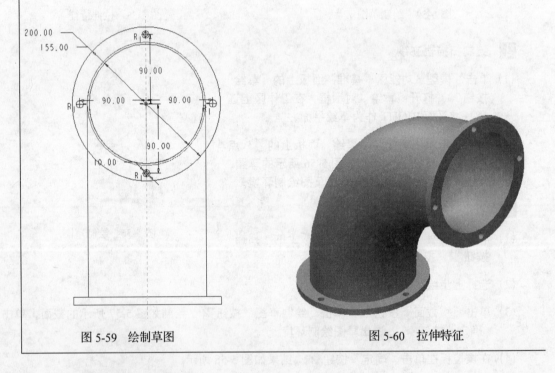

图 5-59 绘制草图

图 5-60 拉伸特征

5.5 扫描混合特征

扫描混合特征就是使截面沿着指定的轨迹进行延伸，生成实体，但是由于沿轨迹的扫描截面是可以变化的，因此该特征又兼备混合特征的特性。扫描混合可以具有两种轨迹：原点轨迹（必需）和第二轨迹（可选）。每个轨迹特征必须至少有两个剖面，且可在这两个剖面间添加剖面。要定义扫描混合的轨迹；可选取一条草绘曲线，基准曲线或边的链。每次只有一个轨迹是活动的。

具体操作步骤如下。

（1）单击"模型"功能区"基准"面板上的"草绘"按钮，选取 FRONT 基准面为草绘平面，绘制样条曲线，如图 5-61 所示。单击"确定"按钮✔，退出草图绘制环境。

（2）单击"模型"功能区"形状"面板上的"扫描混合"按钮，打开"扫描混合"操控板，如图 5-62 所示。

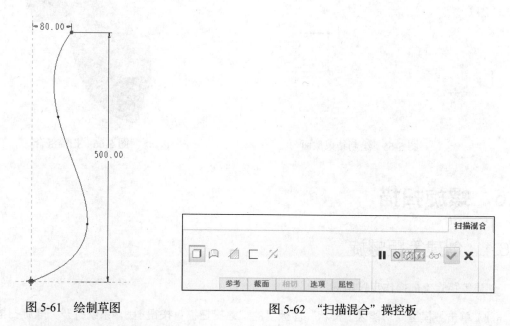

图 5-61　绘制草图

图 5-62　"扫描混合"操控板

（3）系统自动选取上步绘制的草图为扫描轨迹线，单击操控板中"截面"选项，如图 5-63 所示。

（4）在下滑面板中单击"草绘"按钮，绘制开始截面，如图 5-64 所示。单击"确定"按钮✔，退出草图绘制环境。

图 5-63　"截面"下滑面板

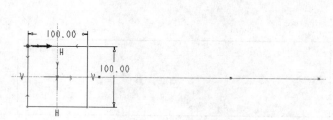

图 5-64　绘制开始截面

（5）在下滑面板中单击"插入"按钮和"草绘"按钮，绘制结束截面，如图 5-65 所示。单击"确定"按钮 ✔，退出草图绘制环境。

（6）在操控板中单击"确定"按钮 ✔，结果如图 5-66 所示。

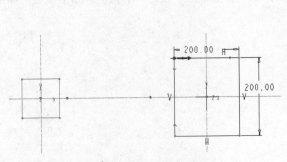

图 5-65　绘制结束截面

图 5-66　扫描混合

5.6　螺旋扫描

5.6.1　创建等距螺旋

创建等距螺旋的操作步骤如下。

（1）单击"模型"功能区"形状"面板上的"螺旋扫描"按钮 钀，系统打开"螺旋扫描"操控板，如图 5-67 所示。

（2）在"参考"下滑面板中单击"定义"按钮，选择 FRONT 基准平面作为草绘平面。

（3）单击"草绘"功能区"草绘"面板上的"样条曲线"按钮 ∿ 和"基准"面板上的"中心线"按钮 ⋮，绘制如图 5-68 所示的扫引轨迹及一条竖直的中心线，单击"确定"按钮 ✔，退出草图绘制环境。

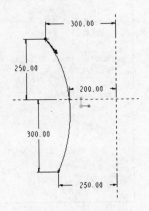

图 5-68　扫描轨迹

图 5-67　"螺旋扫描"操控板

（4）单击"创建截面"按钮 ，系统进入草绘界面，绘制如图 5-69 所示的截面，然后单击"确定"按钮 ，退出草图绘制环境。

（5）在操控板中输入节距值为"50"，单击"确定"按钮 ，扫描结果如图 5-70 所示。

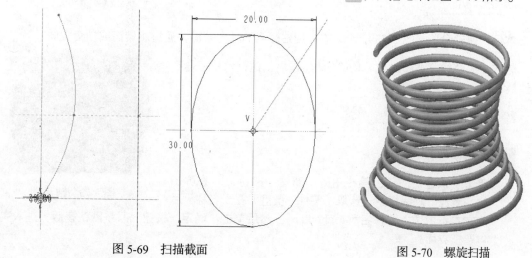

图 5-69 扫描截面

图 5-70 螺旋扫描

5.6.2 创建变距螺旋

创建变距螺旋的操作步骤如下。

（1）在模型树中选取刚才创建的螺旋扫描特征，然后单击右键，在弹出的如图 5-71 所示快捷菜单中选取"编辑定义"命令，系统弹出"螺旋扫描"操控板。

（2）选择"选项"选项，在下滑面板中选择"改变截面"选项。

（3）选择"间距"选项，在下滑面板中输入间距为"80"，单击"添加间距"，然后再输入轨迹末端的间距"30"。

（4）单击操控板中的"确定"按钮 ，结果如图 5-72 所示。

图 5-71 模型树操作

图 5-72 变节距螺旋扫描

5.6.3 实例——轴承轴套

思路分析

本例创建轴套，如图 5-73 所示。首先创建轴套的轴向截面，通过旋转而成轴套实体。

轴套上的螺纹需要通过旋转切除创建，最后创建倒角特征得到最终的模型。

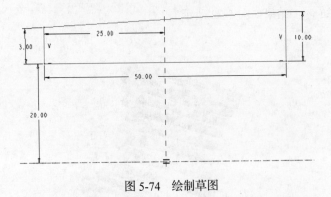

图 5-73 轴套

绘制步骤

1. 新建模型。

单击"快速访问"工具栏中的"新建"按钮 □，在弹出的"新建"对话框中，选取"零件"类型，在"名称"后的文本框中输入零件名称"zhoutao"，然后单击"确定"按钮，系统默认模版，进入实体建模界面。

2. 旋转轴套基体。

(1) 单击"模型"功能区"形状"面板上的"旋转"按钮 ⬦，打开"旋转"操控板。

(2) 在"旋转"操控板上选择"放置"→"定义"，在工作区上选择基准平面 TOP 作为草绘平面。

(3) 单击"草绘"功能区"基准"面板上的"中心线"按钮 ⋮，绘制一条水平中心线为旋转轴。单击"草绘"功能区"草绘"面板上的"线"按钮 ⟋，绘制如图 5-74 所示的截面图。单击"确定"按钮 ✔，退出草图绘制环境。

(4) 在操控板上设置旋转方式为"变量" ⬛，输入"360"作为旋转的变量角。

(5) 在操控板中单击"确定"按钮 ✔，完成特征，如图 5-75 所示。

图 5-74 绘制草图

图 5-75 旋转特征

3. 螺旋切除螺纹。

(1) 单击"模型"功能区"形状"面板上的"螺旋扫描"按钮 ⬚，打开"螺旋扫描"操控板。

(2) 单击"参考"→"定义"按钮，选择基准平面 FRONT 作为草绘平面。

(3) 单击"草绘"功能区"基准"面板上的"中心线"按钮⋮，绘制一条水平中心线，单击"草绘"功能区"草绘"面板上的"线"按钮↗，绘制如图 5-75 所示的截面定义扫描路径。单击"确定"按钮✔，退出草图绘制环境。

注意 绘制如图 5-76 所示的一条直线图元作为螺旋特征的轨迹路径。绘制直线时，延伸两端穿过已有的零件。除了直线图元，还需绘制中心线图元作为旋转轴。

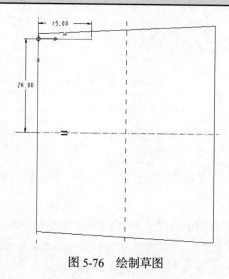

图 5-76 绘制草图

(4) 在操控板中输入"2.00"作为螺纹节距值。

(5) 单击"绘制截面"按钮▨，绘制如图 5-77 所示的螺纹截面。单击"确定"按钮✔，退出草图绘制环境。

注意 在图 5-77 中，截面是如何从特征轨迹的起点开始绘制的。

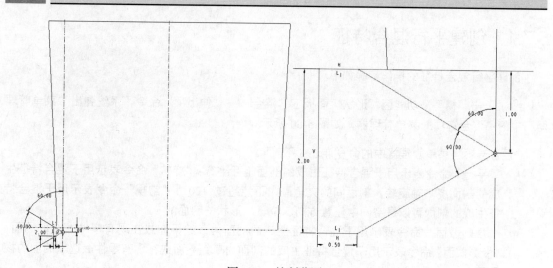

图 5-77 绘制草图

（6）在操控板中单击"去除材料"按钮 ，单击"确定"按钮，结果如图 5-78 所示。

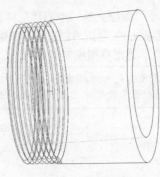

图 5-78　生成特征

5.7　混合特征

本节主要介绍混合特征的基本概念，平行混合特征、旋转混合特征及常规混合特征的创建步骤和编辑操作。

混合（Blend）特征：将多个剖面合成一个 3D 实体。混合特征的生成方式有 3 种：平行方式、旋转方式和一般方式。其中旋转方式和一般方式又叫非平行混合特征，与平行混合相比，非平行混合特征具有以下特殊优点。

- 截面可以是非平行截面，但并非一定是非平行截面，截面之间的角度设为 0°即可创建平行混合。
- 可以通过从 IGES 文件中输入的方法来创建一个截面。

单击"模型"功能区"形状"面板下"混合"，弹出如图 5-79 所示的菜单管理器，"混合"菜单管理器中的命令有："伸出项…"命令用于生成实体混合特征，"薄板伸出项…"命令用于生成薄板实体混合特征，"曲面…"命令用于生成曲面混合特征。

5.7.1　创建平行混合特征

创建平行混合特征的操作步骤如下。

（1）单击"模型"功能区"形状"面板下"混合"→"伸出项"命令，系统弹出"菜单管理器"中的"混合选项"菜单管理器，如图 5-80 所示。

"混合选项"菜单管理器中的命令详述如下。

- "平行"命令表示用于混合特征生成的剖面相互平行；"旋转"命令表示用于混合特征生成的剖面绕一轴旋转，剖面间的夹角最大不能超过 120°；"常规"命令表示用于混合特征生成的剖面可以是空间中任意方向、位置、形状的剖面。
- "规则截面"命令表示用于混合特征生成的剖面为草绘平面或在现有零件上选取的面；"投影截面"命令表示用于混合特征生成的剖面为草绘平面或在现有零件上选取的面的投影面。

图 5-79　混合菜单管理器　　　　　　图 5-80　混合选项菜单管理器

- "选择截面"命令表示用于混合特征生成的剖面是选取现有零件的面;"草绘截面"命令表示用于混合特征生成的剖面是由用户绘制的面。

（2）使用"混合选项"菜单管理器中的默认选项，单击此菜单管理器中的"完成"选项，系统打开"伸出项：混合，平行…"对话框和"菜单管理器"中的"属性"菜单管理器，如图 5-81 所示。

"属性"菜单管理器中的命令详述如下。
- "直"命令表示用于混合特征生成的剖面之间用直线相连。
- "光滑"命令表示用于混合特征生成的剖面被光滑的连接。

（3）单击"属性"菜单管理器中的"完成"选项，此时"伸出项：混合，平行…"对话框中转到"截面"，菜单管理器中显示"设置草绘平面"和"设置平面"菜单管理器，并打开"选取"对话框，如图 5-82 所示。

图 5-81　"属性"菜单管理器　　　　　图 5-82　"设置草绘平面"菜单管理器

"设置平面"菜单管理器中的命名详述如下。
- "平面"命令用于选取草绘平面。
- "产生基准"命令用于绘制基准。
- "放弃平面"命令用于放弃所选的平面。

（4）单击平面的标签"FRONT"，"菜单管理器"打开"方向"菜单管理器，并且在"FRONT"面上出现一个红色箭头，如图 5-83 所示。

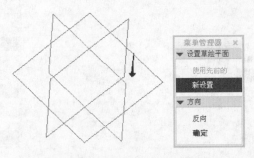

图 5-83 选取草绘平面方向

注意 如果单击"方向"菜单管理器中的"反向"选项,"FRONT"面上的箭头方向将反向,再单击"方向"菜单管理器中的"反向"选项,"FRONT"面上的箭头再一次反向。

（5）单击"方向"菜单管理器中的"确定"选项,"FRONT"面上的箭头消失并且"菜单管理器"中打开"草绘视图"菜单管理器,如图5-84所示。

注意 "草绘视图"菜单管理器中设定草绘截面时的参照面。

（6）单击"草绘视图"菜单管理器中的"右"选项,然后选取"RIGHT"面为右参照面,此时系统进入草图绘制环境,在草绘环境中绘制如图5-85所示的圆。

图 5-84 草绘视图菜单管理器

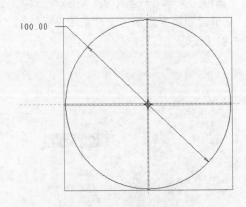

图 5-85 绘制混合截面

（7）按住鼠标右键,弹出快捷菜单,单击"切换截面"命令,如图5-86所示;此时上一步绘制的圆变成灰色,表示此时草绘环境进入了下一个截面的绘制,然后在当前设计环境中绘制如图5-87所示的圆。

（8）单击"确定"按钮 ✔,退出草图绘制环境,第二个截面再生成功,此时"伸出项:混合,平行..."对话框转到"深度"子项和"深度"菜单管理器,如图5-88所示。

（9）单击"完成"命令,此时系统在消息显示区中显示"输入截面 2 的深度"编辑框,如

图 5-89 所示。

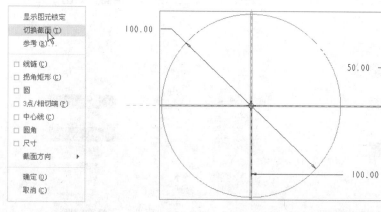

图 5-86 快捷菜单　　　　　　图 5-87 绘制第二个混合截面

图 5-88 "伸出项：混合，平行"对话框和"深度"菜单管理器

（10）在"输入截面 2 的深度"编辑框中输入数值"50.00"，然后单击"接受值" 命令，单击"伸出项：混合，平行…"对话框中的"确定"选项，系统生成一个混合特征，旋转该特征，如图 5-90 所示。

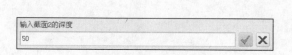

图 5-89 输入混合特征深度

图 5-90 生成混合特征

5.7.2 创建旋转混合特征

创建旋转混合特征的操作步骤如下。

（1）单击"模型"功能区"形状"面板下"混合"→"伸出项"命令，系统打开"混合选项"菜单管理器，如图 5-91 所示。

（2）单击"混合选项"菜单管理器中的"旋转"命令选项，然后单击此菜单管理器中的"完成"命令，系统打开"伸出项：混合，..."对话框和"属性"菜单管理器，如图5-92所示。

图5-91　"混合选项"菜单管理器　　　　　图5-92　"属性"菜单管理器

（3）选取"属性"菜单管理器中的"光滑"和"开放"选项，然后单击此菜单管理器中的"完成"选项，系统打开"设置草绘平面"菜单管理器，如图5-93所示。

（4）单击设计环境中的"FRONT"基准面，系统打开"方向"菜单管理器，如图5-94所示。

图5-93　"设置草绘平面"菜单管理器　　　　图5-94　"方向"菜单管理器

（5）单击"方向"菜单管理器中的"确定"选项，系统打开"草绘视图"菜单管理器，如图5-95所示，要求用户选取参照面。

（6）单击"草绘视图"菜单管理器中的"默认"选项，系统进入草图绘制环境，在此设计环境中绘制如图5-96所示的相对坐标系和剖面。

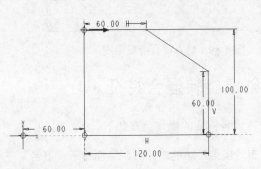

图5-95　"草绘视图"菜单管理器　　　　　图5-96　绘制旋转混合特征截面

（7）单击"确定"按钮✔，退出草图绘制环境，完成第一个截面的绘制；系统在消息显示区提示输入第二个截面和第一个截面的夹角，在此编辑框中输入角度值"45"，然后进入第二个截面的绘制环境，在此设计环境中绘制如图 5-97 所示的相对坐标系和截面。

（8）单击"确定"按钮✔，退出草图绘制环境，完成第二个截面的绘制；系统在对话框中提示是否继续下一个截面的绘制，单击"是"选项；系统在消息显示区提示输入第三个截面和第二个截面的夹角，在此编辑框中输入角度值"45"，然后进入第三个截面的绘制环境，在此设计环境中绘制如图 5-98 所示的相对坐标系和截面。

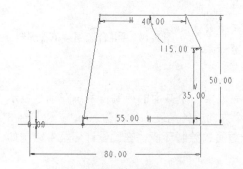

图 5-97 绘制旋转混合特征第二截面

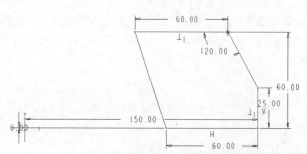

图 5-98 绘制旋转混合特征第三截面

（9）单击"确定"按钮✔，退出草图绘制环境，完成第三个截面的绘制；系统在消息显示区提示是否继续下一个截面的绘制，单击"否"命令，此时旋转类型混合的所有定义都已经完成，单击"伸出项：混合，..."对话框中的"确定"按钮，生成如图 5-99 所示的旋转混合特征。

（10）右键单击"设计树"浏览器中的旋转混合特征，在弹出的快捷菜单中选取"编辑定义"命令，系统重新打开"伸出项：混合，..."对话框，双击此对话框中的"属性"子项，系统打开"属性"菜单管理器，选取此菜单管理器中的"闭合"命令，然后单击"属性"菜单管理器中的"完成"命令，此时旋转混合特征的所有定义已经完成，单击"伸出项：混合，..."对话框中的"确定"按钮，系统生成闭合的旋转混合特征，如图 5-100 所示。

图 5-99 生成开放旋转混合特征

图 5-100 生成闭合旋转混合特征

5.7.3 创建常规混合特征

常规混合特征是 3 种混合特征中使用最灵活、功能最强的混合特征。参与混合的截面，可以沿相对坐标系的 x、y 和 z 轴旋转或者平移，其操作步骤类似于旋转混合特征的操作步骤，下面详

述常规混合特征的创建步骤。

（1）单击"模型"功能区"形状"面板下"混合"→"伸出项"命令，系统打开"混合选项"菜单管理器，单击此菜单管理器中的"常规"选项，保留此菜单管理器中的其他默认选项，如图 5-101 所示。

（2）单击"混合选项"菜单管理器中的"完成"选项，系统打开"属性"菜单管理器，单击此菜单管理器中的"光滑"选项，单击此菜单管理器中的"完成"命令，系统打开"设置草绘平面"菜单管理器，将"FRONT"基准面设为草绘平面，使用系统默认的参照面，进入草绘环境，绘制如图 5-102 所示的相对坐标系和截面。

图 5-101　混合选项菜单管理器

（3）单击"确定"按钮 ✔，退出草图绘制环境，完成第一个截面的绘制；系统在消息显示区提示输入第二个截面绕相对坐标系的 x、y 和 z 轴 3 个方向旋转角度，依次输入 x、y 和 z 轴 3 个方向旋转角度"30"、"30"和"0"；系统进入第二个截面的绘制环境，在此设计环境中绘制如图 5-103 所示的相对坐标系和截面。

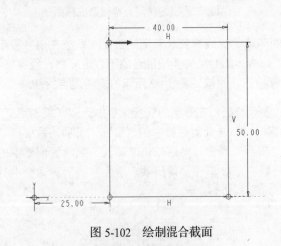

图 5-102　绘制混合截面

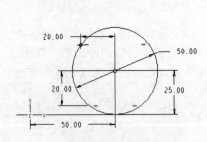

图 5-103　绘制第二混合截面

> **注意**　单击"草绘"功能区"编辑"面板上的"分割"按钮 ⌐，将截面圆分为 4 部分。

（4）单击"确定"按钮 ✔，退出草图绘制环境，完成第二个截面的绘制；系统在消息显示区提示是否继续下一个截面的绘制，单击"是"按钮；系统在消息显示区提示输入第 3 个截面绕相对坐标系的 x、y 和 z 轴 3 个方向旋转角度，依次输入 x、y 和 z 轴 3 个方向旋转角度"30"、"30"和"0"；系统进入第 3 个截面的绘制环境，在此设计环境中绘制如图 5-104 所示的相对坐标系和截面。

（5）单击"确定"按钮 ✔，退出草图绘制环境，完成第二个截面的绘制；系统在消息显示区提示是否继续下一个截面的绘制，单击"否"按钮；系统在消息显示区提示输入截面 2 的深度，在此编辑框中输入深度值"50.00",单击此提示框的"接受值" ✔ 命令;系统在消息显示区提示输入截面 3 的深度,在此编辑框中输入深度值"50.00",单击此提示框的"接受值" ✔ 命令;此时一般类型混合特征的所有动作都定义完成,单击"伸出项:混合,..."对话框中的"确定"按钮,系统生成常规类型混合特征,如图 5-105 所示。

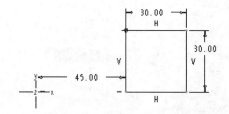

图 5-104 绘制第三混合截面

图 5-105 生成常规混合特征

5.8 综合实例——电源插头

思路分析

本例创建电源插头,如图 5-106 所示。首先利用混合特征命令创建电源插头主体,然后利用扫描创建电源线,最后拉伸命令创建插头部分。

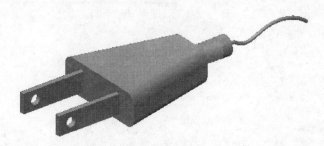

图 5-106 电源插头

绘制步骤

1. 新建模型。

单击"快速访问"工具栏中的"新建"按钮 📄,在弹出的"新建"对话框中,选取"零件"类型,在"名称"后的文本框中输入零件名称"zhoutao",然后单击"确定"按钮,接受系统默认模版,进入实体建模界面。

2. 创建混合特征。

(1)单击"模型"功能区"形状"面板下"混合"→"伸出项"命令,系统弹出"菜单管理器"中的"混合选项"菜单管理器,如图 5-107 所示。

(2)使用"混合选项"菜单管理器中的默认选项,单击此菜单管理器中的"完成"选项,系

统打开"伸出项：混合，平行..."对话框和"属性"菜单管理器，如图 5-108 所示。

图 5-107　混合选项菜单管理器　　　图 5-108　"伸出项：混合，平行..."对话框和"属性"菜单管理器

(3) 单击"直"→"完成"选项，打开"设置草绘平面"菜单管理器，如图 5-109 所示，并打开"选取"对话框。

(4) 单击"FRONT"平面，打开"方向"菜单管理器，单击"确定"选项。

(5) 单击"草绘视图"菜单管理器中的"默认"选项，此时系统进入草图绘制环境，在草绘环境中绘制如图 5-110 所示的截面。

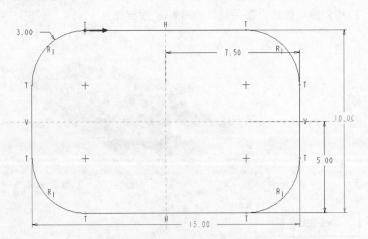

图 5-109　"设置草绘平面"菜单管理器　　　　　　图 5-110　绘制草图

(6) 在视图中单击鼠标右键，打开如图 5-111 所示的快捷菜单，选择"切换截面"选项，绘制如图 5-112 所示的截面。单击"确定"按钮✔，退出草图绘制环境。

(7) 打开"深度"菜单管理器，选择"盲孔"→"完成"选项，如图 5-113 所示，打开"消息输入窗口"，输入深度为"30"，如图 5-114 所示。单击"接收值"按钮✔，单击对话框中的"确定"按钮，生成混合特征如图 5-115 所示。

3. 旋转电源线接头。

(1) 单击"模型"功能区"形状"面板上的"旋转"按钮 ⊹，打开"旋转"操控板。

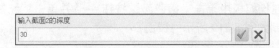

图 5-111 绘制草图　　　　　　　　　　图 5-112 绘制草图

图 5-113 "深度"菜单管理器　　　　图 5-114 消息输入窗口

（2）在"旋转"操控板上选择"放置"→"定义"，在工作
区上选择基准平面 RIGHT 作为草绘平面。

（3）单击"草绘"功能区"基准"面板上的"中心线"按
钮┇，绘制水平中心线作为旋转轴。单击"草绘"功
能区"草绘"面板上的"线"按钮♉，绘制如图 5-116
所示的截面图，并标注尺寸。单击"确定"按钮✔，
退出草图绘制环境。

图 5-115 创建主体

（4）在操控板上设置旋转方式为"变量"⏸，在操控板上输入"360"作为旋转的变量角。

（5）在操控板中单击"确定"按钮✔完成特征，结果如图 5-117 所示。

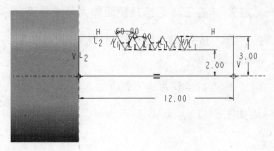

图 5-116 绘制草图　　　　　　　　　　图 5-117 创建电源线接头

4. 绘制扫描轨迹线。

(1) 单击"模型"功能区"基准"面板上的"草绘"按钮，打开"草绘"对话框，在视图中选择 RIGHT 为草绘平面。

(2) 绘制如图 5-118 所示的草图，单击"确定"按钮，退出草图绘制环境。

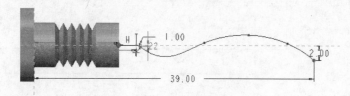

图 5-118　绘制草图

5. 扫描。

(1) 单击"模型"功能区"形状"面板上的"扫描"按钮，打开"扫描"操控板。

(2) 选择上步绘制的草图为扫描轨迹线。

(3) 在操控板中单击"横截面"按钮，并单击"绘制截面"按钮，进入绘图环境，绘制如图 5-119 所示的截面。

(4) 在操控板中单击"确定"按钮，生成电线如图 5-120 所示。

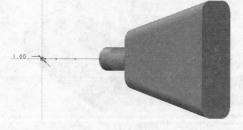

図 5-119　绘制截面　　　　　　　　　　　図 5-120　创建电源线

6. 创建插头。

(1) 单击"模型"功能区"形状"面板上的"拉伸"按钮，打开"拉伸"操控板。

(2) 在"拉伸"操控板上选择"放置"→"定义"，在工作区选择侧面作为草绘平面。

(3) 单击"草绘"功能区"草绘"面板上的"矩形"按钮，绘制截面，标注尺寸如图 5-121 所示。单击"确定"按钮，退出草图绘制环境。

(4) 在操控板上设置拉伸方式为"变量"，输入拉伸深度为"20"。

(5) 在操控板中单击"确定"按钮，结果如图 5-122 所示。

7. 切除插头孔。

(1) 单击"模型"功能区"形状"面板上的"拉伸"按钮，打开"拉伸"操控板。

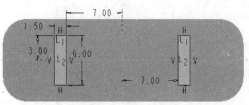

图 5-121　绘制草图

图 5-122　创建插头

（2）在"拉伸"操控板上选择"放置"→"定义"。在工作区上选择 RIGHT 作为草绘平面。

（3）单击"草绘"功能区"草绘"面板上的"圆心和点"按钮◯，绘制截面。标注尺寸如图 5-123 所示。单击"确定"按钮✔，退出草图绘制环境。

（4）在操控板上设置拉伸方式为"穿透"。

（5）在操控板中单击"确定"按钮✔，结果如图 5-124 所示。

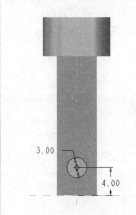

图 5-123　绘制草图

图 5-124　创建孔

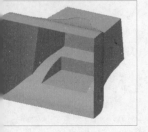

第6章
放置特征设计

本章导读

　　常用的放置特征包括孔、圆角、倒角、壳、加强筋等。创建的每一个零件都是由一串特征组成，零件的形状直接由这些特征控制，通过修改特征的参数就可以修改零件。

知识重点

- 孔特征
- 抽壳特征
- 加强筋特征
- 拔模特征
- 圆角特征
- 倒角特征

6.1 孔特征

孔特征属于减料特征，所以，在创建孔特征之前，必须要有坯料，也就是 3D 实体特征。

6.1.1 创建直孔特征

直孔特征属于规则特征。直孔特征可以用尺寸数值
及特征数据描述，生成直孔特征时只需选择直孔特征的
放置位置、孔径和孔深即可。创建直孔特征的操作步骤
如下。

（1）创建一个长、宽、高为（200，200，100）的长方
体，如图 6-1 所示。

（2）单击"模型"功能区"工程"面板上的"孔"
按钮 ，系统打开"孔"操控板，如图 6-2 所示。

图 6-1 创建长方体特征

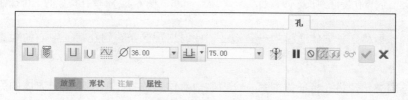

图 6-2 孔特征操控板

从"孔特征"操控板的第一行可以看到，此时的"放置"项为红色加亮，表示目前需要进行
的操作是确定孔的放置位置。

"孔特征"操控板上的命令如下所示。

- 创建直孔 ：创建一个直孔。
- 创建标准孔 ：创建一个标注孔。
- 选取孔轮廓 ：选取孔轮廓的类型。对应于直孔创建方式，孔轮廓类型有"简单"、
  "标准"和"草绘"3 种，本小节讲述的就是简单类型直孔的创建。
- 直孔直径 ：设定直孔的直径尺寸。
- 从放置参考以指定的深度值钻孔 ：按指定深度值钻孔。
  左键单击其右侧的"展开" ，将弹出以下命令。
- 双向钻孔 ：在放置参考的两侧钻以指定深度值一半的孔。
- 钻孔至下一曲面 ：钻一个到下一个曲面为止的孔。
- 钻孔至于所有曲面相交 ：钻一个通孔。
- 钻孔至于指定面相交 ：钻一个与指定面相交的孔。
- 指定孔的深度值 75.00 ：输入创建孔的深度值。

"孔特征"操控板上的其他命令和"拉伸"操控板、"旋转"操控板等的一样，在此不再赘述。从图 6-2"孔特征"操控板的第二行可以看到，此时的孔特征为"直孔"，轮廓为"简单"类型，以指定深度值钻孔，孔的深度为"75"。

（3）单击设计环境中的长方体顶面，此时长方体顶面被红色加亮，并且出现一个直孔特征，如图 6-3 所示，从图中可以看到，此孔有 4 个操作柄，并且还显示孔直径和深度的尺寸。

（4）鼠标移到孔特征的一个操作柄上，此操作柄变成黑色，如图 6-4 所示。

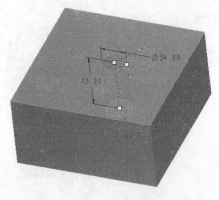
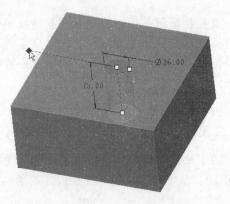

图 6-3　放置孔特征到长方体表面　　　　图 6-4　选取孔特征的一个操作柄

（5）将操作柄移到长方体顶面的一条边上，此时出现这条边到孔特征中心的距离，如图 6-5 所示。

（6）同样的方法，将孔特征体的另一个控制放置位置的操作柄移动到长方体的另一条边上，如图 6-6 所示。

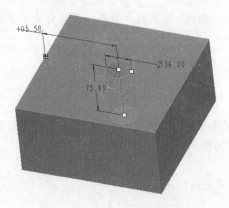
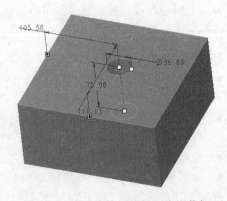

图 6-5　移动孔特征的操作柄　　　　　　图 6-6　移动孔特征的另一个操作柄

（7）双击尺寸值，就可以修改尺寸值。将当前设计环境中的尺寸值修改成如图 6-7 所示，孔直径和深度值也可以在"孔"操控板中修改。

（8）单击"孔"操控板中的"确定"按钮 ✓，在长方体上生成孔特征，如图 6-8 所示。

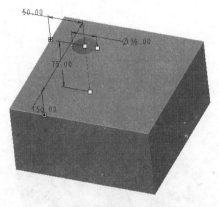

图 6-7 修改孔特征的尺寸

图 6-8 生成孔特征

6.1.2 创建草绘孔特征

草绘孔特征属于不规则特征，草绘特征必须绘制出 2D 剖面形状。创建草绘特征和创建直孔特征的方式类似，不同之处在于草绘特征必须以胚料特征为基础进行。创建草绘孔特征的操作步骤如下。

（1）创建一个长、宽、高为（200，200，100）的长方体。

（2）单击"模型"功能区"工程"面板上的"孔"按钮 ，系统打开"孔特征"操控板。

（3）单击"草绘"选项 ，此时的"草绘孔"操控板如图 6-9 所示。

图 6-9 草绘孔特征操控板

"草绘孔特征"操控板中的多数命令和"孔特征"操控板中的命令一样，只有下面两个命令不同。

- "打开" 命令是打开现有的草绘轮廓。
- "创建截面" 命令是激活草绘器以新建一个草绘截面。

（4）单击"创建截面" 命令，系统新建一个草绘环境，在此设计环境中绘制如图 6-10 所示的截面及一条竖直的中心线。单击"确定"按钮 ，退出草图绘制环境。

（5）单击设计环境中的长方体顶面，此时长方体顶面被加亮，并且出现一个孔特征，如图 6-11 所示，从图中可以看到，此孔有 2 个操作柄。

（6）分别将草绘孔的操作柄移动长方体顶面的两条边上，距离都是"50.00"，如图 6-12 所示。

（7）分别将草绘孔的放置尺寸修改为"50.00"，如图 6-13 所示。

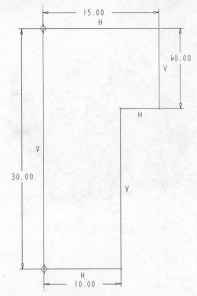

图 6-10　绘制草绘孔截面

图 6-11　生成草绘孔预览体

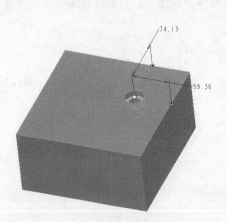

图 6-12　移动草绘孔操作柄

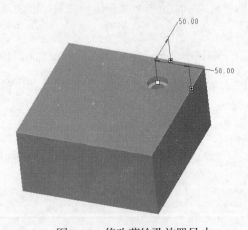

图 6-13　修改草绘孔放置尺寸

（8）单击"孔"操控板中的"确定"按钮，在长方体上生成草绘孔特征，如图 6-14 所示。

图 6-14　生成草绘孔特征

6.1.3 创建标准孔特征

创建标准孔特征的操作步骤如下。

（1）创建一个长、宽、高为（200，200，100）的长方体。

（2）单击"模型"功能区"工程"面板上的"孔"按钮 ，系统打开"孔特征"操控板。

（3）单击"创建标准孔" 命令，系统打开"标准孔特征"操控板，如图 6-15 所示。

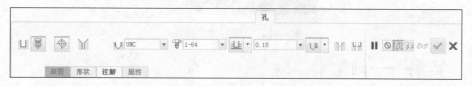

图 6-15 "标准孔特征"操控板

"标准孔"操控板中有一部分命令和"直孔"操控板中的相似，在此不再赘述。下面主要讲述"标准孔"操控板中特有的命令。

- "设置标准孔的螺纹类型" UNC 命令中设定螺纹的类型，螺纹类型有"ISO"、"UNC"和"UNF" 3 种。
- "输入螺钉尺寸" 1-64 命令中输入螺钉的尺寸，可以从最近使用值的菜单中选取，也可以拖动螺钉控制柄调整尺寸值。
- "输入钻孔深度值" 0.18 命令中输入钻孔的深度，可以从最近使用值的菜单中选取，也可以拖动螺钉控制柄调整尺寸值。
- "添加攻螺纹" 命令可以给标准孔添加攻螺纹。
- "添加埋头孔" 命令可以给标准孔添加埋头孔，此命令默认为选中状态。
- "添加沉孔" 命令可以给标准孔添加沉孔。

（4）选取"设置标准孔的螺纹类型" UNC 命令中的"ISO"螺纹的类型，选取"M16×2"型标准螺钉，标准孔深为"60.00"，单击"添加沉头孔"按钮 ，单击设计环境中的长方体顶面，此时长方体顶面被加亮，并且出现一个孔特征，如图 6-16 所示。

（5）分别将标准孔的操作柄移动长方体顶面的两条边上，距离都是"20.00"，如图 6-17 所示。

图 6-16 放置标准孔特征

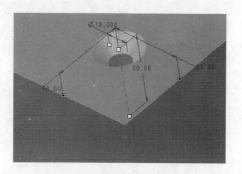

图 6-17 设置标准孔位置尺寸

（6）单击"孔"操控板中的"确定"按钮✓，在长方体上生成标准孔特征，如图6-18所示。

图6-18 生成标准孔特征

6.1.4 实例——轴盖

思路分析

本例创建轴盖，如图 6-19 所示。首先先绘制轴该的截面，通过旋转得到轴盖主体，然后创建孔特征，形成模型。

绘制步骤

1. 新建文件。

单击"快速访问"工具栏中的"新建"按钮🗋，在弹出的"新建"对话框中，选取"零件"类型，在"名称"后的文本框中输入零件名称"daoliugai"，取消"使用默认模板"复选框的勾选，如图 6-20 所示；然后单击"确定"按钮，弹出"新文件选项"对话框，选择"mmns_part_solid"模板，如图6-21 所示，单击"确定"按钮，进入实体建模界面。

图6-19 轴盖

图6-20 "新建"对话框

图6-21 "新文件选项"对话框

2. 旋转特征。

(1) 单击"模型"功能区"形状"面板上的"旋转"按钮 ⬩⧫，打开"旋转"操控板。

(2) 在"旋转"操控板上选择"放置"→"定义"，在工作区上选择基准平面 FRONT 作为草绘平面。

(3) 单击"草绘"功能区"基准"面板上的"中心线"按钮 ⦙，绘制水平中心线作为旋转轴。单击"草绘"功能区"草绘"面板上的"线"按钮 ⦜，绘制如图 6-22 所示的截面图，并标注尺寸。单击"确定"按钮 ✓，退出草图绘制环境。

(4) 在操控板上设置旋转方式为"变量" ⬱，单击"加厚"按钮 ▭，输入厚度为 2，输入"360"作为旋转的变量角。

(5) 在操控板中单击"确定"按钮 ✓，完成特征，结果如图 6-23 所示。

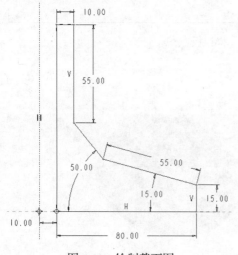

图 6-22　绘制截面图

图 6-23　旋转特征

3. 创建基准平面。

(1) 单击"模型"功能区"基准"面板上的"平面"按钮 ▱，打开"基准平面"对话框。

(2) 在视图中选择 TOP 平面为参考面，输入偏移距离为 25，如图 6-24 所示。

(3) 单击"确定"按钮，如图 6-25 所示。

4. 创建螺纹孔。

(1) 单击"模型"功能区"工程"面板上的"孔"按钮 ⬚，系统打开"孔特征"操控板。

(2) 单击"创建标准孔"按钮 ⬚，设置标准孔类型为 ISO，选择"M12×1.5"，添加沉头孔，设置深度为"穿透" ⬱，如图 6-26 所示。

(3) 选择上步创建的平面为孔放置面，选择 RIGHT 和 FRONT 平面为偏移参考，更改偏移距离为"0"和"75"，"放置"下滑面板如图 6-27 所示。

图 6-24 "基准平面"对话框

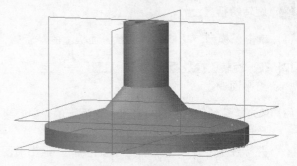

图 6-25 创建基准平面

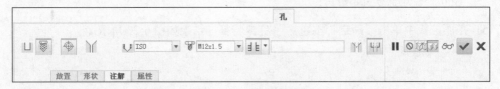

图 6-26 "孔"操控板

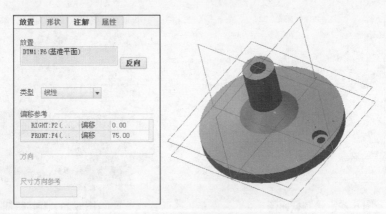

图 6-27 "放置"下滑面板和螺纹孔

同理，创建其他 5 个螺纹孔，如图 6-28 所示。

图 6-28 创建其他螺纹孔

6.2　抽壳特征

抽壳可将实体内部掏空，只留一个特定壁厚的壳。

6.2.1　创建空心抽壳特征

创建空心抽壳特征的操作步骤如下。

（1）创建一个长、宽、高为（200，200，100）的长方体。

（2）单击"模型"功能区"工程"面板上的"抽壳"按钮回，系统打开"壳"操控板，如图 6-29 所示，此时默认的厚度为"3.75"。

图 6-29　壳特征操控板

（3）此时设计环境中的长方体上出现一个"封闭"的壳特征，如图 6-30 所示。"封闭"的壳特征表示将实体的整个内部都掏空，且空心部分没有入口。

（4）在操控板中输入厚度为"5"，单击"确定"按钮 ✔，生成抽壳特征如图 6-31 所示。

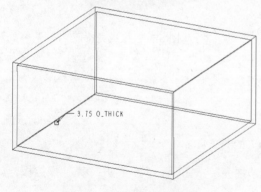

图 6-30　"封闭"的壳特征

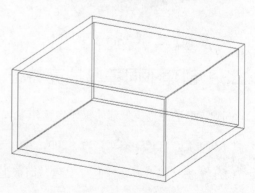

图 6-31　创建壳特征

6.2.2　创建相等壁厚抽壳特征

创建相等壁厚抽壳特征的操作步骤如下。

（1）创建一个长、宽、高为（200，200，100）的长方体。

（2）单击"模型"功能区"工程"面板上的"抽壳"按钮回，系统打开"壳"操控板，如

图 6-32 所示。

图 6-32　壳特征操控板

（3）单击长方体的顶面为壳特征的开口面，如图 6-33 所示。

> **注意**　如果需要选取多于一个面为开口面，可以使用"Ctrl" + 鼠标左键选取面。

（4）在操控板中输入新厚度值"10"，然后单击"确定"按钮 ✓ ，在长方体上生成厚度为"10"的壳特征，如图 6-34 所示。

图 6-33　设置壳特征开口面

图 6-34　生成壳特征

6.2.3　创建不同壁厚抽壳特征

创建不同壁厚抽壳特征的操作步骤如下。

（1）创建一个长、宽、高为（200，200，100）的长方体。

（2）单击"模型"功能区"工程"面板上的"抽壳"按钮 回 ，系统打开"壳"操控板，如图 6-35 所示。

图 6-35　壳操控板

（3）选择长方体的顶面为壳特征的开口面，如图 6-36 所示。

（4）单击"参考"选项，在"非默认厚度"选项下的"单击此处添加..."，此时"参考"下滑面板如图 6-37 所示。

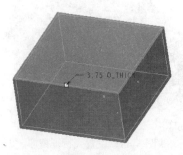

图 6-36 设置壳特征开口面

图 6-37 "参考"下滑面板

（5）单击长方体左前面，此时左前面上出现默认壁厚值"3.75"，如图 6-38 所示。下滑面板如图 6-39 所示。

图 6-38 选择长方体左前面

图 6-39 壳特征参考对话框

（6）在下滑面板中将壁厚值改为"5.00"，如图 6-40 所示。"参考"下滑面板如图 6-41 所示。

图 6-40 设置壳特征壁厚

图 6-41 壳特征参考对话框

（7）按住"Ctrl"键，单击长方体的右前面，此时长方体右前面也出现默认厚度值"3.75"，如图 6-42 所示。

（8）将壁厚值改为"10.00"，如图 6-43 所示。

（9）此时"参考"下滑面板如图 6-44 所示。同样，也可以通过单击"参考"编辑框"非默认厚度"子项下的厚度值来修改壁厚。

图 6-42　选取长方体右前面

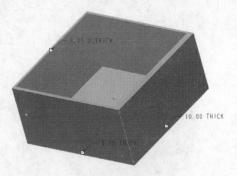

图 6-43　设置壳特征壁厚

（10）单击"壳"操控板中的"确定"按钮 ✓，在长方体上生成不同厚度的壳特征，如图 6-45 所示。

图 6-44　壳特征参考下滑面板

图 6-45　生成不同壁厚壳特征

6.2.4　实例——显示器壳主体

思路分析

本例绘制显示器壳，如图 6-46 所示。首先绘制拉伸实体，然后绘制立方体；再进行拔模，并进行倒圆角后抽壳。

绘制步骤

1. 新建文件。

单击"快速访问"工具栏中的"新建"按钮 🗋，在弹出的"新建"对话框中，选取"零件"类型，在"名称"后的文本框中输入零件名称"liangshuihu"，然后单击"确定"按钮，接受系统默认模版，进入实体建模界面。

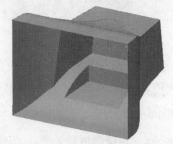

图 6-46　显示器壳

2. 绘制拉伸实体。

（1）单击"模型"功能区"形状"面板上的"拉伸"按钮🔗，打开"拉伸"操控板。

（2）在"拉伸"操控板上选择"放置"→"定义"，选取 TOP 面作为草绘面，绘制如图 6-47 所示。单击"确定"按钮✔，退出草图绘制环境。

（3）在操控板中将深度设为盲孔按钮🔟，深度值为 320mm。

（4）在操控板中单击"确定"按钮✔，完成拉伸实体的绘制，结果如图 6-48 所示。

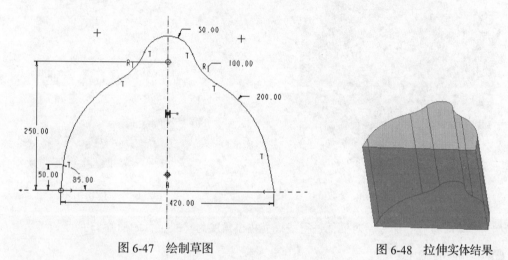

图 6-47　绘制草图　　　　　　　　　　图 6-48　拉伸实体结果

3. 绘制拉伸实体。

（1）单击"模型"功能区"形状"面板上的"拉伸"按钮🔗，打开"拉伸"操控板。

（2）在"拉伸"操控板上选择"放置"→"定义"，选取 TOP 面作为草绘面，绘制如图 6-49 所示。单击"确定"按钮✔，退出草图绘制环境。

（3）在选项操控板中将深度设为盲孔按钮🔟，深度值为"250mm"。

（4）在操控板中单击"确定"按钮✔，完成拉伸实体的绘制，结果如图 6-50 所示。

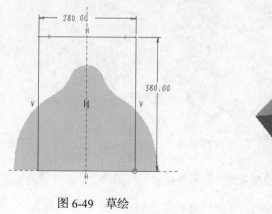

图 6-49　草绘　　　　　　　　　　图 6-50　拉伸结果

4. 拔模。

(1) 单击"模型"功能区"工程"面板上的"拔模"按钮 ，打开"拔模"操控板。

(2) 选取拉伸实体侧面作为拔模面，实体背面作为方向平面，输入拔模角度为"3°"，如图 6-51 所示。

(3) 在操控板中单击"确定"按钮 ，完成拔模。结果如图 6-52 所示。

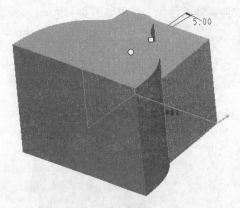

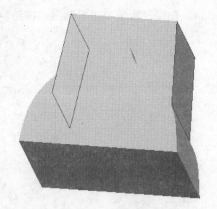

图 6-51　设置拔模参数　　　　　　　　图 6-52　拔模结果

(4) 重复"拔模"命令，对侧面进行拔模，拔模角度为"3°"，如图 6-53 所示。

5. 拉伸切割实体。

(1) 单击"模型"功能区"形状"面板上的"拉伸"按钮 ，打开"拉伸"操控板。

(2) 在"拉伸"操控板上选择"放置"→"定义"，选取 RIGHT 面作为草绘面，绘制草图如图 6-54 所示。

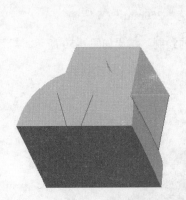

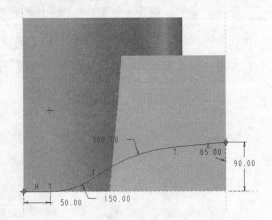

图 6-53　拔模结果　　　　　　　　　图 6-54　草绘

(3) 单击"切割"按钮 ，打开选项操控板，将深度设为双向对称按钮 ，输入深度为"450"。

(4) 在操控板中单击"确定"按钮 ，完成切割实体绘制，结果如图 6-55 所示。

6. 绘制拉伸切割实体。

（1）单击"模型"功能区"形状"面板上的"拉伸"按钮，打开"拉伸"操控板。

（2）在"拉伸"操控板上选择"放置"→"定义"，选取 RIGHT 面作为草绘面，绘制草图如图 6-56 所示。

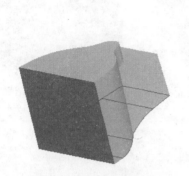

图 6-55　拉伸切割结果

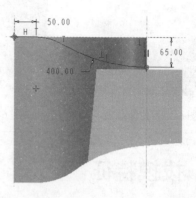

图 6-56　草绘

（3）在操控板中单击"切割"按钮，将深度设为双向对称按钮，输入深度为"450"。

（4）在操控板中单击"确定"按钮，完成切割实体绘制，结果如图 6-57 所示。

7. 绘制拉伸实体。

（1）单击"模型"功能区"形状"面板上的"拉伸"按钮，打开"拉伸"操控板。

（2）在"拉伸"操控板上选择"放置"→"定义"，选取 RIGHT 面作为草绘面，绘制草图如图 6-58 所示。

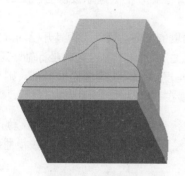

图 6-57　拉伸结果

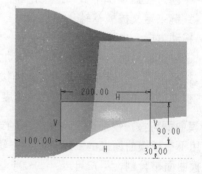

图 6-58　草绘

（3）在操控板中将深度设为"双向对称"按钮，深度值为"200mm"。

（4）在操控板中单击"确定"按钮，完成拉伸实体的绘制，结果如图 6-59 所示。

8. 抽壳。

（1）单击"模型"功能区"工程"面板上的"抽壳"按钮，打开"抽壳"操控板。

（2）选取如图 6-60 所示的面作为要移除的面，输入抽壳厚度为"1mm"。

（3）在操控板中单击"确定"按钮 ✓，完成抽壳，结果如图 6-61 所示。

图 6-59　拉伸结果　　　　　图 6-60　要移除的面　　　　　图 6-61　抽壳结果

6.3　拔摸特征

拔摸特征将"−30°"和"+30°"间的拔摸角度添加到单独的曲面或一系列曲面中。只有曲面是由圆柱面或平面形成时，才可进行拔摸。曲面边的边界周围有圆角时不能拔摸，不过，可以先拔摸，然后对边进行倒圆角。"拔摸工具"命令可拔摸实体曲面或面组曲面，但不可拔摸二者的组合。选取要拔摸的曲面时，首先选定的曲面决定着可为此特征选取的其他曲面、实体或面组的类型。

对于拔摸，系统使用以下术语。

- 拔摸曲面——要拔摸的模型的曲面。
- 拔摸枢轴——曲面围绕其旋转的拔摸曲面上的线或曲线（也称作中立曲线）。可通过选取平面（在此情况下拔摸曲面围绕它们与此平面的交线旋转）或选取拔摸曲面上的单个曲线链来定义拔摸枢轴。
- 拖动方向（也称作拔摸方向）——用于测量拔摸角度的方向。通常为模具开模的方向。可通过选取平面（在这种情况下拖动方向垂直于此平面）、直边、基准轴或坐标轴来定义它。
- 拔摸角度——拔摸方向与生成的拔摸曲面之间的角度。如果拔摸曲面被分割，则可为拔摸曲面的每侧定义两个独立的角度。拔摸角度必须在−30°～30° 范围内。

拔摸曲面可按拔摸曲面上的拔摸枢轴或不同的曲线进行分割，如与面组或草绘曲线的交线。如果使用不在拔摸曲面上的草绘分割，系统会以垂直于草绘平面的方向将其投影到拔摸曲面上。如果拔摸曲面被分割，用户可以：

- 为拔摸曲面的每一侧指定两个独立的拔摸角度。
- 指定一个拔摸角度，第二侧以相反方向拔摸。
- 仅拔摸曲面的一侧（两侧均可），另一侧仍位于中性位置。

6.3.1　创建不分离拔摸的特征

创建不分离拔摸的特征的操作步骤如下。

（1）创建一个长、宽、高为（200，100，100）的长方体如图 6-62 所示。

（2）单击"模型"功能区"工程"面板上的"拔模"按钮 ，系统打开"拔摸特征"操控板，如图 6-63 所示。

图 6-62　生成拉伸特征　　　　　　　　图 6-63　"拔模"操控板

（3）按住 Ctrl 键，依次选取拉伸体的 4 个垂直于"RIGHT"基准面的侧面，如图 6-64 所示。

（4）单击"拔摸特征"操控板中的"定义拔模枢轴的平面或曲线链"输入框，此输入框中显示"选择 1 个项"，如图 6-65 所示。

图 6-64　选取拔模面　　　　　　　　图 6-65　"拔模"操控板

（5）单击设计环境中的"RIGHT"基准面，系统生成拔模特征的预览体，默认的角度为"1"，如图 6-66 所示。

（6）此时的"拔摸特征"操控板变成如图 6-67 所示。

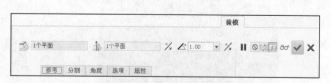

图 6-66　生成拔模预览体　　　　　　　　图 6-67　"拔摸特征"操控板

（7）将"拔摸特征"操控板中的角度值修改为"2"，此时拔模预览特征也相应的改变，如图 6-68 所示。

（8）单击"拔模特征"操控板上的"确定"按钮 ✓，在拉伸体上生成拔模特征，如图 6-69 所示。

图 6-68　修改拔模特征尺寸

图 6-69　生成拔模特征

6.3.2　创建分离拔模的特征

创建分离拔模的特征的操作步骤如下。

（1）重复 6.3.1 中步骤（1）～步骤（7），创建拔模特征。

（2）在操控板中单击"分割"选项，打开"分割"下滑面板，如图 6-70 所示。

（3）单击"分割"下滑面板中的"分割选项"下中选取"根据拔模枢轴分割"子项，如图 6-71 所示。

图 6-70　拔模工具分割对话框

图 6-71　"分割"下滑面板

（4）此时设计环境中的拉伸体上出现两个拔模角度，如图 6-72 所示。

（5）此时"拔模特征"操控板中也相应出现两个控制角度的子项，如图 6-73 所示。

图 6-72　生成拔模预览体

图 6-73　拔模特征角度值

（6）将角度值"1"修改为"5"；此时设计环境中的拉伸体预览拔摸特征如图 6-74 所示。

（7）单击"拔摸特征"操控板上的"确定"按钮 ✓，在拉伸体上生成拔摸特征，如图 6-75 所示。

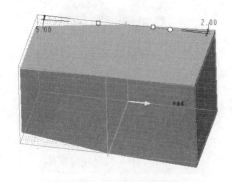

图 6-74　生成拔摸预览体

图 6-75　生成拔摸特征

6.3.3　实例——凉水壶

思路分析

本例绘制凉水壶，如图 6-76 所示。首先绘制拉伸实体最为壶身，再将圆柱面拔摸，然后采用拉伸实体绘制壶嘴，再进行抽壳，最后采用扫描绘制手柄，再采用旋转切割切除多余的部分，并进行倒圆角。

绘制步骤

1. 新建文件。

单击"快速访问"工具栏中的"新建"按钮 □，在弹出的"新建"对话框中，选取"零件"类型，在"名称"后的文本框中输入零件名称"liangshuihu"，然后单击"确定"按钮，接受系统默认模版，进入实体建模界面。

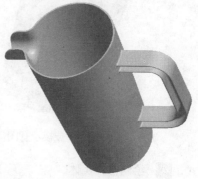

图 6-76　凉水壶

2. 绘制拉伸实体。

（1）单击"模型"功能区"形状"面板上的"拉伸"按钮 ▱，打开"拉伸"操控板。

（2）在"拉伸"操控板上选择"放置"→"定义"，选取 TOP 面作为草绘面。绘制草图如图 6-77 所示。

（3）在操控板将深度设为盲孔按钮 ⊥，深度值为"200"。单击"确定"按钮 ✓，结果如图 6-78 所示。

3. 拔摸。

（1）单击"模型"功能区"工程"面板上的"拔摸"按钮 ▨，打开"拔摸"操控板。

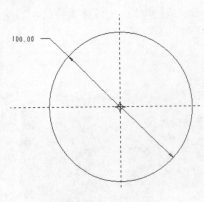

图 6-77　绘制草图

图 6-78　拉伸实体

（2）选取圆柱实体面作为拔模面，TOP 面作为方向平面，如图 6-79 所示。

（3）在操控板中输入拔模角度为"3°"，单击"确定"按钮 ✔，完成拔模，如图 6-80 所示。

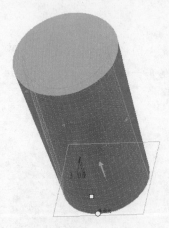

图 6-79　拔模示意图

图 6-80　拔模

4. 绘制拉伸实体。

（1）单击"模型"功能区"形状"面板上的"拉伸"按钮 ⬜，打开"拉伸"操控板。

（2）在"拉伸"操控板上选择"放置"→"定义"，选取 RIGHT 面作为草绘面，绘制草图如图 6-81 所示。

（3）在操控板中将深度设为盲孔按钮 ⬚，深度值为"90"。单击"确定"按钮 ✔，结果如图 6-82 所示。

5. 倒圆角。

（1）单击"模型"功能区"工程"面板上的"倒圆角"按钮 ◝，打开"圆角"操控板，如图 6-83 所示。

（2）选取如图 6-84 所示的要倒圆角的边，输入倒圆角半径为"20"，在操控板中单击"确定"

按钮 ✔，完成倒圆角，结果如图 6-85 所示。

图 6-81 绘制草图

图 6-82 拉伸实体

图 6-83 "倒圆角"操控板

图 6-84 要倒圆角的边

图 6-85 倒圆角结果

6. 完全倒圆角。

(1) 单击"模型"功能区"工程"面板上的"倒圆角"按钮 ，打开"圆角"操控板。

(2) 选取如图 6-86 所示要倒圆角的两条相邻的边。

(3) 在"集"下滑面板中单击"完全倒圆角"按钮，单击"确定"按钮 ✔ 完成完全倒圆角，
结果如图 6-87 所示。

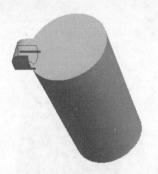

图 6-86 要倒圆角的边

图 6-87 倒圆角结果

（4）重复"圆角"命令，选取如图 6-88 所示的要倒圆角的边，输入倒圆角半径为"10mm"，结果如图 6-89 所示。

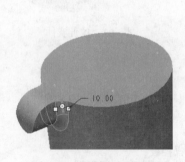

图 6-88 要倒圆角的边

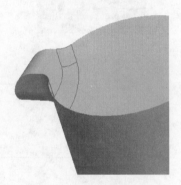

图 6-89 倒圆角结果

7. 抽壳。

（1）单击"模型"功能区"工程"面板上的"抽壳"按钮 ，打开"抽壳"操控板。

（2）选取顶部的曲面作为要移除的面，如图 6-90 所示。

（3）在操控板输入抽壳厚度为"2"，单击"确定" 完成抽壳。如图 6-91 所示。

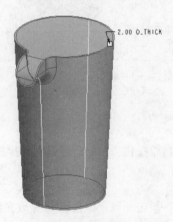

图 6-90 移除面

图 6-91 抽壳结果

8. 绘制变截面扫描实体。

（1）单击"模型"功能区"基准"面板上的"草绘"按钮，选取 FRONT 面作为草绘面，绘制草图如图 6-92 所示。

（2）单击"模型"功能区"形状"面板上的"扫描"按钮，打开"扫描"操控板。系统自动选取刚才绘制的草图作为原点轨迹线。

（3）在变截面扫描操控板中单击实体按钮，再单击"草绘"按钮，进入截面的绘制，绘制如图 6-93 所示的截面。单击"确定"按钮，退出草图绘制环境。

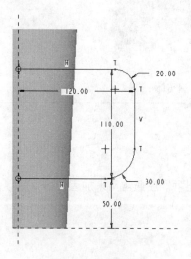

图 6-92 绘制草图

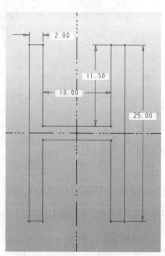

图 6-93 绘制截面

（4）在操控板中单击"确定"按钮，结果如图 6-94 所示。

9. 绘制旋转切割实体。

（1）单击"模型"功能区"形状"面板上的"旋转"按钮，打开"旋转"操控板。

（2）在"旋转"操控板上选择"放置"→"定义"，选取 FRONT 面作为草绘面，绘制草图如图 6-95 所示。

图 6-94 扫描实体

图 6-95 绘制草图

（3）在弹出的选项操控板中，单击实体按钮 □，再单击切割按钮 ⬭，将角度设为 "360°"。

（4）在操控板中单击 "确定" 按钮 ✔，结果如图 6-96 所示。

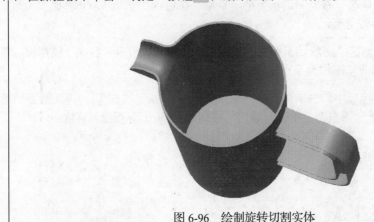

图 6-96　绘制旋转切割实体

6.4　筋特征

筋特征是设计中连接到实体曲面的薄翼或腹板伸出项。筋通常用来加固设计中的零件，也常用来防止出现不需要的折弯。

6.4.1　创建轮廓筋特征

创建轮廓筋特征的操作步骤如下。

（1）在草图绘制环境中绘制如图 6-97 所示草图。

（2）以上一步绘制的 2D 图为拉伸截面，拉伸出一个深度为 "200" 的 3D 实体，如图 6-98 所示。

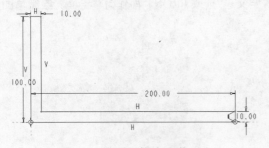

图 6-97　绘制拉伸特征截面图

图 6-98　生成拉伸特征

（3）单击 "模型" 功能区 "工程" 面板上的 "轮廓筋" 按钮 ⬭，系统打开 "轮廓筋" 操控板，如图 6-99 所示。

（4）将设计环境中的基准面打开。单击 "筋" 操控板中的 "参考" 子项，打开如图 6-100 所示的"参考"对话框。

图 6-99　轮廓筋特征操控板

（5）单击"参考"→"定义"命令，系统弹出"草绘"对话框，如图 6-101 所示。

（6）单击"模型"功能区"基准"面板上的"平面"按钮 ⧄，系统打开"基准平面"对话框，如图 6-102 所示。

图 6-100　筋特征参考对话框　　图 6-101　"草绘"对话框　　图 6-102　基准平面放置属性页

（7）单击设计环境中的"FRONT"面的标签"FRONT"，在"基准平面"对话框中的"偏距"子项中输入平移距离"50.00"，如图 6-103 所示。

（8）此时设计环境中的设计对象如图 6-104 所示。

（9）单击"基准平面"对话框中的"确定"按钮，系统生成一个临时基准面，此时"草绘"对话框中的草绘平面会默认的选中上步建立的临时基准面，且默认选择"RIGHT"面为参考面，如图 6-105 所示。

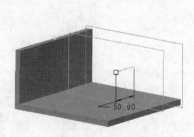

图 6-103　设置平移尺寸　　图 6-104　平移基准面预览面　　图 6-105　草绘"放置"属性页

（10）单击"草绘"对话框中的"草绘"按钮，进入草图绘制环境，在此环境中绘制如图 6-106

所示的直线。单击"确定"按钮 ✔，退出草图绘制环境。

（11）此时"零件"设计环境中的设计对象如图 6-107 所示。单击上图中的黄色箭头，使其指向拉伸体，并将默认的"筋"厚度值"3.6"修改为"5.00"，如图 6-108 所示。

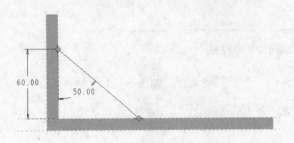
图 6-106　绘制筋特征的直线

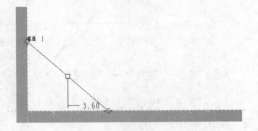
图 6-107　设置筋特征方向

（12）单击"筋"操控板上的"确定"按钮 ✔，在拉伸体上生成筋特征，如图 6-109 所示。

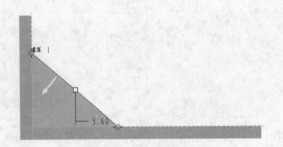
图 6-108　生成筋特征预览体

图 6-109　生成筋特征

6.4.2　创建轨迹筋特征

创建轨迹筋特征的操作步骤如下。

（1）在草图绘制环境中绘制如图 6-110 所示的草图。

（2）以上一步绘制的 2D 图为拉伸截面，拉伸出一个深度为"200"的 3D 实体，如图 6-111 所示。

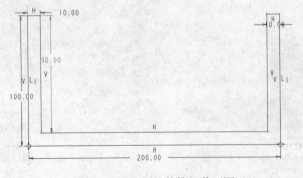
图 6-110　绘制拉伸特征截面图

图 6-111　生成拉伸特征

（3）单击"模型"功能区"工程"面板上的"轨迹筋"按钮，系统打开"筋"操控板，如图 6-112 所示。

图 6-112　筋特征操控板

（4）将设计环境中的基准面打开。单击"筋"操控板中的"放置"子项，打开如图 6-113 所示的"放置"对话框。

"轨迹筋"操控板上的命令依次如下。

反向⇌　⚹：将筋的深度方向更改为草绘的另一侧。

指定筋厚度 🔢 5.00 ▼：输入筋的厚度。

拔模△：添加拔模特征。

内部圆角⼈：在内部边上添加倒圆角。

外部圆角∩：在暴露边上添加倒圆角。

（5）单击"放置"→"定义"按钮，系统弹出"草绘"对话框，如图 6-114 所示。

（6）单击"模型"功能区"基准"面板上的"平面"按钮▱，系统打开"基准平面"对话框，如图 6-115 所示。

图 6-113　筋特征参考对话框

图 6-114　"草绘"对话框

图 6-115　基准平面放置属性页

（7）单击设计环境中的"FRONT"面，在"基准平面"对话框中的"偏移"子项中输入平移距离"100.00"，如图 6-116 所示。

（8）此时设计环境中的设计对象如图 6-117 所示。

（9）单击"基准平面"对话框中的"确定"按钮，系统生成一个临时基准面，此时"草绘"对话框中的草绘平面会默认的选中上步建立的临时基准面，且默认选择"RIGHT"面为参考面，

如图 6-118 所示。

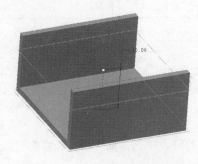

图 6-116　设置平移尺寸　　　　图 6-117　平移基准面预览面　　　　图 6-118　草绘"放置"属性页

（10）单击"草绘"对话框中的"草绘"按钮，进入草图绘制环境，在此环境中绘制如图 6-119 所示的直线。

> **注意**　这一步要求绘制的是"开发"截面，系统"再生"此直线时会询问直线的端点是否和拉伸体的面对齐"Algin"，选择"是"选项。

（11）单击"确定"按钮 ✔，退出草图绘制环境，系统退出草图绘制环境，此时"零件"设计环境中的设计对象如图 6-120 所示。

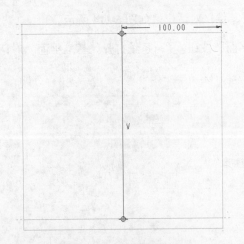

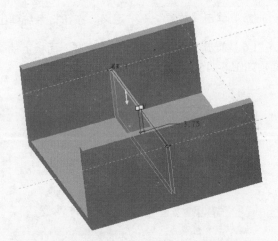

图 6-119　绘制筋特征的直线　　　　　　图 6-120　设置筋特征方向

（12）单击上图中的黄色箭头，使其指向拉伸体，并将默认的"筋"厚度值"3.75"修改为"5.00"，如图 6-121 所示。

（13）单击"筋"操控板上的"确定"按钮 ✔，在拉伸体上生成筋特征，如图 6-122 所示。

（14）筋特征的编辑方法和拉伸特征、扫描特征等的类似，在此不再赘述。右键单击"模型树"浏览器中的"Trajectory Rib 1"特征，在弹出快捷菜单中选取"删除"命令，将设计环境中的壳特征删除，关闭当前设计环境并且不保存当前设计环境中的设计对象。

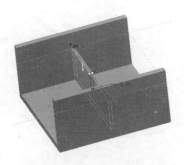

图 6-121　生成筋特征预览体

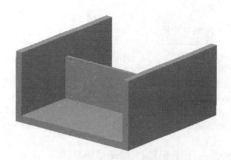

图 6-122　生成筋特征

6.4.3　实例——导流盖

思路分析

本例创建导流盖，如图 6-123 所示。首先先绘制导流盖的截面，通过旋转得到导流盖主体。然后创建四个筋特征。

绘制步骤

1. 新建文件。

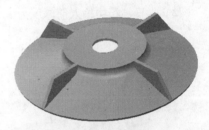

图 6-123　导流盖

单击"快速访问"工具栏中的"新建"按钮，在弹出的"新建"对话框中，选取"零件"类型，在"名称"后的文本框中输入零件名称"daoliugai"，然后单击"确定"按钮，接受系统默认模版，进入实体建模界面。

2. 旋转特征。

（1）单击"模型"功能区"形状"面板上的"旋转"按钮，打开"旋转"操控板。

（2）在"旋转"操控板上选择"放置"→"定义"。在工作区上选择基准平面 FRONT 作为草绘平面。

（3）单击"草绘"功能区"基准"面板上的"中心线"按钮，绘制水平中心线作为旋转轴。单击"草绘"功能区"草绘"面板上的"线"按钮，绘制如图 6-124 所示的截面图，并标注尺寸。单击"确定"按钮，退出草图绘制环境。

（4）在操控板上设置旋转方式为"变量"，单击"加厚"按钮，输入厚度为 2，输入"360"作为旋转的变量角。

（5）在操控板中单击"确定"按钮，完成特征，结果如图 6-125 所示。

3. 创建筋。

（1）单击"模型"功能区"工程"面板上的"轮廓筋"按钮，系统打开"轮廓筋"操控板。

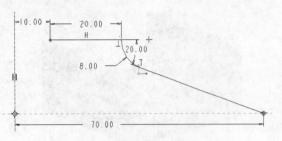

图 6-124　绘制截面草图

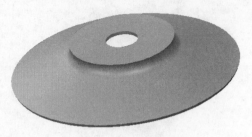

图 6-125　创建主体

(2) 在"旋转"操控板上选择"参考"→"定义",在工作区上选择基准平面 FRONT 作为草绘平面。

(3) 单击"草绘"功能区"草绘"面板上的"线"按钮，绘制如图 6-126 所示的截面图，并标注尺寸。单击"确定"按钮，退出草图绘制环境。

(4) 在操控板中输入筋厚度为 3，单击"确定"按钮，完成筋的创建，如图 6-127 所示。

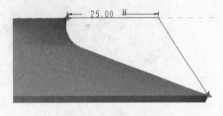

图 6-126　绘制草图

图 6-127　创建筋特征

重复上述步骤，创建其他 3 个筋特征，如图 6-128 所示。

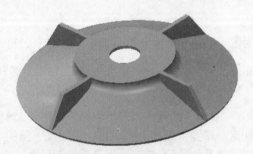

图 6-128　创建其他 3 个筋

读者学了后阵列特征后，可以采用阵列命令创建其他 3 个筋特征，比较方便。

6.5　圆角特征

倒圆角是一种边处理特征，通过向一条或多条边、边链或在曲面之间添加半径形成。

6.5.1 创建单一值倒圆角

创建单一值倒圆角的操作步骤如下。

（1）创建一个长、宽、高为（200，200，100）的长方体。

（2）单击"模型"功能区"工程"面板上的"倒圆角"按钮 ，系统打开"倒圆角"操控板，如图 6-129 所示，此时默认的圆角半径为"3.60"。

图 6-129 "倒圆角"操控板

（3）单击长方体顶面的边，则选中的边以红色线条预显出要倒的圆角，且圆角半径为"3.6"，如图 6-130 所示。

（4）选取长方体上如图 6-131 所示的两条边，此时设计环境中选取的 3 条边所要倒的圆角半径值都是"3.6"。

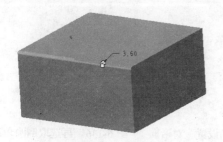

图 6-130 选取倒圆角边

图 6-131 继续选取倒圆角边

（5）单击"倒圆角"操控板上的"确定"按钮 ，在长方体体上生成圆角特征。

（6）双击长方体上的圆角特征，此时圆角特征以红色直线加亮显示并显示出圆角半径值"3.6"，如图 6-132 所示。

（7）双击圆角半径值，将其值修改为"10"，按 Enter 键，重新生成圆角，如图 6-133 所示。

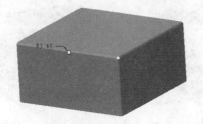

图 6-132 修改圆角尺寸

图 6-133 生成倒圆角特征

6.5.2 创建多值倒圆角

创建多值倒圆角的操作步骤如下。

（1）创建一个长、宽、高为（200，200，100）的长方体。

（2）单击"模型"功能区"工程"面板上的"倒圆角"按钮 🔧，系统打开"倒圆角"操控板，单击长方体顶面的一条边，如图 6-134 所示，此时默认的圆角半径为"3.60"。

（3）单击"倒圆角"操控板中的"设置"子项，弹出"设置"对话框，如图 6-135 所示。

（4）单击"设置"对话框中的"新建"项，系统新建一个"集 2"，如图 6-136 所示。

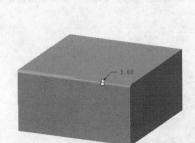

图 6-134　选取倒圆角边　　图 6-135　"倒圆角设置"对话框　　图 6-136　再选取倒圆角边

（5）单击长方体顶面的另外一条边，如图 6-137 所示，此时默认的圆角半径值为"3.60"。

（6）在下滑面板中修改圆角值为"10.00"，此时设计环中的圆角如图 6-138 所示。

（7）单击"倒圆角"操控板上的"确定"按钮 ✔，在长方体体上生成多值倒圆角特征，如图 6-139 所示。

图 6-137　选取倒圆角边　　　图 6-138　修改圆角半径尺寸　　　图 6-139　生成多值倒圆角

6.5.3 实例——轴承外套圈

思路分析

本例创建外套圈，如图 6-140 所示。首先绘制外套圈的母线，通过旋转得到外套圈基体。最后创建圆角得到模型。

绘制步骤

1. 新建模型。

单击"快速访问"工具栏中的"新建"按钮 ⬚，在弹出的"新建"对话框中，选取"零件"类型，在"名称"后的文本框中输入零件名称"waitaoquan"，然后单击"确定"按钮，接受系统默认模版，进入实体建模界面。

2. 旋转外套圈。

图 6-140　外套圈

(1) 单击"模型"功能区"形状"面板上的"旋转"按钮 ⬦，打开"旋转"操控板。

(2) 在"旋转"操控板上选择"放置"→"定义"。在工作区上选择基准平面 TOP 作为草绘平面。

(3) 单击"草绘"功能区"基准"面板上的"中心线"按钮 ⋮，绘制一条水平中心线为旋转轴。单击"草绘"功能区"草绘"面板上的"线"按钮 ⬎ 和"3 点相切端"按钮 ⌐，绘制如图 6-141 所示的截面图。单击"确定"按钮 ✔，退出草图绘制环境。

(4) 在操控板上设置旋转方式为"变量" ⬓，输入"360"作为旋转的变量角。

(5) 单击"确定"按钮 ✔ 完成特征，结果如图 6-142 所示。

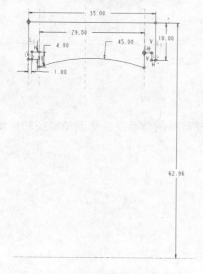

图 6-141　绘制草图

图 6-142　创建旋转特征

3. 倒圆角处理。

(1) 单击"模型"功能区"工程"面板上的"倒圆角"按钮，打开"倒圆角"操控板，如图 6-143 所示。

图 6-143　"倒圆角"操控板

(2) 使用 Ctrl 键，选择旋转特征的边线，如图 6-144 所示。

(3) 在操控板上输入圆角半径为 0.5。

(4) 单击操控板上的"确定"按钮，结果如图 6-145 所示。

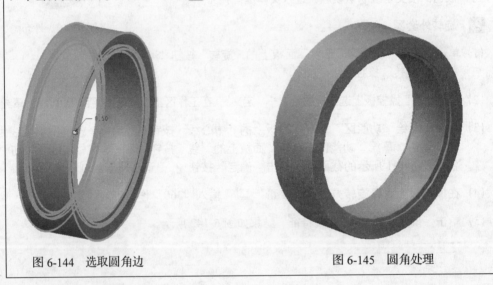

图 6-144　选取圆角边　　　　　　　　　　图 6-145　圆角处理

6.6　倒角特征

倒角特征是对边或拐角进行斜切削。系统可以生成两种倒角类型：边倒角特征和拐角倒角特征。

6.6.1　创建边倒角特征

创建边倒角特征的操作步骤如下。

（1）创建一个长、宽、高为（200，200，100）的长方体。

（2）单击"模型"功能区"工程"面板上的"倒角"按钮，系统打开"倒角"操控板，单击长方体顶面的一条边,如图 6-146 所示,此时默认的倒角类型为 "D×D",距离值为 "3.6"。

(3)单击"倒角"操控板中的"倒角类型"子项中的下拉按钮,系统弹出倒角类型,如图 6-147 所示。

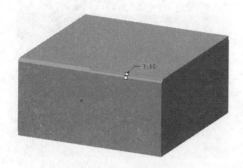

图 6-146 选取倒角边

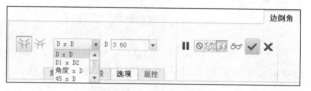

图 6-147 倒角特征操控板

系统提供 6 种倒角类型,分别是:"D×D"、"D1×D2"、"角度×D"、"45×D"、"O×O"和 "O1×O2",详述如下。

- ■ "D×D"类型:在各面上与边相距值为 "D"处创建倒角。系统默认选取此选项。
- ■ "D1×D2"类型:在一个面上与选定边相距值为 "D1"处、另一个面与选定边相距值为 "D2"处创建倒角。
- ■ "角度×D"类型:创建一个倒角,此倒角与相邻面的选定边的距离值为 "D",与该面的夹角为指定角度。
- ■ "45×D"类型:创建一个倒角,此倒角与两个面都成 45° 角,且与各面上的边的距离值为 "D"。
- ■ "O×O"类型:在沿各面上的边偏移值为 "O"处创建倒角。仅当 "D×D"类型不适用时,系统才会默认选取此选项。
- ■ "O1×O2"类型:在一个面距选定边的偏移距离值为 "O1"、在另一个面距选定边的偏移距离值为 "O2"处创建倒角。

图 6-148 生成倒角

(4)使用系统默认的 "D×D"类型倒角,距离值修改为 "20",单击"倒角"操控板上的"确定"按钮 ✔,在长方体上生成倒角特征,如图 6-148 所示。

6.6.2 创建拐角倒角特征

创建拐角倒角特征的操作步骤如下。

(1)创建一个长、宽、高为(200,200,100)的长方体。

(2)单击"模型"功能区"工程"面板上的"拐角倒角"按钮 ▽,系统打开"拐角倒角"操控板,如图 6-149 所示。

(3)单击设计环境中的长方体上的角点,如图 6-150 所示,此时系统显示这顶点到各边距离。

图 6-149　"拐角倒角"操控板

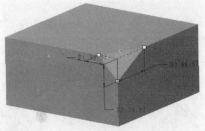

图 6-150　选取倒角特征

（4）双击 D1 距离值"33.33"，将其修改为"80.00"，或者直接在"倒角"操控板的"角度"子项中设定，此时设计环境中的倒角如图 6-151 所示。

（5）同样的方法，修改距离值改为"80.00"，然后单击长方体上如图 6-151 所示的边。

（6）单击"拐角倒角"操控板上的"确定"按钮 ✔，在长方体上生成拐角倒角特征，如图 6-152 所示。

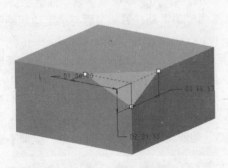

图 6-151　选取倒角边

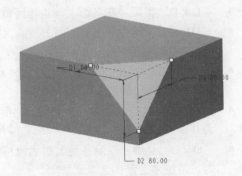

图 6-152　生成拐角倒角特征

6.6.3　实例——轴承轴

思路分析

本例创建轴，如图 6-153 所示。首先先绘制轴的截面，通过旋转得到轴基体。然后创建倒角特征，形成模型。

图 6-153　轴

绘制步骤

1. 新建模型。

单击"快速访问"工具栏中的"新建"按钮 📄，在弹出的"新建"对话框中，选取"零件"类型，在"名称"后的文本框中输入零件名称"zhou"，然后单击"确定"按钮，接受系统默认模版，进入实体建模界面。

2. 旋转轴。

(1) 单击"模型"功能区"形状"面板上的"旋转"按钮 🔧，打开"旋转"操控板。

(2) 在"旋转"操控板上选择"放置"→"定义"。在工作区上选择基准平面 TOP 作为草绘平面。单击"草绘"功能区"基准"面板上的"中心线"按钮 ⋮，绘制一条水平中心线为旋转轴；单击"草绘"功能区"草绘"面板上的"矩形"按钮 □，绘制截面，如图 6-154 所示。单击"确定"按钮 ✓，退出草图绘制环境。

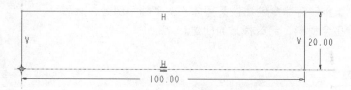

图 6-154　绘制草图

(3) 在操控板上设置旋转方式为"变量" ⊥，输入"360"作为旋转的变量角。

(4) 在操控板中单击"确定"按钮 ✓，完成特征。

3. 创建倒角特征。

(1) 单击"模型"功能区"工程"面板上的"倒角"按钮 ◇，打开"倒角"操控板。如图 6-155 所示。

图 6-155　"边倒角"操控板

(2) 使用 Ctrl 键，选择旋转特征的两条边，如图 6-156 所示。

(3) 在操控板上，选择 45×D 作为尺寸方案，输入"2.00"作为倒角尺寸。

(4) 单击操控板上的"确定"按钮 ✓，结果如图 6-157 所示。

图 6-156　选取边　　　　　　　　　　　图 6-157　倒角处理

6.7　综合实例——拨叉

本例创建的拨叉如图 6-158 所示。拨叉是机械机构中的活动件，起着改变运动方向的作用。拨叉的创建比较简单，是对前面讲解的基本功能的综合利用。拨叉的创建过程基本可分为两大步进行：首先是利用"拉伸"、"倒圆角"等命令创建拨叉实体、安装轴等部分，然后利用切剪功能去除多余材料，完成拨叉的创建。

图 6-158　拨叉

1. 创建新文件。

单击"快速访问"工具栏中的"新建"按钮 ，弹出"新建"对话框，在"类型"选项组中点选"零件"单选钮，在"子类型"选项组中点选"实体"单选钮，在"名称"文本框中输入文件名 bacha，取消"使用默认模板"复选框的勾选，单击"确定"按钮，在弹出的"新文件选项"对话框中选择"mmns_part_solid"选项，单击"确定"按钮，创建一个新的零件文件。

2. 创建拨叉实体。

（1）单击"模型"功能区"形状"面板上的"拉伸"按钮 ，弹出"拉伸"操控板。

（2）依次单击"放置"→"定义"按钮，选择 TOP 基准平面作为草绘平面，绘制如图 6-159 所示的梯形。单击"确定"按钮 ，退出草图绘制环境。

（3）在操控板中选择拉伸方式为"对称拉伸" ，输入拉伸的深度值为 6，单击操控板中的"确定"按钮 ，生成拨叉实体。

3. 编辑拨叉实体。

（1）单击"模型"功能区"形状"面板上的"拉伸"按钮 ，弹出"拉伸"操控板。

（2）依次单击"放置"→"定义"按钮，选择 TOP 基准平面作为草绘平面，再选择刚刚创建的梯形底边及两条斜边作为参照平面，绘制草图如图 6-160 所示；单击"确定"按钮 ，退出草图绘制环境。

（3）在操控板中选择拉伸方式为"对称拉伸"按钮 ，输入拉伸深度值为 46，然后单击操控板中的"确定"按钮 ，生成的拨叉实体如图 6-161 所示。

4. 实体倒圆角。

（1）单击"模型"功能区"工程"面板上的"倒圆角"按钮 ，打开"倒圆角"操控板。

（2）选择如图 6-162 所示的边为圆角边，输入圆角半径值为 10。

（3）在操控板中单击"确定"按钮 ，创建的倒圆角特征如图 6-163 所示。

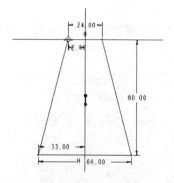

图 6-159　绘制梯形

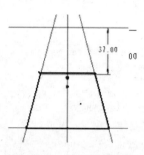

图 6-160　拨叉基体草绘

图 6-161　拨叉实体 1

图 6-162　选择圆角边

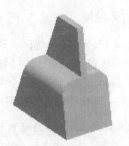

图 6-163　实体倒圆角

5. 制作参考平面。

（1）单击"基准"工具栏中的"基准平面"按钮 ☐ ，弹出"基准平面"对话框。

（2）选择 TOP 基准平面为参照平面，参考方式为"偏移"，输入平移值为-4，单击"确定"
按钮，生成准平面 DTM1。

6. 创建轴安装部分。

（1）单击"模型"功能区"形状"面板上的"拉伸"按钮 ⬚ ，弹出"拉伸"操控板；

（2）依次单击"放置"→"定义"按钮，选择 DTM1 基准平面作为草绘平面，单击"草绘"
功能区"草绘"面板上的"圆心和点"按钮 ⊙ ，选择圆心与参考线的交点，绘制直径
为 28 的圆。

（3）在操控板中选择拉伸方式为"指定深度拉伸" ⬓ ，输入拉伸深度值为 58。

（4）在操控板中单击"确定"按钮 ✓ ，创建的轴安装部分如图 6-164 所示。

7. 制作辅助基准平面。

（1）单击"基准"工具栏中的"基准平面"按钮 ☐ ，弹出"基准平面"对话框，选择 TOP
基准平面作为参考平面，采用偏移平面的方式创建参考平面，偏移量为 38，单击"确

定”按钮，生成参考平面 DTM2。

(2) 采用相同的方法创建参考平面 DTM3 和 DTM4，参数设置分别如图 6-165 和图 6-166 所示。

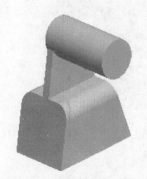

图 6-164　创建轴安装部分　　　图 6-165　创建 DTM3 基准平面　　　图 6-166　创建 DTM4 基准平面

8. 实体拉伸。

(1) 单击“模型”功能区“形状”面板上的“拉伸”按钮，弹出“拉伸”操控板；依次单击“放置”→“定义”按钮，选择参考平面 DTM2 作为草绘平面，再选择参考平面 DTM3、DTM4 以及圆形作为参照平面，绘制如图 6-167 所示的 4 条直线段，其中两条与圆弧相切，单击“确定”按钮 ✔，退出草图绘制环境。

(2) 在操控板中选择拉伸方式为“对称拉伸” ⊟，输入拉伸深度值为 30，再单击“确定”按钮 ✔，完成实体的创建，得到的拨叉实体如图 6-168 所示。

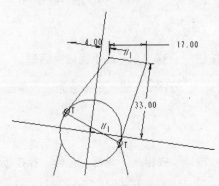

图 6-167　绘制拉伸草图 1　　　　　　　图 6-168　拨叉实体 2

9. 拉伸实体。

(1) 单击“模型”功能区“形状”面板上的“拉伸”按钮，弹出“拉伸”操控板。

(2) 依次单击“放置”→“定义”按钮，选择 RIGHT 基准平面作为草绘平面。如图 6-169 所示的截面，单击“确定”按钮 ✔，退出草图绘制环境。

(3) 单在操控板中选择拉伸方式为“指定深度拉伸” ⊥，输入拉伸深度值为 23，此时注意选择合适的拉伸的方向。

（4）在操控板中单击"确定"按钮 ，生成的实体如图 6-170 所示。

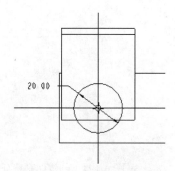

图 6-169　绘制拉伸草图 2

图 6-170　拨叉实体 3

10. 创建切割特征 1。

（1）单击"模型"功能区"形状"面板上的"拉伸"按钮 ，弹出"拉伸"操控板。

（2）依次单击"放置"→"定义"按钮，选择 RIGHT 基准平面作为草绘平面，绘制如图 6-171 所示的截面。单击"确定"按钮 ，退出草图绘制环境。

（3）在操控板中单击"去除材料"按钮 ，单击"确定"按钮 ，生成的切割特征 1 如图 6-172 所示。

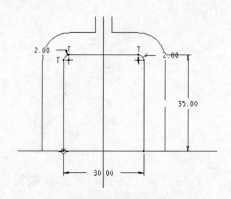

图 6-171　绘制矩形 1

图 6-172　创建切割特征 1

11. 创建切割特征 2。

（1）单击"模型"功能区"形状"面板上的"拉伸"按钮 ，弹出"拉伸"操控板。

（2）单击"放置"→"定义"按钮，选择 TOP 基准平面作为草绘平面，绘制半径为 50 的圆，如图 6-173 所示，单击"确定"按钮 ，退出草图绘制环境。

（3）单击操控板中的"去除材料"按钮 ，选择拉伸方式为"对称拉伸" ，输入拉伸深度值为 60，在操控板中单击"确定"按钮 ，生成的切割特征 2 如图 6-174 所示。

12. 创建切割特征 3。

（1）单击"模型"功能区"形状"面板上的"拉伸"按钮 ，弹出"拉伸"操控板。

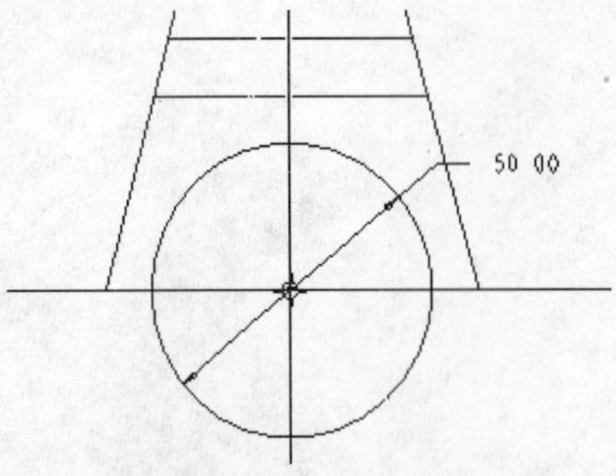

图 6-173　绘制圆

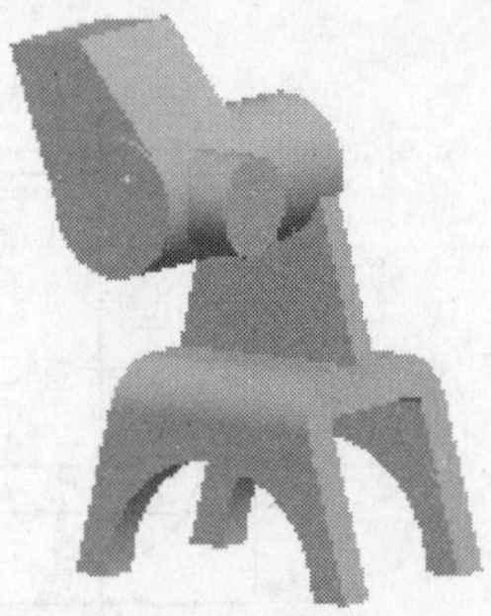

图 6-174　创建切割特征 2

（2）单击“放置”→“定义”按钮，选择参考平面 DTM3 作为草绘平面，绘制如图 6-175 所示的矩形。单击“确定”按钮✔，退出草图绘制环境。

（3）单击“去除材料”按钮，单击“确定”按钮，生成的切割特征 3 如图 6-176 所示。

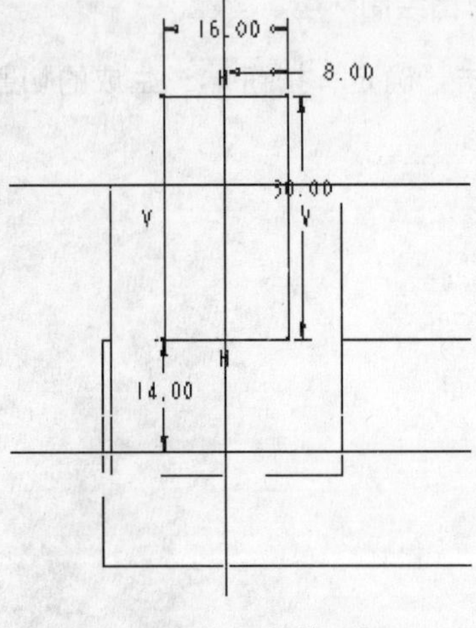

图 6-175　绘制矩形 2

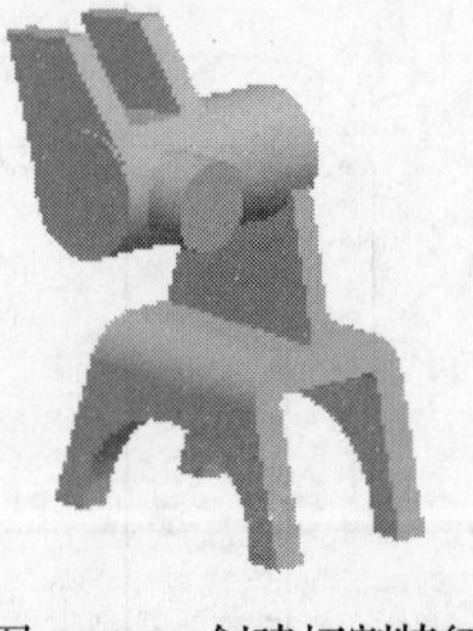

图 6-176　创建切割特征 3

13. 创建装配孔。

（1）单击“工程特征”工具栏中的“孔”按钮，打开“孔”操控板。

（2）选择圆柱顶面作为孔放置平面，给定孔的直径值为 10，选择钻孔的深度选项为“穿透”，孔的放置位置如图 6-177 所示。单击“确定”按钮✔，完成孔的创建。

14. 创建切割特征 4。

（1）单击“基础特征”工具栏中的“拉伸”按钮，弹出“拉伸”操控板；

（2）单击“放置”→“定义”按钮，选择 TOP 基准平面作为草绘平面，绘制直径为 58 的圆。单击“确定”按钮✔，退出草图绘制环境。

（3）在操控板中选择拉伸方式为“对称拉伸”，输入拉伸深度值为 38，然后单击“去除材料"按钮 ⬭，在操控板中单击"确定"按钮 ✓，生成的切割特征 4 如图 6-178 所示。

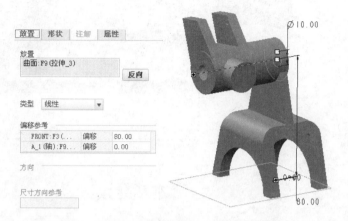

图 6-177 孔选项设置 1

15. 创建加强筋。

（1）单击"模型"功能区"工程"面板上的"轮廓筋"按钮 ⬭，打开"轮廓筋"操控板。

（2）选择 RIGHT 基准平面为草绘平面，绘制如图 6-179 所示的加强筋草图。单击"确定"按钮 ✓，退出草图绘制环境。

（3）在操控板中设置筋的厚度为 7，单击"确定"按钮，完成加强筋的创建，如图 6-158 所示。

图 6-178 创建切割特征 4

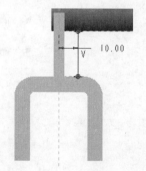

图 6-179 绘制加强筋草图

第 7 章
修改零件模型

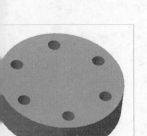

本章导读

直接创建的特征往往不能完全符合我们的设计意图，这时就需要修改零件模型，使之符合用户的要求。

知识重点

- 特征组

- 隐藏和隐含

- 重新排序

- 插入特征

- 缩放模型

7.1　特征组

特征组就是将几个特征合并成一个组，用户可以直接对特征组进行操作，不用一一操作单个的特征了。合理使用特征组可以大大提高效率，而且，也可以取消特征组，以便对其中各个实例进行独立修改。

7.1.1　创建特征组

特征组的创建方式有两种。

一是在"设计树"浏览器中通过"Ctrl"键选取多个特征，然后单击鼠标右键，在弹出的快捷菜单条中选取"组"命令，如图 7-1 所示；创建特征组，并在"设计树"浏览器中用图标""表示，如图 7-2 所示。

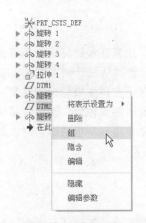

图 7-1　快捷菜单

图 7-2　创建组

图 7-3　"确认"对话框

如果选取的特征中间有其他特征，系统弹出"确认"对话框，显示"是否组合所有其间的特征?"，如图 7-3 所示。单击"是"按钮，则成功创建特征组；单击"否"按钮，则退出特征组的创建。

二是在"设计树"浏览器中选取多个特征后，或者直接在设计环境中选取多个特征后，单击"模型"功能区"操作"面板下"组"命令，同样可以创建特征组，并在"设计树"浏览器中用图标""表示。

7.1.2　取消特征组

特征组的取消方式非常简单，直接用右键单击所要取消的特征组，在弹出的快捷菜单条中选取"分解组"命令，如图 7-4 所示，分解组。

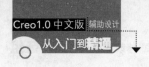

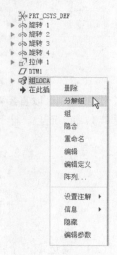

图 7-4　快捷菜单

7.2　隐藏与隐含

　　隐藏和隐含有较大的区别：隐藏是对非实体特征，如基准等，使其在设计环境中不可见，在"设计树"浏览器中用灰色表示隐藏的特征；隐含可以将实体特征暂时从设计树中除去，并且被隐含的特征在设计环境中也是不可见的，设计对象"重新生成"时不会再生成隐含的对象，因此加快对象再生的速度，但是隐含操作不是将特征删除，用户可以随时将其恢复。使用隐藏操作不用考虑特征的父子关系，而使用隐含操作时要考虑特征的父子关系，当父特征被隐含时，其子特征也同时被隐含。

7.2.1　隐藏

　　系统允许在当前进程中的任何时间隐藏和取消隐藏所选的模型图元。下列项目类型可以即时隐藏。

- 单个基准面（与同时隐藏或显示所有基准面相对）
- 基准轴
- 含有轴、平面和坐标系的特征
- 分析特征（点和坐标系）
- 基准点（整个阵列）
- 坐标系
- 基准曲线（整条曲线、不是单个曲线段）
- 面组（整个面组，不是单个曲面）
- 组件元件

　　隐藏某一特征时，系统将该特征从图形窗口中删除，但是隐藏的项目仍存在于"模型树"列表中，其图标以灰色显示，表示该特征处于隐藏状态。取消隐藏某一特征时，其图标返回正常显示，该特征在"图形"窗口中重新显示。特征的隐藏状态与进程相关，隐藏操作不与模型一起保存，退出系统时，所有隐藏的特征自动重新显示。

隐藏的操作步骤如下。

（1）创建如图 7-5 所示的模型。

（2）右键单击"设计树"浏览器中的阵列特征，在弹出的快捷菜单中单击"隐藏"命令，此时设计环境中的孔仍然存在，此孔被隐藏了，如图 7-5 所示。

（3）此时设计树浏览器中的阵列特征图标用灰色表示，如图 7-6 所示。

图 7-5　隐藏基准轴　　　　　　　　　　图 7-6　拉伸特征子项变化

（4）右键单击此阵列特征图标，在弹出的快捷菜单条中选取"取消隐藏"命令，则将此阵列特征的隐藏操作取消，"阵列特征"重新显示并且"设计树"浏览器中的阵列特征图标不再是灰色；关闭当前设计环境且不保存设计环境中的对象。

7.2.2　隐含

隐含的操作步骤如下。

（1）继续使用上一小节创建的设计环境。右键单击"设计树"浏览器中的"阵列特征"，在弹出的快捷菜单条中选取"隐含"命令，系统弹出一个对话框提示用户是否确认加亮特征被隐含，如图 7-7 所示。单击"确定"按钮，则此子项在"设计树"浏览器中被除去，并且设计环境中的相应阵列特征被除去，如图 7-7 所示。

图 7-7　隐含阵列特征预览

注意	隐含操作的另一种方式是选中需要隐含的特征后，单击"编辑"菜单条中的"隐含"命令即可。

（2）单击"模型"功能区"形状"面板下"恢复"命令，此选项下有 3 个命令："恢复"、"恢复上一集"和"恢复全部"。"恢复"命令是恢复选定的特征；"恢复上一集"命令是恢复上一个操作的特征；"恢复全部"命令是恢复设计环境中的所有特征。单击"恢复上一集"命令或"恢复全部"命令，则被隐含的阵列特征恢复，如图 7-8 所示。

（3）右键单击"设计树"浏览器中的第一个特征"拉伸"，在弹出的快捷菜单条中选取"隐含"命令，则拉伸体及其以下的所有特征都被加亮，如图 7-9 所示，这表示拉伸特征是其下特征的父特征（很明显，拉伸体下面的特征都是在拉伸体上生成的）。

（4）此时系统弹出一个对话框提示用户是否确认加亮特征被隐含，如图 7-10 所示。单击"确定"按钮，则所有特征在"设计树"浏览器中被除去，并且设计环境中也没有设计对象；单击"模型"功能区"操作"面板下"恢复"命令，单击"恢复上一个集"命令或"恢复全部"命令，则被隐含的所有特征恢复；关闭当前设计环境且不保存设计环境中的对象。

图 7-8 恢复倒圆角特征

图 7-9 设计树隐含变化

图 7-10 "隐含"对话框

7.3 重新排序

特征的顺序是指特征出现在"模型树"中的序列。在排序的过程中不能将子项特征排在父项特征的前面。同时，对现有特征重新排序可更改模型的外观。

重新排序的操作步骤如下。

（1）创建模型如图 7-11 所示。

（2）单击模型树上方的"设置"按钮，从其下拉菜单选择"树列"命令，弹出如图 7-12 所示的"模型树列"对话框。

（3）在"模型树列"对话框中的类型下面选取"特征#"选项，然后单击 >> 按钮将"特征#"选项添加到"显示"列表中，如图 7-13 所示。

（4）单击"模型树列"对话框中的"确定"按钮，则在模型树中即显示特征的"特征#"属性，如图 7-14 所示。

（5）单击"模型"功能区"操作"面板下"特征操作"命令，在弹出的菜单管理器的"特征"菜单中选取"重新排序"命令，弹出如图 7-15 所示的"选取特征"菜单。

（6）从模型树中选取需要重新排序的特征，这里单击"倒圆角"特征，然后单击"选择"

对话框中的"确定"按钮完成选取，并再次单击"选择特征"菜单中"完成"按钮，如图 7-16 所示。

图 7-11 原始模型

图 7-12 "模型树列"对话框

图 7-13 添加显示选项

图 7-14 显示"特征#"属性的模型树

图 7-15 "选取特征"菜单

图 7-16 "确认"菜单

（7）弹出"重新排序"菜单，选择"之前"→"选择"选项，在视图中选择"镜像 1"特征，将倒圆角 1 特征放置在镜像特征前。

还有一种更简单的重新排序方法：从"模型树"中选取一个或多个特征，然后通过鼠标拖动将在特征列表中将所选特征拖动到新位置即可，如图 7-17 所示。但是这种方法没有重新排序提示，有时可能会引起错误。

图 7-17　重新排序后的模型树

> **注意**　有些特征不能重新排序，例如 3D 注释的隐含特征。并且如果试图将一个子零件移动到比其父零件更高的位置，父零件将随子零件相应移动，且保持父/子关系。此外，如果将父零件移动到另一位置，子零件也将随父零件相应移动，以保持父/子关系。

7.4　插入特征模式

在进行零件设计的过程中，有时候建立了一个特征后需要在该特征或者几个特征之前先建立其他特征，这时就需要启用插入特征模式，操作步骤如下。

（1）单击"模型"功能区"操作"面板下"特征操作"命令，在弹出的菜单管理器的"特征"菜单中选取"插入模式"命令，弹出如图 7-18 所示的"插入模式"菜单。

（2）在"插入模式"菜单中选择"激活"命令，然后从模型树中选取一个特征，则在此插入定位符就会移动到该特征之后，如图 7-19 所示。同时位于在此插入定位符之后的特征在绘图区中暂时不显示。

图 7-18　"插入模式"菜单　　　　　　　　　　图 7-19　激活"插入模式"

（3）单击"特征"菜单中的"完成"按钮即可完成操作，然后就可以在此插入定位符的当前位置进行新特征的建立。建立完成后可以通过右键单击，在此插入定位符并单击弹出的"取消"命令，则在此插入定位符就返回到默认位置。

还可以选择在此插入定位符，拖动指针到所需的位置，插入定位符随着指针移动。插入定位符将置于新位置，并且会保持当前视图的模型方向，模型不会复位到新位置。

7.5 缩放模型

缩放模型命令可以将当前选定的特征缩放指定的倍数。

缩放模型的操作步骤如下。

（1）打开已有零件"neitaoquan.prt"，单击设计环境中的螺栓体，可以看到整个内套圈的线框加亮表示。右键单击"设计树"浏览器中的"旋转 1"特征，在弹出的快捷菜单中选取"编辑"命令，此时内套圈的旋转特征上显示出尺寸值，如图 7-20 所示。

（2）同样地操作，可以观察内套圈上的旋转 2 及倒圆角 1 特征。单击内套圈，将其设为选中状态，然后单击"模型"功能区"操作"面板下的"缩放模型"命令，系统在消息显示区要求用户输入缩放比例，如图 7-21 所示。

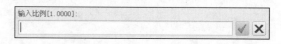

图 7-20 编辑内套圈　　　　　　　　　图 7-21 "输入比例"提示框

（3）在"输入比例"框中输入数值"1.5"，然后单击"确定" ✓ 命令，系统打开如图 7-22 所示的"确认"提示框。

（4）单击"确认"提示框中的"是"按钮，系统将选中的对象放大指定的倍数"1.5"，如图 7-23 所示。

图 7-22 "确认"对话框   图 7-23 放大后的内套圈旋转 1 特征

（5）此时还可以观察内套圈上的旋转 2 及倒圆角 1 特征的尺寸值，同样也是放大了 1.5 倍。

7.6 查找

使用查找命令可以查找当前设计环境中对象的各种特征。

查找的操作步骤如下。

（1）打开已有零件"neitaoquan.prt"，单击"工具"功能区"调查"面板中的"查找"按钮 ，系统打开"搜索工具"对话框，如图 7-24 所示。

（2）单击"搜索工具"对话框中的"查找"子项的下拉箭头，可以看到查找特征过滤项，如图 7-25 所示。

图 7-24 "搜索工具"对话框   图 7-25 查找过滤选项

（3）单击"搜索工具"对话框中的"立即查找"命令，系统只搜索当前设计环境中的几个基准，并在"搜索工具"对话框的下部表示，如图 7-26 所示。

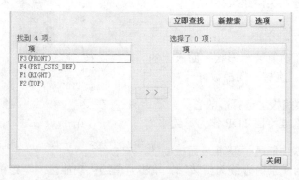

图 7-26　显示查找结果

（4）如果在查找特征之前，在模型树或者设计环境中选择了要查找的特征，这里选择"旋转1"特征，单击"工具"功能区"调查"面板中的"查找"按钮，系统打开"搜索工具"对话框，单击"立即查找"按钮，旋转特征显示到选择项列表中，如图 7-27 所示。

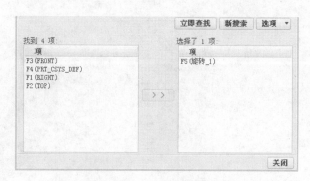

图 7-27　显示查找结果

（5）单击"搜索工具"对话框中的"关闭"按钮，系统关闭"搜索工具"对话框。

7.7　综合实例——轴承内隔网

思路分析

本例创建内隔网，如图 7-28 所示。首先绘制内隔网的母线，通过旋转得到内隔网基体。内隔网上有两道滚珠孔，首先通过旋转切除第一道滚珠的一个孔，接着创建第二道的一个孔，把这两个孔组合起来，将合成的级进行阵列，就得到最终的模型。

绘制步骤

1. 新建模型。

单击"快速访问"工具栏中的"新建"按钮，在弹出的"新建"对话框中，选取"零

件"类型，在"名称"后的文本框中输入零件名称
"neigeiwang"，然后单击"确定"按钮，接受系统
默认模版，进入实体建模界面。

图 7-28　内阁网

2. 旋转内隔网基体。

（1）单击"模型"功能区"形状"面板上的"旋转"按
钮 ⬡，打开"旋转"操控板。

（2）在"旋转"操控板上选择"放置"→"定义"，在工
作区上选择基准平面 TOP 作为草绘平面。

（3）单击"草绘"功能区"基准"面板上的"中心线"
按钮 ⫶，绘制一条中心线为旋转轴，单击"草绘"功能区"草绘"面板上的"矩形"按
钮 ▢，绘制截面，如图 7-29 所示。单击"确定"按钮 ✔，退出草图绘制环境。

（4）在操控板上设置旋转方式为"变量" ⬓，输入"360"作为旋转的变量角。

（5）在操控板中单击"确定"按钮 ✔，完成特征，结果如图 7-30 所示。

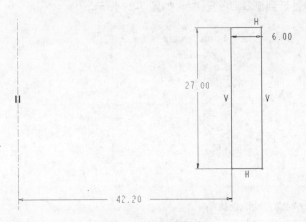

图 7-29　绘制草图

图 7-30　绘制草图

3. 创建偏移基准平面。

（1）单击"模型"功能区"基准"面板上的"平面"按钮 ▱，打开"基准平面"对话框。

图 7-31　选择基准平面

（2）选择基准平面 RIGHT 作为从其偏移的平面，输入偏移值为
"5.22"，如图 7-31 所示。

（3）单击"确定"按钮，完成基准面的创建。

4. 切除一道滚珠的一个孔。

（1）单击"模型"功能区"形状"面板上的"旋转"按钮 ⬡，打开
"旋转"操控板。

（2）在基准平面 DIM1 上绘制半圆，如图 7-32 所示。

（3）单击"选择"操控板上的"切减材料"按钮 ⟋，设置旋转方式

为"变量",输入"360"作为旋转的变量角。

（4）在操控板中单击"确定"按钮 ☑ ，完成特征，如图 7-33 所示。

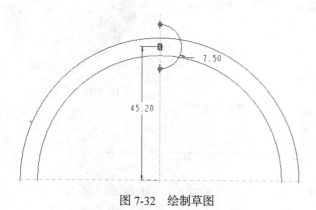

图 7-32 绘制草图   图 7-33 旋转切除

5. 创建偏移基准平面。

（1）单击"模型"功能区"基准"面板上的"平面"按钮 ▱ ，打开"基准平面"对话框。

（2）选择基准平面 RIGHT 作为从其偏移的平面，输入偏移值为"7.78"。

（3）单击"确定"按钮，完成基准面的创建。

6. 旋转切除二道滚珠的一个孔。

（1）单击"模型"功能区"形状"面板上的"旋转"按钮 ⊕ ，打开"旋转"操控板。

（2）在基准平面 DIM1 上绘制如图 7-34 所示的半圆。

（3）单击"旋转"操控板上的"切减材料"按钮 ⬭ ，设置旋转方式为"变量"，输入"360"作为旋转的变量角。

（4）在操控板中单击"确定"按钮 ☑ ，完成特征，如图 7-35 所示。

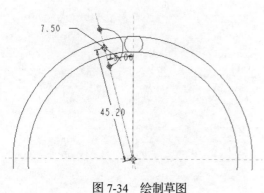

图 7-34 绘制草图   图 7-35 旋转切除 2

7. 组合切除的两个孔特征。

(1) 在模型树上选择旋转特征 2 和旋转特征 3,如图 7-36 所示。

(2) 单击"模型"功能区"操作"面板下"组"命令,将上步 创建的特征创建成组。

8. 阵列孔特征。

(1) 在模型树上选择前一个创建的组。

(2) 单击"模型"功能区"编辑"面板上的"阵列"按钮⊞, 打开"阵列"操控板,如图 7-37 所示。

图 7-36 选择特征

图 7-37 "阵列"操控板

(3) 选择操控板上"轴"作为阵列类型。在模型中选择上面旋转使用的轴。

(4) 在"阵列"操控板中,输入"12"作为阵列的实例的数目。

(5) 在"阵列"操控板中,输入"30"作为阵列的尺寸增量值,如图 7-38 所示。

图 7-38 输入阵列参数

(6) 单击操控板上的"确定"按钮✔,创建阵列特征如图 7-28 所示。

第8章
特征的复制

本章导读

工程图制作是整个设计的最后环节，是设计意图的表现和工程师、制造师等沟通的桥梁。传统的工程图制作通常通过纯手工或相关二维 CAD 软件来完成的，制作时间长、效率低。Pro/Engineer 用户在完成零件装配件的三维设计后，通过使用工程图模块，工程图的大部分工作就可以从三维设计到二维工程图设计自动完成。工程图模式具有双向关联性，当在一个视图里改变一个尺寸值时，其他的视图也因此全更新，包括相关三维模型也会自动更新。同样，当改变模型尺寸或结构时，工程图的尺寸或结构也会发生相应的改变。

知识重点

- 复制和粘贴

- 特征复制

- 镜像

- 阵列

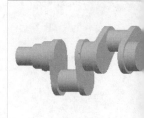

8.1 复制和粘贴

复制命令和粘贴命令操作的对象是特征生成的步骤，并非特征本身，也就是说，通过特征的生成步骤，可以生成不同尺寸的相同特征。复制命令和粘贴命令可以用在不同的模型文件之间，也可以用在同一模型上。

8.1.1 复制粘贴

复制命令和粘贴命令的使用步骤如下。

（1）绘制一个长、宽、高为100、100、40的长方体，如图8-1所示。

（2）利用"孔"命令，在长方体顶面放置一个直径为"10.00"的通孔，其定位尺寸都是"40.00"，如图8-2所示；单击"孔特征"操控板中的"确定" ✔ 命令，生成此孔特征，如图8-3所示。

图8-1　绘制长方体

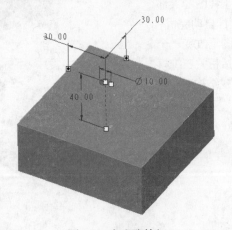

图8-2　生成孔特征

图8-3　生成孔特征

（3）单击上一步生成的孔特征，孔特征加亮表示此特征为选中状态；单击"模型"功能区"操作"面板下的"复制"按钮 🖹，然后再单击"模型"功能区"操作"面板下的"粘贴"按钮 🖹，此时系统打开"孔特征"操控板，操控板中孔的直径、深度值及其他选项和复制选取的孔一样，如图8-4所示。

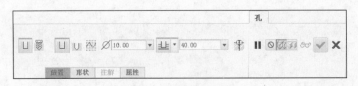

图8-4　"孔"操控板

（4）单击长方体的顶面，然后将此孔特征的定位尺寸都设为"25.00"，如图 8-5 所示。

（5）将孔特征的直径改为"25.00"，孔深改为"20.00"，单击"孔特征"操控板中的"确定"按钮 ✓，生成此孔特征，如图 8-6 所示。

（6）选中当前设计系统中的长方体，然后单击"模型"功能区"操作"面板下的"复制"按钮 📋；在系统中新建一个"零件"设计环境，单击"模型"功能区"操作"面板下的"粘贴"按钮 📋，系统打开"比例"对话框，如图 8-7 所示。

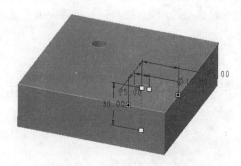

图 8-5 设置孔特征位置

图 8-6 生成复制孔

（7）单击"比例"对话框中的"确定"按钮，系统打开"拉伸"操控板，其中的拉伸深度为"30.00"，其他选项和复制选取的长方体一样，如图 8-8 所示。

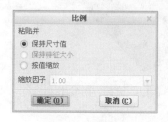

图 8-7 比例对话框

图 8-8 拉伸操控板

（8）单击"放置"→"编辑"命令，进入草图绘制环境，修改截面，如图 8-9 所示。

（9）单击"确定"按钮 ✓，退出草图绘制环境，生成 2D 草绘图并退出草绘环境。单击"拉伸"操控板中的"确定"✓ 命令，生成此拉伸特征，如图 8-10 所示。

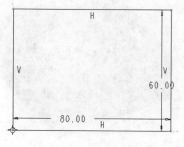

图 8-9 绘制拉伸截面

图 8-10 生成拉伸特征

8.1.2 选择性粘贴

选择性粘贴的操作步骤如下。

（1）重复 8.1.1 中的步骤（1）～步骤（5），创建长方体和孔特征。

（2）单击上一步生成的孔特征，孔特征加亮表示此特征为选中状态；单击"模型"功能区"操作"面板下的"复制"按钮 ，然后再单击"模型"功能区"操作"面板下的"选择性粘贴"按钮 ，此时系统打开"选择性粘贴"对话框，勾选"对副本应用移动/旋转变换"复选框，如图 8-11 所示。

（3）单击"确定"按钮，打开"移动（复制）"操控板。

（4）在操控板中输入平移距离为 30，在视图中选择长方体的边线为方向参考，如图 8-12 所示。

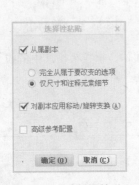

图 8-11 "选择性粘贴"对话框

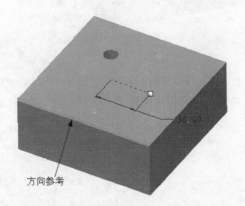

图 8-12 选择方向参考

（5）在操控板中单击"确定"按钮 ，生成孔如图 8-13 所示。

（6）单击"模型"功能区"基准"面板上的"轴"按钮 ，打开"基准轴"对话框，选择长方体的上表面为轴放置面，选择两边线为偏移参考，并输入距离为"50"，如图 8-14 所示。单击"确定"按钮，生成轴。

图 8-13 复制孔

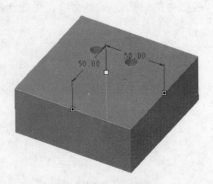

图 8-14 选择参考

（7）重复步骤 2，在操控板中单击"旋转" ↺ ，输入旋转角度为"60°"，在视图中选择上一步创建的轴为旋转轴，如图 8-15 所示。

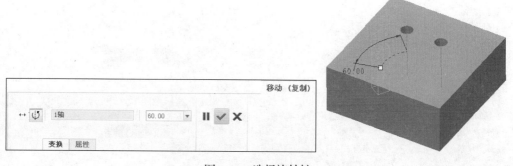

图 8-15　选择旋转轴

（8）在操控板中单击"确定"按钮 ✓ ，结果如图 8-16 所示。

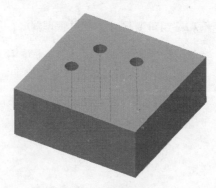

图 8-16　旋转孔特征

8.2　复制

8.2.1　新参考复制

新参考复制的操作步骤如下。

（1）重复 8.1.1 中的步骤（1）～步骤（5），创建长方体和孔特征。

（2）单击"模型"功能区"操作"面板下"特征操作"命令，打开如图 8-17 所示的"特征"菜单管理器。

（3）在"特征"菜单管理器的菜单中选取"复制"→"完成"选项，打开如图 8-18 所示的"复制"菜单管理器。

（4）在"复制特征"菜单管理器中选择"新参考"→"选择"→"独立"→"完成"选项，打开"选择特征"菜单管理器，在视图或模型树中选取"孔"特征，单击"完成"选项。

图 8-17 "特征"菜单管理器   图 8-18 "复制特征"菜单管理器

（5）打开"组元素"对话框和"组可变尺寸"菜单管理器，如图 8-19 所示。

（6）勾选"组可变尺寸"菜单管理器中的 4 个尺寸复选框，并单击"完成"选项，打开修改 Dim1 提示框，输入值为"14"，如图 8-20 所示，单击"确定"按钮 ✓；同理修改 Dim2 为 20，Dim3 为 40，Dim5 为 20。

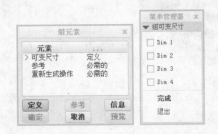

图 8-19 "组元素"对话框和"组可变尺寸"菜单管理器   图 8-20 消息输入窗口

（7）打开"参考"菜单管理器，如图 8-21 所示。提示"选择曲面对应于突出显示的曲面"，孔放置面高亮显示，选取长方体的侧面为替代面，如图 8-22 所示。

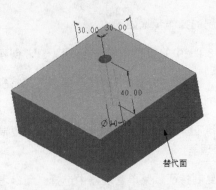

图 8-21 "参考"菜单管理器   图 8-22 选择替代面

（8）提示"选择边对应于突显示的边"，参考边高亮显示，选取长方体的竖直边为替代参考边，如图 8-23 所示。同理，选择长方体的上边线为替代参考边，如图 8-24 所示。

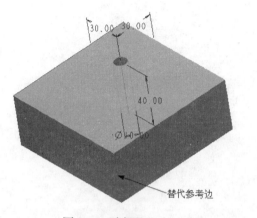

图 8-23　选择替代边 1

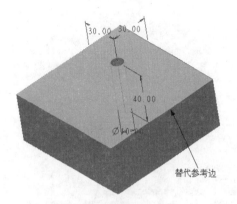

图 8-24　选择替代边 2

（9）单击菜单管理器中的"完成"选项，结果如图 8-25 所示。

图 8-25　新参考复制

8.2.2　相同参考复制

相同参考复制的操作步骤如下。

（1）重复 8.1.1 中的步骤（1）～步骤（5），创建长方体和孔特征。

（2）单击"模型"功能区"操作"面板下"特征操作"命令，打开如图 8-26 所示的"特征"菜单管理器。

（3）在"特征"菜单管理器的菜单中选取"复制"→"完成"选项，打开"复制"菜单管理器，如图 8-27 所示。

（4）在"复制特征"菜单管理器中选择"相同参考"→"选择"→"独立"→"完成"选项，如图 8-27 所示。打开 "选择特征"菜单管理器，在视图或模型树中选取"孔"特征，单击"完成"选项。

（5）打开"组元素"对话框和"组可变尺寸"菜单管理器，如图 8-28 所示。

图 8-26 "特征"菜单管理器   图 8-27 "复制特征"菜单管理器

（6）勾选"组可变尺寸"菜单管理器中的 4 个尺寸复选框，并单击"完成"选项，打开修改 Dim1 提示框，输入值为"14"，如图 8-29 所示，单击"确定"按钮 ✓；同理修改 Dim2 为 20，Dim3 为 60，Dim5 为 40。

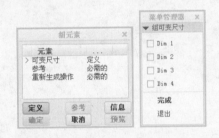

图 8-28 "组元素"对话框和"组可变尺寸"菜单管理器   图 8-29 消息输入窗口

（7）单击"组元素"对话框中的"确定"按钮，结果如图 8-30 所示。

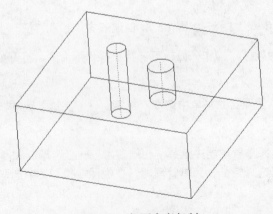

图 8-30 相同参考复制

8.2.3 特征镜像

特征镜像的操作步骤如下。

（1）重复 8.1.1 中的步骤（1）～步骤（5），创建长方体和孔特征。

（2）单击"模型"功能区"操作"面板下"特征操作"命令，打开如图 8-31 所示的"特征"菜单管理器。

（3）在"特征"菜单管理器的菜单中选取"复制"→"完成"选项，打开 "复制"菜单。

（4）在"复制特征"菜单管理器中，选择"镜像"→"选择"→"独立" →"独立"选项，如图 8-31 所示。

（5）选择"完成"选项打开"选取特征"菜单管理器，在模型树中或视图中选择"孔 1"特征。

（6）选取完成以后单击"选取"对话框上的"确定"按钮，然后单击"复制"菜单中的"完成"命令，打开如图 8-32 所示的"设置平面"菜单。

图 8-31 选取命令选项

图 8-32 "设置平面"菜单

（7）在"设置平面"菜单中选择"产生基准"选项，打开如图 8-33 所示的"产生基准"菜单。选择"偏移"选项，在视图中选择长方体的侧面作为参考面，如图 8-34 所示，打开如图 8-35 所示的"偏移"菜单。

（8）在菜单中选择"输入值"选项，打开消息窗口，输入偏移为-50，如图 8-36 所示。单击"确定" ✓ 按钮，在"产生基准"菜单中选择"完成"选项。

（9）打开如图 8-37 所示的"特征"菜单，从中选取"完成"命令即可完成特征镜像操作，结果如图 8-38 所示。

图 8-33 "基准平面"对话框

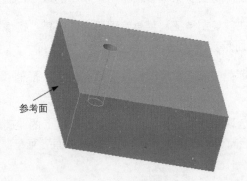

图 8-34 选择参考面

图 8-35 "偏移"菜单

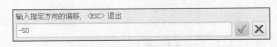

图 8-36 消息输入窗口

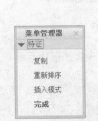

图 8-37 "特征"菜单

图 8-38 特征镜像结果

8.2.4 特征移动

特征移动就是将特征从一个位置复制到另外一个位置，特征移动可以使特征在平面内平行移动，也可以使特征绕某一轴做旋转运动。

1．平移特征

平移特征的操作步骤如下。

（1）重复 8.1.1 中的步骤（1）～步骤（5），创建长方体和孔特征。

（2）单击"模型"功能区"操作"面板下"特征操作"命令，在打开的菜单管理器的"特征"菜单中选取"复制"命令，打开如图 8-39 所示的"复制特征"菜单。

（3）在"复制特征"菜单中，选择"移动"→"选择"→"独立"→"完成"选项，打开"选取特征"菜单。

（4）在打开"选取特征"菜单后，在模型树中单击"孔 1"特征。

（5）选取完成以后单击"选取"对话框上的"确定"按钮，然后单击"复制"菜单中的"完成"命令。

图 8-39 "复制特征"菜单

（6）在菜单中依次选取"平移"→"平面"选项，如图 8-40 所示。在模型中选取长方体的侧面为参考，打开"方向"菜单管理器，然后选择"反向"→"确定"选项，如图 8-41 所示。

图 8-40 "移动特征"菜单

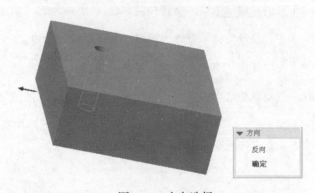

图 8-41 方向选择

（7）在消息输入窗口输入偏移距离"30"，然后单击"确定" ✓ 按钮，打开"移动特征"菜单。

（8）在"移动特征"菜单中选取"完成移动"命令，打开"组元素"对话框和"可变尺寸组"菜单管理器，如图 8-42 所示。

（9）在"可变尺寸组"菜单中选取"Dim1"，单击"可变尺寸组"中的"完成"按钮。

（10）在消息输入窗口中输入 Dim1 的新尺寸"15"，然后单击"确定" ✓ 按钮。

（11）在"组元素"对话框中单击"确定"按钮，然后在菜单管理器的"特征"菜单中选取"完成"命令，完成特征平移操作，结果如图 8-43 所示。

图 8-42　"可变尺寸组"菜单　　　　　　　图 8-43　平移特征

2．旋转特征

旋转特征的操作步骤如下。

（1）单击"模型"功能区"操作"面板下"特征操作"命令，在打开的菜单管理器的"特征"菜单中选取"复制"命令。重复上述步骤（2）～步骤（4），然后在如图 8-44 所示的菜单中依次选取"旋转"→"坐标系"选项。

（2）在模型中选取系统自带的坐标系"PRT_CSYS_DEF"，然后在菜单中依次选取"Z轴"→"确定"选项，设置向上的方向为正向。

（3）在消息窗口中输入旋转角度"60"，然后单击"确定" ✓ 按钮。

（4）在"移动特征"菜单中选取"完成移动"命令。

（5）在打开的"可变尺寸组"菜单中钩选"Dim3"和"Dim4"。

（6）在消息窗口中分别输入"Dim3"和"Dim4"的值为"20"。

（7）在"组元素"对话框中单击"确定"按钮，然后在菜单管理器的"特征"菜单中选取"完成"命令，完成特征旋转操作，结果如图 8-45 所示。

图 8-44　旋转菜单设置　　　　　　　图 8-45　特征旋转

8.2.5 实例——发动机曲轴

本例创建的发动机曲轴如图 8-46 所示。发动机曲轴是发动机中的重要零件，结构较为复杂，如果从结构上进行分析，创建模型并不困难，本例对其创建方法进行了详细讲解。通过对曲轴结构的分析可以发现，曲轴的曲柄前后两部分是对称结构，因此可以先完成曲轴前部分的创建，然后利用"特征镜像"命令快速创建后部分的曲柄特征；分析每一缸曲柄可以发现其也是对称结构，因此也可以先创建一个特征，利用"特征旋转"命令，创建第二缸和第三缸曲柄；利用"镜像"命令复制曲柄，最后创建曲轴的安装盘、安装孔等修饰特征。

图 8-46　发动机曲轴

1. 创建新文件。

单击"快速访问"工具栏中的"新建"按钮 ，打开"新建"对话框，在"类型"选项组中点选"零件"单选钮，在"子类型"选项组中点选"实体"单选钮，在"名称"文本框中输入文件名"quzhou"，取消"使用默认模板"复选框的勾选，单击"确定"按钮，在打开的"新文件选项"对话框中选择"mmns_part_solid"选项，单击"确定"按钮，创建一个新的零件文件。

2. 创建前端轴。

(1) 单击"模型"功能区"形状"面板上的"旋转"按钮 ，打开"旋转"操控板。

(2) 单击"放置"→"定义"按钮，选择 TOP 基准平面作为草绘平面，绘制如图 8-47 所示的前端轴草图。单击"确定"按钮 ，退出草图绘制环境。

(3) 在操控板中给定旋转角度为"360°"，单击"确定"按钮 ，生成旋转特征，如图 8-48 所示。

3. 创建半圆键槽。

(1) 单击"基础特征"工具栏中的"拉伸"按钮 ，打开"拉伸"操控板。

(2) 单击"放置"→"定义"按钮，选择 TOP 基准平面作为草绘平面，绘制如图 8-49 所示的半圆键槽草图，单击"确定"按钮 ，退出草图绘制环境。

(3) 在"拉伸"操控板中选择拉伸方式为"对称拉伸" ，输入拉伸深度值为"5"。

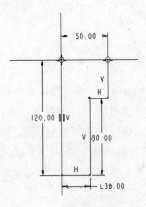

图 8-47　绘制前端轴草图

图 8-48　旋转前端轴

（4）单击"去除材料"按钮 和"确定"按钮 ，完成特征的创建，如图 8-50 所示。

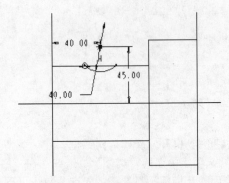

图 8-49　绘制半圆键槽草图

图 8-50　创建半圆键槽

4. 创建主轴颈。

（1）单击"模型"功能区"形状"面板上的"拉伸"按钮 ，打开"拉伸"操控板。

（2）单击"放置"→"定义"按钮，选择前端轴的截面作为草绘平面，绘制直径为 120 的圆，单击"确定"按钮 ，退出草图绘制环境。

（3）在操控板中设置拉伸深度值为"50"，再单击"确定"按钮 ，完成主轴颈实体的创建，如图 8-51 所示。

5. 创建第一缸曲柄。

（1）单击"模型"功能区"形状"面板上的"拉伸"按钮 ，打开"拉伸"操控板。

（2）单击"放置"→"定义"按钮，选择刚刚创建的主轴颈的端面作为草绘平面，绘制如图 8-52 所示的第一缸曲柄草图。

（3）选择拉伸方式为"指定深度拉伸" ，输入拉伸深度值为"25"，单击"确定"按钮 ，完成第一缸曲柄的创建，结果如图 8-53 所示。

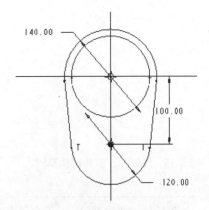

图 8-51　主轴颈实体　　　　　　　　　　图 8-52　绘制第一缸曲柄草图

6. 特征复制。

(1) 单击"模型"功能区"操作"面板下"特征操作"命令，在打开的菜单管理器中依次单击"复制"→"移动"→"选取"→"从属"→"完成"命令。

(2) 选择刚刚创建的第一缸曲柄特征作为要移动的特征，再依次单击菜单管理器中的"完成"→"平移"→"曲线/边/轴"命令，选择前端轴的中心轴线 A_2，再选择合适的移动方向，输入偏移值为 120。

(3) 单击菜单管理器中的"完成移动"→"完成"命令。单击"组元素"对话框中的"确定"按钮，完成特征的复制，结果如图 8-54 所示。

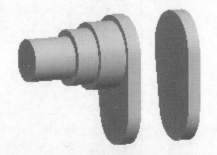

图 8-53　第一缸曲柄　　　　　　　　　　图 8-54　特征复制 1

7. 创建第一缸曲柄销。

(1) 单击"模型"功能区"形状"面板上的"拉伸"按钮，打开"拉伸"操控板。

(2) 单击"放置"→"定义"按钮，选择第一个曲柄与第二个曲柄相对的端面作为草绘平面，绘制如图 8-55 所示的第一缸曲柄销草图，单击"确定"按钮，退出草图绘制环境。

(3) 在"拉伸"操控板中选择拉伸方式为"拉伸至下一曲面"，单击"确定"按钮，完成实体的创建，结果如图 8-56 所示。

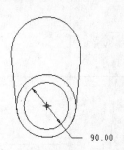

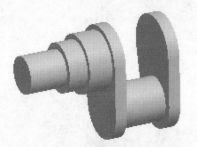

图 8-55　绘制第一缸曲柄销草图　　　　　　　　图 8-56　创建第一缸曲柄轴

> **说明**　在曲柄销的草绘中，可以添加同曲柄销同轴的曲柄圆作为参照，然后使用草绘工具栏中的"偏移"按钮 来完成曲柄销的草绘。

8. 创建第二个主轴颈。

(1) 单击"模型"功能区"形状"面板上的"拉伸"按钮 ，打开"拉伸"操控板。

(2) 单击"放置"→"定义"按钮，选择第二个曲柄的外表面作为草绘平面，绘制如图 8-57 所示的第二个主轴颈草图。单击"确定"按钮 ，退出草图绘制环境。

(3) 在"拉伸"操控板中选择拉伸方式为"指定深度拉伸"钮 ，输入拉伸深度为 50，单击"确定"按钮 ，完成第二个主轴颈的创建，如图 8-58 所示。

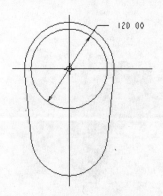

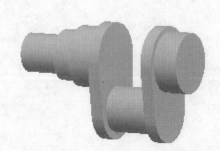

图 8-57　绘制第二个主轴颈草图　　　　　　　图 8-58　创建第二个主主轴颈

9. 创建第二缸曲柄。

(1) 单击"模型"功能区"形状"面板上的"拉伸"按钮 ，打开"拉伸"操控板。

(2) 单击"放置"→"定义"按钮，选择刚刚创建的主轴颈的平面作为草绘平面，绘制如图 8-59 所示的第二缸曲柄草图，单击"确定"按钮 ，退出草图绘制环境。

(3) 在"拉伸"操控板中输入拉伸深度值为"25"，单击"确定"按钮 ，完成第二缸曲柄的创建，如图 8-60 所示。

(4) 重复步骤 6 中复制特征的方法，复制刚刚创建的曲柄，给定平移值为"120"，复制完成的实体如图 8-61 所示。

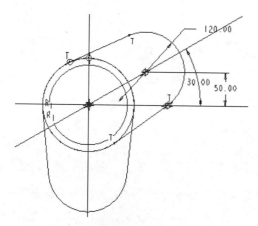

图 8-59 绘制第二缸曲柄草图

图 8-60 创建第二缸曲柄

10. 创建第二缸曲柄销。

采用与步骤 7 中类似的操作,创建直径为"90"的销。绘制的第二缸曲柄销草图如图 8-62 所示。

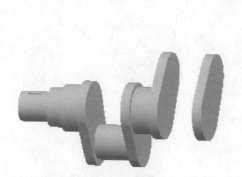

图 8-61 特征复制 2

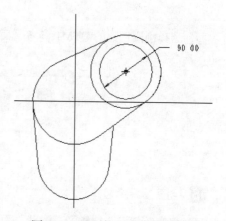

图 8-62 绘制第二缸曲柄销草图

11. 创建第 3 个主轴颈。

重复步骤 8 中的创建方法,创建直径为"120"、拉伸深度为"50"的第 3 个主轴颈,如图 8-63 所示。

12. 创建第 3 缸曲柄。

重复步骤 9 的方法,创建第 3 缸曲柄实体,再复制平移,平移值为"120",创建的第 3 缸曲柄销如图 8-64 所示。

13. 创建第 4 个主轴颈。

采用同样的方法创建直径为 120,拉伸深度为 50 的第 4 个主轴颈。

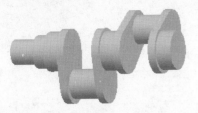

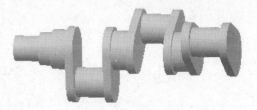

图 8-63　创建第 3 个主轴颈　　　　　　　　　　图 8-64　创建第 3 缸曲柄

14. 创建参考平面。

（1）单击"模型"功能区"基准"面板上的"平面"按钮 ▱，打开"基准平面"对话框。

（2）选择刚刚创建的主轴颈的外表面作为参照平面，偏移量为"−25"，单击"确定"按钮，完成新参考平面 DTM1 的创建。

15. 特征镜像。

（1）单击"模型"功能区"操作"面板下"特征操作"命令，在打开的菜单管理器中依次单击"复制"→"镜像"→"选取"→"从属"→"完成"命令。

（2）选择第一缸曲柄销、曲柄以及第二和第三曲柄销、曲柄作为镜像对象，单击菜单中的"完成"命令。

（3）选择刚刚创建的 DTM1 参考平面作为镜像平面，特征镜像结果如图 8-65 所示。

图 8-65　特征镜像

16. 创建后端突起。

（1）单击"模型"功能区"形状"面板上的"拉伸"按钮 ▱，打开"拉伸"操控板；

（2）单击"放置"→"定义"按钮，选择第 7 个主轴颈的外端面作为草绘平面，绘制直径为 300 的圆；单击"确定"按钮 ✔，退出草图绘制环境。

（3）在操控板中设置拉伸深度为"25"，单击"确定"按钮，最后生成的凸缘如图 8-66 所示。

图 8-66　创建后端突起

17. 创建安装孔。

（1）单击"模型"功能区"工程"面板上的"孔"按钮 🗍，打开"孔"操控板。

（2）在打开的"孔"操控板的"放置"下滑面板中选择凸缘外端面作为放置平面，将放置类型修改为"径向"，其他设置如图 8-67 所示。

（3）在操控板中修改孔的直径为"20"，设置钻孔深度选项为"至下一曲面" 彗，单击"确定"按钮 ✓，完成安装孔特征的创建。

18. 复制孔特征。

（1）单击"模型"功能区"操作"面板下"特征操作"命令，在打开的菜单管理器中依次单击"复制"→"移动"→"选取"→"独立"→"完成"命令，选择刚刚创建的孔特征，再单击"完成"命令，在下一级菜单中单击"旋转"→"曲线/边/轴"命令，选择主轴中心轴，输入旋转角度为"60°"，完成旋转。

（2）右击模型树中刚刚创建的孔特征复制的组，打开如图 8-68 的快捷菜单，单击"阵列"命令，修改如图 8-69 所示的阵列角度，给定阵列个数为 6，完成孔特征的创建。

图 8-67　孔放置设置

图 8-68　快捷菜单

19. 切割曲柄。

（1）单击"模型"功能区"形状"面板上的"拉伸"按钮 🗗，打开"拉伸"操控板。

（2）单击"放置"→"定义"按钮，选择 TOP 基准平面作为草绘平面，绘制如图 8-70 所示的曲柄草图，单击"确定"按钮 ✓，退出草图绘制环境。

（3）选择拉伸方式为"完全贯穿拉伸" 討 ，单击"去除材料"按钮 🗁，单击"确定"按钮 ✓，完成特征的创建。

20. 曲柄倒圆角。

将曲柄外侧图元的边进行倒圆角，圆角半径为 5。

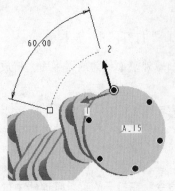

图 8-69　修改阵列角度

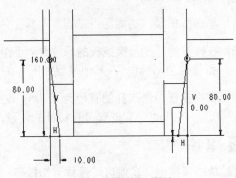

图 8-70　曲柄草图

21. 创建其余曲柄特征。

重复上述的切割曲柄与曲柄倒圆角操作，完成实体的创建，最终效果如图 8-46 所示。

8.3　镜像

镜像命令可以生成指定特征关于指定镜像平面的镜像特征。

8.3.1　镜像命令

镜像命令的操作步骤如下。

（1）重复 8.1.1 中的步骤（1）～步骤（5），创建长方体和孔特征。

（2）选中当前设计环境中的长方体特征，然后单击"模型"功能区"编辑"面板上的"镜像"按钮，系统打开"镜像"操控板，如图 8-71 所示。

图 8-71　镜像特征操控板

（3）鼠标落在长方体的右侧面，如图 8-72 所示，当鼠标落在此面时，此面用绿色线加亮表示。

（4）单击选定的面，系统用红色加亮选中的面；单击"镜像"操控板中的"确定"按钮，系统生成关于指定面的长方体的镜像特征，如图 8-73 所示。

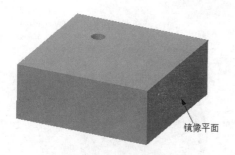

镜像平面

图 8-72 选取镜像面

图 8-73 生成长方体镜像

8.3.2 实例——耳麦

┌─── **思路分析** ───┐

本例绘制耳麦，如图 8-74 所示。首先采用拉伸薄壁实体绘制主体特征，然后采用拉伸切割将两边切除；再采用拉伸切割将内部切除，再拉伸绘制出肩并镜像；最后绘制出安装柄并完全倒圆角。

┌─── **绘制步骤** ───┐

图 8-74 耳麦

1. 新建文件。

单击"快速访问"工具栏中的"新建"按钮🗋，在打开的"新建"对话框中，选取"零件"类型，在"名称"后的文本框中输入零件名称"ermai"，然后单击"确定"按钮，接受系统默认模版，进入实体建模界面。

2. 绘制拉伸薄壁实体。

（1）单击"模型"功能区"形状"面板上的"拉伸"按钮🗗，打开"拉伸"操控板。

（2）在"拉伸"操控板上选择"放置"→"定义"，选取 FRONT 面作为草绘面，绘制草图如图 8-75 所示。单击"确定"按钮✔，退出草图绘制环境。

（3）设置拉伸类型为实体按钮🗖，单击"薄壁"按钮🗀，厚度为"0.1"，将深度设为双向按钮🖃，深度值为"3mm"。

（4）在操控板中单击"确定"按钮✔，完成拉伸实体的绘制，结果如图 8-76 所示。

3. 绘制拉伸切割特征。

（1）单击"模型"功能区"形状"面板上的"拉伸"按钮🗗，打开"拉伸"操控板。

（2）在"拉伸"操控板上选择"放置"→"定义"，选取 TOP 面作为草绘面，绘制草图如图 8-77 所示。

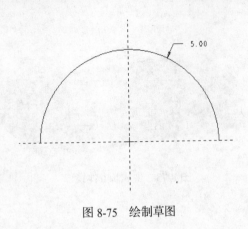

图 8-75　绘制草图

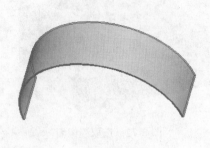

图 8-76　拉伸实体

(3) 单击切割按钮 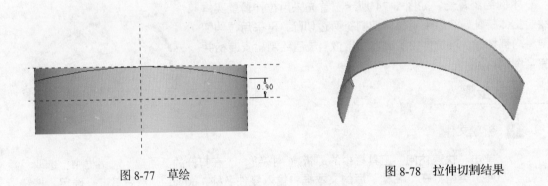，将深度设为贯穿按钮 ，单击"确定"按钮 ，完成切割实体绘制，结果如图 8-78 所示。

图 8-77　草绘

图 8-78　拉伸切割结果

4. 镜像切割特征。

(1) 选取刚绘制的拉伸切割特征。

(2) 单击"模型"功能区"编辑"面板上的"镜像"按钮 ，打开"镜像"操控板，选取 FRONT 面作为镜像平面。

(3) 在操控板中单击"确定"按钮 ，完成镜像，结果如图 8-79 所示。

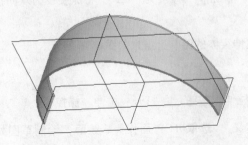

图 8-79　镜像结果

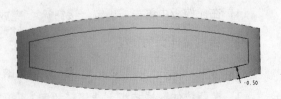

图 8-80　草绘

5. 绘制拉伸切割特征。

(1) 单击"模型"功能区"形状"面板上的"拉伸"按钮，打开"拉伸"操控板。

(2) 在"拉伸"操控板上选择"放置"→"定义"，选取 TOP 面作为草绘面，绘制草图如图 8-80 所示。

(3) 单击"切割"按钮，将深度设为贯穿按钮，单击"确定"按钮，完成切割实体绘制，结果如图 8-81 所示。

图 8-81 拉伸切割结果

6. 绘制拉伸实体。

(1) 单击"模型"功能区"形状"面板上的"拉伸"按钮，打开"拉伸"操控板。

(2) 在"拉伸"操控板上选择"放置"→"定义"，选取 TOP 面作为草绘面，绘制草图如图 8-82 所示。

(3) 在操控板中，设置拉伸类型为实体按钮，将深度设为盲孔按钮，深度值为"0.3mm"。

(4) 在操控板中单击"确定"按钮，完成拉伸实体的绘制，结果如图 8-83 所示。

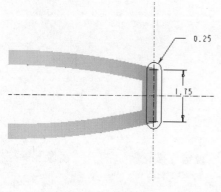

图 8-82 草绘

图 8-83 拉伸结果

7. 镜像拉伸特征。

(1) 选取刚绘制的拉伸特征。

(2) 单击"模型"功能区"编辑"面板上的"镜像"按钮，选取 RIGHT 面作为镜像平面。

(3) 在操控板中单击"确定"按钮，完成镜像。结果如图 8-84 所示。

8. 绘制拉伸实体。

(1) 单击"模型"功能区"形状"面板上的"拉伸"按钮，打开"拉伸"操控板。

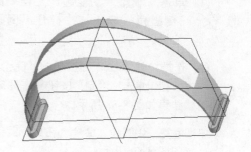

图 8-84 镜像结果

(2) 在"拉伸"操控板上选择"放置"→"定义"，选取刚绘制的拉伸实体底面作为草绘面，绘制草图如图 8-85 所示。

(3) 在操控板中，设置拉伸类型为实体按钮▢，将深度设为盲孔按钮▣，深度值为"1"。

(4) 在操控板中单击"确定"按钮✔，完成拉伸实体的绘制，结果如图 8-86 所示。

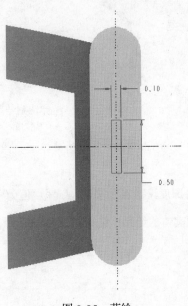

图 8-85 草绘

图 8-86 拉伸结果

9. 镜像拉伸实体。

(1) 选取刚绘制的拉伸特征。

(2) 单击"模型"功能区"编辑"面板上的"镜像"按钮⫴，打开"镜像"操控板，选取 RIGHT 面作为镜像平面。

(3) 在操控板中单击"确定"按钮✔，完成镜像，结果如图 8-87 所示。

10. 绘制完全倒圆角 1。

(1) 单击"模型"功能区"工程"面板上的"倒圆角"按钮，打开"倒圆角"操控板。

(2) 选择拉伸体 3 个面，单击"完全倒圆角"按钮，单击"确定"按钮✔，完成倒圆角，结果如图 8-88 所示。

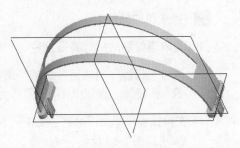

图 8-87 镜像结果

(3) 重复"倒圆角"命令，在另一侧创建圆角，如图 8-89 所示。

图 8-88 倒圆角结果

图 8-89 倒圆角结果

8.4 阵列

阵列就是通过改变某些指定尺寸，创建选定特征的多个实例。选定用于阵列的特征称为阵列导引。阵列有如下优点。

- 创建阵列是重新生成特征的快捷方式。
- 阵列是由参数控制的，因此通过改变阵列参数，比如实例数、实例之间的间距和原始特征尺寸，可修改阵列。
- 修改阵列比分别修改特征更为有效。在阵列中改变原始特征尺寸时，系统自动更新整个阵列。
- 对包含在一个阵列中的多个特征同时执行操作，比操作单独特征更为方便和高效。

系统允许只阵列一个单独特征。要阵列多个特征，可创建一个"特征组"，然后阵列这个组。创建组阵列后，可取消阵列或取消分组实例以便可以对其进行独立修改。

下面具体讲述几种阵列特征的创建步骤。

8.4.1 尺寸阵列

尺寸阵列的操作步骤如下。

（1）重复 8.1.1 中的步骤（1）～步骤（5），创建长方体和孔特征。

（2）选中上一步生成的孔特征，单击"模型"功能区"编辑"面板上的"阵列"按钮 ，系统打开"阵列"操控板，如图 8-90 所示。

（3）此时设计环境中的孔特征上出现孔的尺寸，如图 8-91 所示。

（4）单击孔特征的定位尺寸"30.00"，系统打开一个下拉框，如图 8-92 所示，在此框中可以选择或输入阵列特征的距离值。

（5）在距离值下拉框中输入数值"20.00"，然后按 Enter 键，此时在拉伸体上将出现阵列孔的预览位置，如图 8-93 所示。

图 8-90　阵列操控板

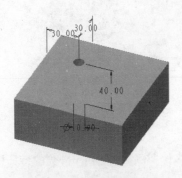

图 8-91　显示孔特征尺寸

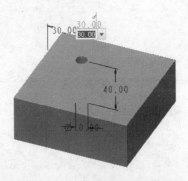

图 8-92　选取阵列参数

（6）此时的阵列特征孔共两个，这和"阵列特征"操控板中的"1"子项后面的数值"2"是对应的，将此数值"2"改为"3"，可以看到拉伸体上的预览阵列孔也发生相应的变化，如图 8-94 所示。

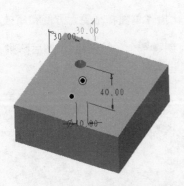

图 8-93　显示阵列预览位置

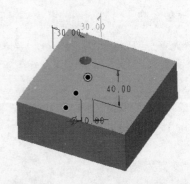

图 8-94　显示相应的阵列预览位置

（7）单击孔特征的另一方向的定位尺寸"30.00"，在打开的下拉框中可以输入阵列特征的距离值"40.00"，如图 8-95 所示。

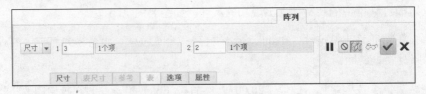

图 8-95　修改阵列特征数

（8）此时在拉伸体上将出现阵列孔的预览位置，如图 8-96 所示，"尺寸"下滑面板如图 8-97 所示。

（9）单击"阵列特征"操控板中的"确定"按钮 ✔，生成尺寸阵列特征，如图 8-98 所示。

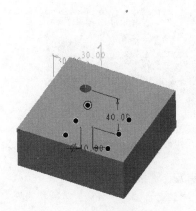

图 8-96　生成阵列特征预览位置　　图 8-97　"尺寸"下滑面板　　图 8-98　生成双向线性孔阵列特征

8.4.2　旋转阵列

旋转阵列的操作步骤如下。

（1）绘制一个直径为"200.00"、厚度为"50.00"的圆柱体，如图 8-99 所示。

（2）在圆柱体顶面放置一个半径为"10.00"的通孔，单击"孔特征"操控板中的"放置"子项，在打开的"主参照"对话框中选取"直径"项，如图 8-100 所示。

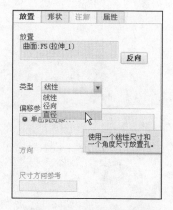

图 8-99　生成圆柱特征　　　　　　　　图 8-100　生成孔特征

（3）拖动孔特征的两个操作柄，将其中一个操作柄拖到"TOP"基准面上，另一个操作柄拖到上一步生成的基准轴上，此时在设计环境中显示出此孔特征的定位尺寸：一个直径值和一个与"TOP"基准面形成的角度值，如图 8-101 所示。

（4）将孔的定位尺寸中的直径值修改为"150.00"，角度值修改为"30.00"，然后单击"孔特征"操控板中的"确定"按钮 ✓ ，生成此孔特征，如图 8-102 所示。

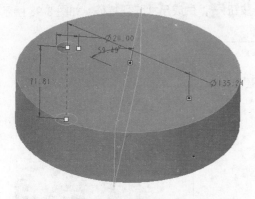

图 8-101　设置孔位置

图 8-102　生成孔特征

（5）选中当前设计环境中的孔特征，单击"模型"功能区"编辑"面板上的"阵列"按钮 ⊞ ，单击孔特征的角度值"30"，在打开的下拉框中可以输入阵列特征的角度距离值"60"，然后将"阵列特征"操控板中的"1"子项后面的数值"2"改为"6"，如图 8-103 所示。

图 8-103　"阵列特征"操控板

（6）此时在圆柱体上将出现阵列孔的预览位置，如图 8-104 所示。

（7）单击"阵列特征"操控板中的"确定"按钮 ✓ ，生成旋转孔阵列特征，如图 8-105 所示。

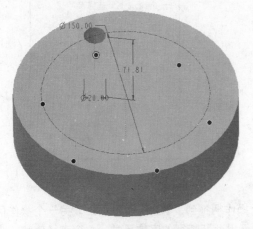

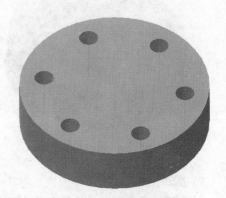

图 8-104　生成孔阵列预览位置

图 8-105　生成孔旋转阵列

8.4.3 方向阵列

方向阵列通过指定方向并使用拖动控制滑块设置阵列增长的方向和增量来创建为由形式阵列。即先指定特征的阵列方向，然后再指定尺寸值和行列数的阵列方式。方向阵列可以为单向或双向。

方向阵列的操作步骤如下。

（1）重复 8.1.1 中的步骤（1）～步骤（5），创建长方体和孔特征。

（2）在模型树中单击"拉伸 2"选取孔特征，单击"模型"功能区"编辑"面板上的"阵列"按钮::。打开阵列操控板选取阵列类型为"方向"类型如图 8-106 所示。

图 8-106　方向阵列操控板

（3）设置尺寸。单击方向类型阵列操控板"1"后面的收集器，然后在模型中选取长方体的水平边线为方向 1，并在该收集器后的文本框中输入阵列数量 3，第二个文本框中输入阵列尺寸"20"。

（4）单击方向类型阵列操控板"2"后面的收集器，然后在模型中选取长方体的竖直边线为方向 2，并在该收集器后的文本框中输入阵列数量 2，第二个文本框中输入阵列尺寸"30"，此时模型预显阵列特征如图 8-107 所示。

（5）单击"反向"按钮/，调整阵列方向，单击"阵列特征"操控板中的"确定"按钮✓，得到阵列结果如图 8-108 所示。

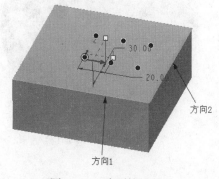

图 8-107　阵列结果预显

图 8-108　方向阵列

8.4.4 轴阵列

轴阵列就是特征绕旋转中心轴在圆周上进行阵列。圆周阵列第一方向的尺寸用来定义圆周方

向上的角度增量，第二方向尺寸用来定义阵列径向增量。

轴阵列的创建过程如下。

（1）重复 8.4.2 节中的步骤（1）～步骤（4），创建圆柱体和孔。

（2）在模型树中选取"孔 1"特征，单击"模型"功能区"编辑"面板上的"阵列"按钮
。打开"阵列"操控板，从阵列类型下列列表框中选取阵列类型为"轴"类型，如图 8-109
所示。

图 8-109　轴阵列操控板

（3）单击轴类型阵列操控板"1"后面的收集器，然后再模型中选取轴"A1"，并在该收集器
后的文本框中输入阵列数量 4，第二个文本框中输入阵列尺寸"90"，表示在第一个方向上阵列数
量为 3，阵列的角度为"120"。

（4）单击轴类型阵列操控板"2"后面的文本框中输入 3 然后按"Enter"键，第二个文本框
变为可编辑状态后，在其中输入阵列尺寸"-30"，表示在第二个方向上阵列数量为"3"，阵列尺
寸为"-30"。此时模型预显阵列特征如图 8-110 所示。

（5）单击操控板中的"确定"按钮　，得到阵列结果如图 8-111 所示。

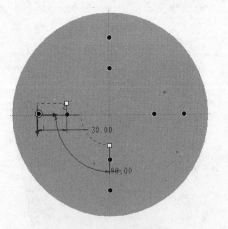

图 8-110　阵列结果预显

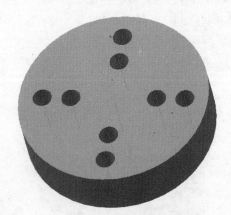

图 8-111　阵列结果

8.4.5　填充阵列

填充阵列是通过根据栅格、栅格方向和成员间的间距从原点变换成员位置而创建的。草绘的
区域和边界余量决定着将创建哪些成员。将创建中心位于草绘边界内的任何成员。边界余量不会
改变成员的位置。

填充阵列的操作步骤如下。

（1）重复 8.4.2 节中的步骤（1）～步骤（4），创建圆柱体和孔。

（2）在模型树中选取"孔 1"特征，然后单击"模型"功能区"编辑"面板上的"阵列"按钮，打开"阵列"操控板。从阵列类型下列列表框中选取阵列类型为"填充"类型，如图 8-112所示。

图 8-112 填充阵列操控板

（3）单击操控板上的"参考"→"定义"按钮，在打开的"草绘"对话框中选取"拉伸 1"的上表面作为草绘平面。

（4）系统进入草绘器后，单击"草绘"功能区"草绘"面板上的"线"按钮，绘制如图8-113 所示的草图。单击"确定"按钮，退出草图绘制环境。

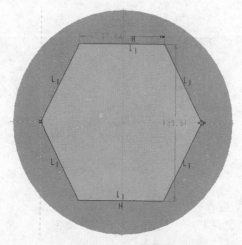

图 8-113 填充边界

（5）在操控板中输入间距为 22，输入边界距离为 2，操控板的设置如图 8-114 所示。此时模型预显阵列特征如图 8-115 所示。

图 8-114 操控板的设置

（6）单击"阵列"操控板中的"确定"按钮，填充阵列如图 8-116 所示。

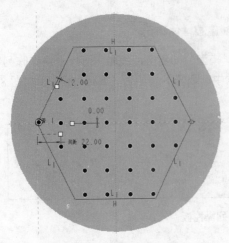

图 8-115 阵列结果预显

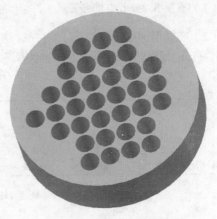

图 8-116 填充阵列

8.4.6 实例——轴承垫圈

思路分析

本例创建垫圈，如图 8-117 所示。首先创建垫圈的母线，通过旋转得到垫圈的基体。

然后通过拉伸切除垫圈的一个网孔，对创建的一个网孔进行阵列得到最终的模型。

绘制步骤

1. 新建模型。

单击"快速访问"工具栏中的"新建"按钮 □，在打开的"新建"对话框中，选取"零件"类型，在"名称"后的文本框中输入零件名称"dianquan"，然后单击"确定"按钮，接受系统默认模版，进入实体建模界面。

图 8-117 垫圈

2. 旋转垫圈基体。

（1）单击"模型"功能区"形状"面板上的"旋转"按钮 ◆，打开"旋转"操控板。

（2）在"旋转"操控板上选择"放置"→"定义"。在工作区上选择基准平面 TOP 作为草绘平面。

（3）单击"草绘"功能区"基准"面板上的"中心线"按钮 ¦，绘制水平中心线为旋转轴。单击"草绘"功能区"草绘"面板上的"线"按钮 ╲ 和"3 点相切端"按钮 ⌒，绘制如图 8-118 所示的截面图。单击"确定"按钮 ✔，退出草图绘制环境。

（4）在操控板上设置旋转方式为"变量" 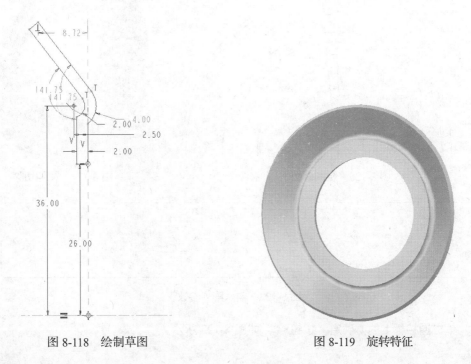，输入"360"作为旋转的变量角。

（5）在操控板中单击"确定"按钮 ✔，完成特征如图 8-119 所示。

图 8-118 绘制草图   图 8-119 旋转特征

3. 切除一个网孔。

（1）单击"模型"功能区"形状"面板上的"拉伸"按钮，打开"拉伸"操控板。

（2）在"拉伸"操控板上选择"放置"→"定义"，在工作区上选择基准平面 RIGHT 作为草绘平面。

（3）单击"草绘"功能区"草绘"面板上的"线"按钮，绘制如图 8-120 所示的截面图，单击"确定"按钮 ✔，退出草图绘制环境。

（4）单击"拉伸"操控板上的"切减材料"按钮，选择"双侧"深度选项，输入"30.0"作为可变深度值。

（5）在操控板中单击"确定"按钮 ✔，完成拉伸切除特征，如图 8-121 所示。

4. 阵列网孔。

（1）在模型树上选择前面创建的切除伸出特征。

（2）单击"模型"功能区"编辑"面板上的"阵列"按钮，打开"阵列"操控板。

（3）选择操控板上"轴"作为阵列类型。在模型中选择上面旋转使用的轴。

（4）在"阵列"操控板中，输入"12"作为阵列的实例的数目。

（5）在"阵列"操控板中，输入"30"作为阵列的尺寸增量值，如图 8-122 所示。

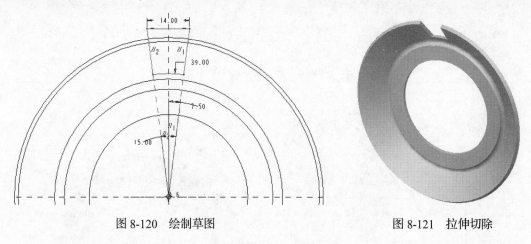

图 8-120　绘制草图　　　　　　　　　　图 8-121　拉伸切除

图 8-122　输入阵列参数

（6）单击操控板上的"确定"按钮 ✔ ，如图 8-123 所示。

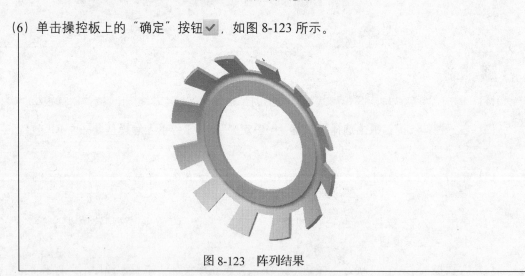

图 8-123　阵列结果

8.5　综合实例——锥齿轮

思路分析

　　本例创建的锥齿轮如图 8-124 所示。首先绘制锥齿轮的轮廓草图并旋转生成实体，然后绘制锥齿轮的齿形草图，对草图进行放样切除生成实体。对生成的齿形实体进行圆周阵列，生成全部齿形实体，最后生成键槽轴孔实体。

绘制步骤

1. 创建新文件。

单击菜单栏中的"文件"→"新建"命令，打开"新建"对话框，在"类型"选项组中点选"零件"单选钮，在"子类型"选项组中点选"实体"单选钮，在"名称"文本框中输入文件名 zhuichilun，取消"使用默认模板"复选框的勾选，单击"确定"按钮，在打开的"新文件选项"对话框中选择"mmns_part_solid"选项，单击"确定"按钮，创建一个新的零件文件。

2. 创建锥齿轮基体。

(1) 单击"模型"功能区"形状"面板上的"旋转"按钮⊸，打开"旋转"操控板；

(2) 单击"放置"→"定义"按钮，选择 FRONT 基准平面作为草绘平面，单击"草绘"功能区"草绘"面板上的"圆心和点"按钮◯，以原点为圆心绘制 3 个同心圆，如图 8-125所示。

图 8-124　锥齿轮

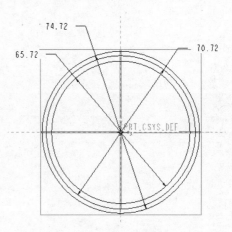

图 8-125　绘制 3 个同心圆

(3) 按住<Ctrl>键，依次选择 3 个圆，被选中后的图形将高亮显示，单击菜单栏中的"编辑"→"切换构造"命令，此时圆变为虚线圆（即切换为构造线），如图 8-126 所示。

(4) 单击"草绘"功能区"基准"面板上的"中心线"按钮⫶，绘制一条过圆点的竖直中心线和与竖直构造线分别成 45°角的两条构造线，如图 8-127 所示。

(5) 过直径为 70.72 的圆与倾斜构造线的交点绘制两条构造线，与此圆相切，结果如图 8-128所示。

(6) 绘制过上一步两条构造线的交点与直径为 74.72 的圆相切的构造线。

(7) 单击"草绘"功能区"草绘"面板上的"线"按钮⟋，绘制如图 8-129 所示的草图作为旋转生成锥齿轮基体的草图。

(8) 删除除竖直构造线以外的所有构造直线。单击"确定"按钮✔，退出草图绘制环境。

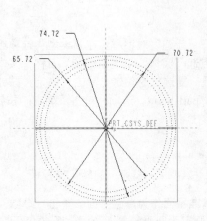

图 8-126　生成构造线

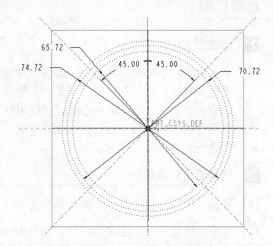

图 8-127　绘制倾斜构造线

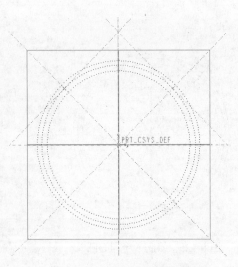

图 8-128　绘制相切构造线

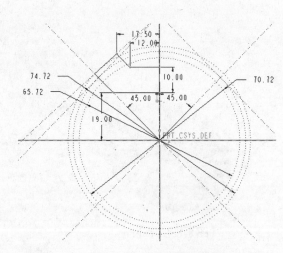

图 8-129　绘制旋转草图

(9) 单击操控板中的"实体"按钮□，选择定义旋转角度方式为"以指定角度值旋转"⊥，给定旋转角度为"360°"，最后单击"确定"按钮✔，生成锥齿办基体，如图 8-130 所示。

3.9 草绘轨迹线。

(1) 单击"模型"功能区"基准"面板上的"草绘"按钮，打开"草绘"对话框。选择 FRONT 基准平面作为草绘平面，其他选项接受系统默认设置，单击"草绘"按钮，进入草绘界面。

(2) 单击"草绘"功能区"草绘"面板上的"投影"按钮□，将基体一端边线更改为直线，并将直线延长到竖直中心线，如图 8-131 所示，然后单击"确定"按钮✔，退出草图绘制环境。

图 8-130 锥齿轮基体

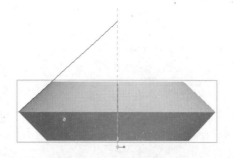

图 8-131 绘制轨迹线段

4. 利用扫描混合特征创建轮齿。

（1）单击"模型"功能区"形状"面板上的"扫描混合"按钮，打开"扫描混合"操控板。

（2）选择上步绘制的草图为扫描轨迹。单击操控板中的"截面"按钮，打开如图 8-132 所示的"截面"下滑面板，点选"草绘截面"单选钮，单击"截面位置"列表框，然后在绘图区选择直线的上端点，最后单击"草绘"按钮，进入草绘界面。单击"草绘"功能区"草绘"面板上的"点"按钮，在坐标轴的交点处绘制一个点，单击"确定"按钮，退出草图绘制环境。

（3）单击"截面"下滑面板中的"插入"按钮，截面位置为直线另一端的终点，旋转角度为"0"，单击"草绘"按钮，进入草绘截面，绘制如图 8-133 所示的草图。

图 8-132 "截面"下滑面板

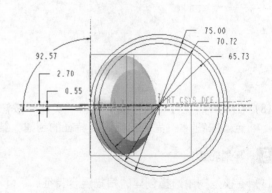

图 8-133 绘制同心圆

（4）单击"草绘"功能区"草绘"面板上的"点"按钮，在如图 8-134 所示的交点处绘制一个点。

（5）单击"草绘"功能区"草绘"面板上的"圆心和端点"按钮，在如图 8-135 所示的位置单击确定圆弧的起点和终点，然后单击上一步绘制的点，确定圆弧的直径。

（6）选择 3 点圆弧和通过原点的竖直中心线。单击"草绘器工具"工具栏中的"镜像"按钮，将 3 点圆弧以水平中心线镜像复制，如图 8-136 所示。

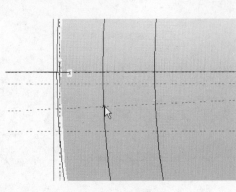

图 8-134　绘制点

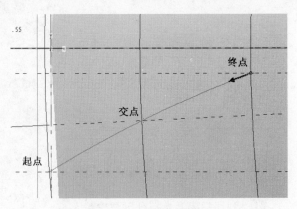

图 8-135　绘制 3 点圆弧

(7) 单击 "草绘器工具" 工具栏中的 "删除段" 按钮，将齿形草图的多余线条裁剪掉，结果如图 8-137 所示。

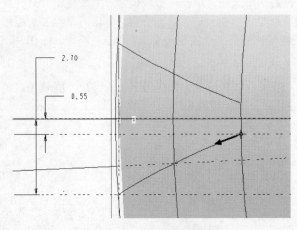

图 8-136　镜像 3 点圆弧

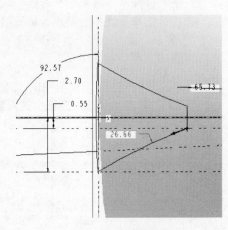

图 8-137　裁剪草图

(8) 在 "扫描混合" 操控板中单击 "实体" 按钮和 "移除材料" 按钮，最后单击 "确定" 按钮，完成扫描混合特征的创建，结果如图 8-138 所示。

5. 阵列轮齿。

(1) 在模型树中选择创建的扫描混合特征。

(2) 单击 "模型" 功能区 "编辑" 面板上的 "阵列" 按钮，打开 "阵列" 操控板，设置陈列类型为 "轴"，在绘图区选择旋转生成基体的 A_1 轴。

(3) 在 "阵列" 操控板中，输入阵列个数为 "25"。

(4) 在操控板中，单击 "等间距角度范围" 按钮，输入角度范围为 "360°"，如图 8-139 所示。

图 8-138　扫描混合特征

(5) 单击操控板中的 "确定" 按钮，完成轮齿的阵列，如图 8-140 所示。

图 8-139 "阵列"操控板

6. 隐藏轨迹线。

在左侧"模型树"中选择"草绘 1",右击,在打开的快捷菜单中单击"隐藏"命令,结果如图 8-141 所示。

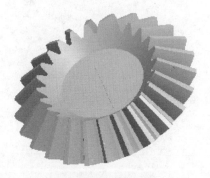

图 8-140 轮齿阵列

图 8-141 隐藏轨迹线造型

7. 拉伸、切除实体生成锥齿轮。

(1) 单击"模型"功能区"形状"面板上的"拉伸"按钮，打开"拉伸"操控板；依次单击"放置"→"定义"按钮，选择圆锥齿轮的底面作为草绘平面，绘制如图 8-142 所示直径为 25 的圆。

(2) 在"拉伸"操控板中单击"实体"按钮，选择拉伸方式为"指定深度拉伸"，输入拉伸深度值为"6"，最后单击"确定"按钮，生成拉伸实体，如图 8-143 所示。

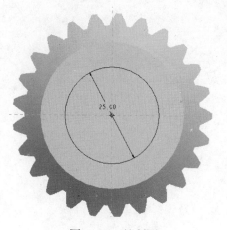

图 8-142 绘制圆

图 8-143 拉伸实体

(3) 单击"模型"功能区"形状"面板上的"拉伸"按钮，打开"拉伸"操控板；依次单击"放置"→"定义"按钮，选择上一步创建的圆柱底面作为草绘平面，绘制如图 8-144 所示的键槽轴孔草图。

(4) 在"拉伸"操控板中单击"实体"按钮，设置拉伸方式为"完全贯穿拉伸"，再单击"反向"按钮和"去除材料"按钮，最后单击"确定"按钮，生成孔特征，得到的锥齿轮最终效果如图 8-145 所示。

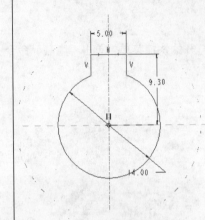

图 8-144 键槽轴孔草图   图 8-145 锥齿轮最终效果

第 9 章
曲面设计

本章导读

　　曲面是没有厚度的面，不同于薄板特征，薄板特征是有厚度的，只不过非常薄而已。曲面特征除了应用上述命令创建外，还可以通过"点"创建"曲线"，再由"曲线"创建"曲面"，并且，还可以对曲面进行"合并"、"修剪"和"延伸"等操作，使得曲面的可操作性大大提高。

知识重点

- 创建曲面
- 编辑曲面

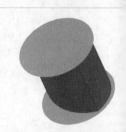

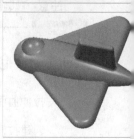

9.1　创建曲面

本节主要讲述填充曲面、拉伸曲面、边界曲面的创建。

9.1.1　创建填充曲面

填充曲面是对二维剖面进行填充，使之成为一个没有厚度的平面，平面是曲面的一种特殊情况而已。

创建填充曲面的操作步骤如下。

（1）绘制如图 9-1 所示的截面。

（2）选中上一步绘制的截面，单击"模型"功能区"曲面"面板上的"填充"按钮▨，则以

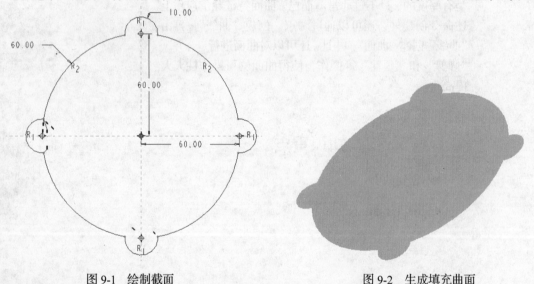

图 9-1　绘制截面　　　　　　　　　图 9-2　生成填充曲面

此截面为边界生成一个平面，如图 9-2 所示。

（3）将当前设计环境中的填充特征删除，保留第一步绘制的截面进入下一小节。

> **注意**　此时截面被隐藏，所以使用"取消隐藏"命令将截面恢复可见。

9.1.2　创建拉伸曲面

拉伸曲面的创建步骤和拉伸实体的创建类似。

创建拉伸曲面的操作步骤如下。

（1）使用上一小节创建的草图，单击"模型"功能区"形状"面板上的"拉伸"按钮，系统打开"拉伸"操控板。

（2）单击"拉伸为曲面"命令，拉伸深度设为"50.00"，单击设计环境中的截面，则系统显示出拉伸曲面的预览特征，如图 9-3 所示。

（3）单击"拉伸"操控板中的"确定"按钮，系统完成拉伸曲面特征的创建，如图 9-4 所示。

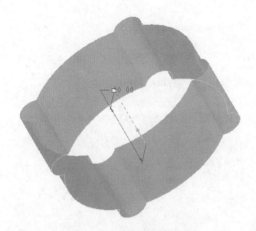

图 9-3　生成拉伸预览曲面

图 9-4　生成拉伸曲面

旋转曲面、扫描曲面和混合曲面的创建步骤和第 5 章实体的创建类似，在这里就不再讲述了，读者可以自己创建。

9.1.3　创建边界混合曲面

边界混合曲面是利用已经定义好的图元，在一个或两个方向上创建边界混合的特征。在每个方向上选定的第一个和最后一个图元定义曲面的边界。添加更多的参照图元（如控制点和边界条件）能使用户更完整地定义曲面形状。

选取参照图元的规则如下。
- 曲线、零件边、基准点、曲线或边的端点可作为参照图元使用。
- 在每个方向上，都必须按连续顺序选择参照图元，但是也可对参照图元进行重新排序。

对于在两个方向上定义的混合曲面来说，其外部边界必须形成一个封闭的环，也就是外部边界必须相交。若边界不终止于相交点，Creo Parametric 系统将自动修剪这些边界，并使用有关部分，并且，为混合而选的曲线不能包含相同的图元数。

创建边界混合曲面的操作步骤如下。

（1）创建如图 9-5 所示的曲线。注意 4 条曲线不在一个平面。

（2）单击"模型"功能区"曲面"面板上的"边界混合"按钮，系统打开"边界混合"操控板。

（3）按住"Ctrl"键，单击如图 9-6 所示的曲线，此时系统显示一个方向的边界混合曲面预览体，如图 9-7 所示。

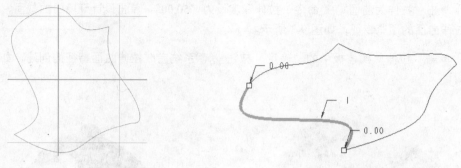

图 9-5　生成 4 条首尾相连曲线　　　　　　　图 9-6　选取曲线

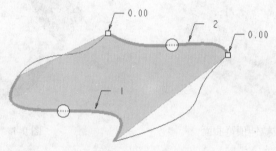

图 9-7　生成边界混合预览曲面

（4）单击"边界混合"操控板中的"单击此处添加"子项，则此子项变成"选取项目"，如图 9-8 所示。

图 9-8　边界混合操控板

（5）重复步骤（2）～步骤（3），选取另外两条曲线为第二方向边界混合曲面的边界线，如图 9-10 所示。

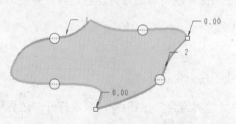

图 9-9　选取第二方向边界曲线　　　　　　　图 9-10　边界混合曲面

（6）单击"边界混合"操控板中的"确定"按钮 ✓，生成一个两个方向的边界混合曲面。

9.1.4 实例——漏斗

思路分析

本例绘制漏斗，如图 9-11 所示。首先采用旋转曲面绘制漏斗斗身，再进行倒圆角，然后采用填充曲面绘制漏斗的把手，最后将曲面加厚成实体。

绘制步骤

1. 新建文件。

单击"快速访问"工具栏中的"新建"按钮 □，在弹出的"新建"对话框中，选取"零件"类型，在"名称"后的文本框中输入零件名称"loudou"，然后单击"确定"按钮，接受系统默认模版，进入实体建模界面。

2. 绘制旋转曲面。

（1）单击"模型"功能区"形状"面板上的"旋转"按钮 ⬥，打开"旋转"操控板。

（2）在"旋转"操控板上选择"放置"→"定义"，选取 FRONT 面作为草绘面。

（3）单击"草绘"功能区"基准"面板上的"中心线"按钮 ⁝，绘制一条竖直中心线为旋转轴；单击"草绘"功能区"草绘"面板上的"线"按钮 ⟋，绘制草图如图 9-12 所示。单击"确定"按钮 ✓，退出草图绘制环境。

图 9-11 漏斗

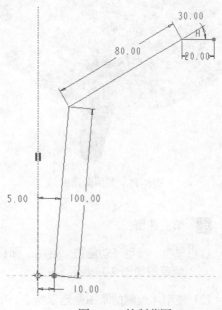

图 9-12 绘制草图

(4) 在操控板中单击"创建曲面"按钮 ，将角度设为 360°，如图 9-13 所示。

(5) 在操控板中单击"确定"按钮 ，结果如图 9-14 所示。

图 9-13 "旋转"操控板　　　　　　　　图 9-14 旋转曲面

3. 倒圆角。

(1) 单击"模型"功能区"工程"面板上的"倒圆角"按钮 ，弹出"倒圆角"操控板。

(2) 选取如图 9-149 所示的要倒圆角的边，输入倒圆角半径为"10"，如图 9-15 所示。

(3) 单击操控板中的"确定"按钮 ，完成倒圆角，结果如图 9-16 所示。

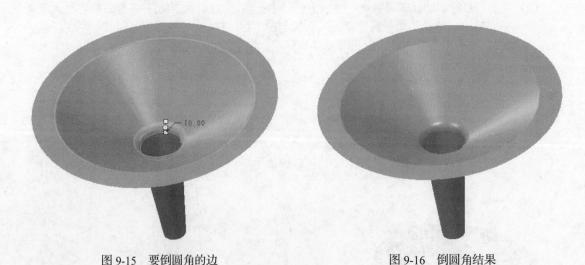

图 9-15 要倒圆角的边　　　　　　　　图 9-16 倒圆角结果

4. 填充曲面。

(1) 单击"模型"功能区"基准"面板上的"草绘"按钮 ，选取漏斗顶面作为草绘面，绘制草图如图 9-17 所示。

(2) 使刚才绘制的草图呈选取状态，单击"模型"功能区"曲面"面板上的"填充"按钮 ，系统及将封闭草绘填充成平面型曲面，结果如图 9-18 所示。

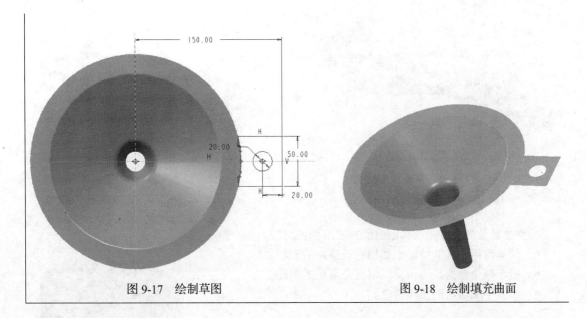

| 图 9-17 绘制草图 | 图 9-18 绘制填充曲面 |

9.2 编辑曲面

系统可以对曲面进行"偏移"、"缝合"、"剪裁"、"延伸"和"加厚"等操作，下面具体介绍这些命令的使用方法。

9.2.1 曲面的偏移

偏移平面是将选定的曲面偏移一段距离。

曲面偏移的操作步骤如下。

（1）首先绘制拉伸曲面，并选中曲面。

（2）单击"模型"功能区"编辑"面板上的"偏移"按钮，系统打开"偏移"操控板，如图 9-19 所示。

图 9-19 "偏移"操控板

（3）此时设计环境中出现一个偏移曲面的预览体，如图 9-20 所示。

（4）将"偏移"操控板中的偏移距离修改为"50.00"，然后单击"确定"按钮，生成选定曲面的偏移曲面，如图 9-21 所示。

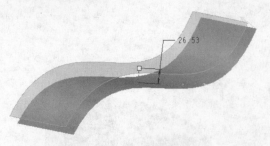

图 9-20　生成预览偏移曲面

图 9-21　生成偏移曲面

9.2.2　曲面的相交

相交曲面是创建曲面和其他曲面或基准面的交线。相交特征线有以下 3 种用途。

- 创建可用于其他特征（如扫描轨迹）的三维曲线。
- 显示两个曲面是否相交，以避免可能的间隙。
- 诊断不成功的剖面和切口。

下面具体讲述"相交"命令的使用方法。

（1）利用拉伸命令创建如图 9-22 所示的拉伸曲面。

（2）按住"Ctrl"键，选中上步绘制的两个曲面，如图 9-23 所示。

（3）单击"模型"功能区"编辑"面板上的"相交"按钮 ，此时系统生成选中两曲面的交线，且用蓝色表示交线，如图 9-24 所示。

图 9-22　创建拉伸曲面

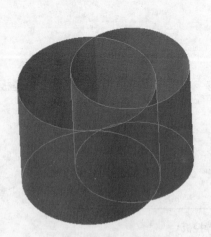

图 9-23　选取两曲面

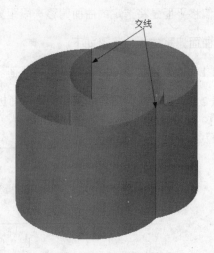

图 9-24　生成曲面交线

9.2.3　曲面的延伸

延伸曲面是将曲面特征沿此曲面上指定的边界线延伸。曲面延伸有如下两种延伸方式。

- 按距离延伸：将曲面沿曲面上指定的边界线延伸指定的距离。
- 延伸到面：将曲面沿曲面上指定的边界线延伸到指定的面。

下面具体讲述"延伸"命令的使用方法。

（1）重复 9.2.2 中的步骤（1），绘制拉伸曲面。

（2）选择曲面的一条边，如图 9-25 所示。

（3）单击"模型"功能区"编辑"面板上的"延伸"按钮 ，系统打开"曲面延伸：曲面延伸"操控板，如图 9-26 所示。

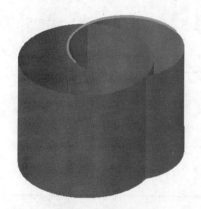

图 9-25　选取延伸边　　　　　　　　　图 9-26　"曲面延伸：曲面延伸"操控板

"曲面延伸：曲面延伸"操控板中的命令依次如下。

- "按距离延伸" ：将曲面沿曲面上指定的边界线延伸指定的距离。
- "延伸到面" ：将曲面沿曲面上指定的边界线延伸到指定的面。
- "延伸距离" ：指定曲面延伸的距离，在其后的组合框中输入延伸距离。
- "延伸方向反向 "命令：将曲面延伸的方向反向，其结果类似于将曲面裁剪。

（4）在操控板中将延伸距离值修改为"20.00"，如图 9-27 所示，然后单击"曲面延伸：曲面延伸"操控板中的"确定"按钮 ，将曲面沿曲面上指定的边界线延伸"20.00"的距离，如图 9-28 所示。

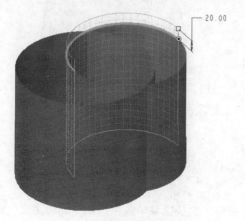

图 9-27　生成预览延伸曲面　　　　　　　　图 9-28　生成延伸曲面

9.2.4　曲面的合并

合并曲面是通过相交或连接方式合并两个面组（面组是曲面的集合）。生成的合并面组是一个单独的面组，它与两个原始面组一致，如果删除合并特征，原始面组仍保留。

下面具体讲述"合并"命令的使用方法。

（1）继续使用上一节的设计对象。

（2）按住"Ctrl"键，选中视图中的两个曲面

（3）单击"模型"功能区"编辑"面板上的"合并"按钮，系统打开"合并"操控板，如图 9-29 所示。

图 9-29　合并操控板

注意　此操控板中的两个"反向"命令分别控制合并操作保留曲面的方向。

（4）此时设计环境中的设计对象如图 9-30 所示，图中网格曲面部分表示合并操作要保留的曲面部分，图中两个黄色的箭头指向保留部分。

（5）单击"合并"操控板中的"确定"按钮，生成两曲面的合并特征，如图 9-31 所示。

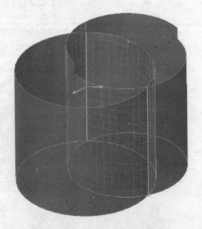

图 9-30　生成预览合并曲面

图 9-31　生成合并曲面

（6）单击"设计树"浏览器中的合并特征，在弹出的快捷菜单条中选取"编辑定义"命令，系统打开"合并"操控板并且回到合并操作的设计环境，单击设计环境中的一个黄色箭头，此箭

头方向反向，如图 9-32 所示。

（7）单击"合并"操控板中的"确定"按钮 ✓，生成两曲面的合并特征，如图 9-33 所示。

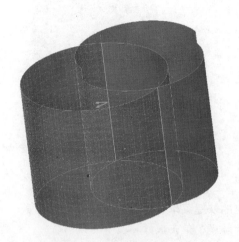

图 9-32　切换曲面合并方向

图 9-33　生成合并曲面

9.2.5　曲面的修剪

修剪曲面是剪切或分割面组或曲线（面组是曲面的集合），有以下两种修剪方式。

- 在与其他面组或基准平面相交处进行修剪。
- 使用面组上的基准曲线修剪。

下面具体讲述"修剪"命令的使用方法。

（1）继续使用 9.2.3 的设计对象。

（2）在视图中任选一个曲面。

（3）单击"模型"功能区"编辑"面板上的"修剪"按钮 🗍，系统打开"曲面修剪"操控板，如图 9-34 所示。

图 9-34　"曲面修剪"操控板

（4）选取另一个曲面为修剪对象，此时设计环境中的设计对象如图 9-35 所示，图中网格曲面部分表示修剪操作要保留的曲面部分，图中黄色的箭头指向保留部分。

（5）单击"曲面修剪"操控板中的"确定"按钮 ✓，生成选定曲面的修剪特征，如图 9-36 所示。

图9-35　生成预览修剪曲面

图9-36　生成修剪曲面

（6）在模型树中选择"修剪1"特征，在弹出的快捷菜单条中选取"编辑定义"命令，系统打开"曲面修剪"操控板并且回到修剪操作的设计环境，单击设计环境中的黄色箭头，此箭头方向反向，如图9-37所示。

（7）单击"曲面修剪"操控板中的"确定"按钮 ✔，生成选定曲面的修剪特征，如图 9-38 所示。

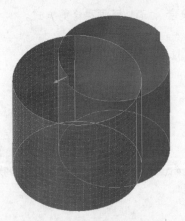

图9-37　切换曲面修剪方向

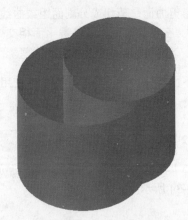

图9-38　生成修剪曲面

9.2.6　曲面的加厚

加厚是在选定的曲面特征或面组几何中添加薄材料部分，或从中移除薄材料部分。通常，"加厚"命令用于创建复杂的薄几何特征，因为使用常规的实体特征创建这些几何可能会更为困难。

曲面加厚的操作步骤如下。

（1）继续使用上一节的设计对象，选择视图中的一个曲面。

（2）单击"模型"功能区"编辑"面板上的"加厚"按钮 ⬛，选中的曲面上出现加厚预览特征体，并显示出加厚厚度，黄色箭头指示加厚方向，如图 9-39 所示。

（3）同时系统也打开"加厚"操控板，如图 9-40 所示。

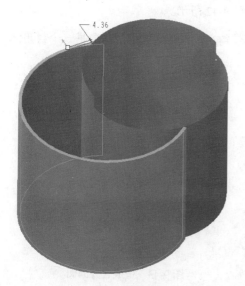

图 9-39　生成预览加厚特征　　　　　　　　图 9-40　"加厚"操控板

（4）从"加厚"操控板中可以看到，不但可以生成加厚特征，还可以生成除料特征，并且在此操控板中还可以设定加厚厚度和加厚方向；将"加厚"操控板中的厚度改为"3.00"，然后单击此操控板中的"确定"按钮 ✓，生成选定曲面的加厚特征，如图 9-41 所示。

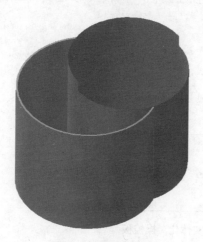

图 9-41　加厚特征

9.2.7　曲面的实体化

"实体化"命令是将选定的曲面特征或面组几何特征转换为实体几何。在设计过程中，可使用"实体化"命令添加、移除或替换实体材料。设计时，由于面组几何提供更大的灵活性，因而可利用"实体化"命令对几何进行转换以满足设计需求。

曲面实体化的操作步骤如下。

（1）继续使用上一小节的设计对象，在当前设计环境中的设计对象未封闭的两端绘制两个圆，要求这两个圆比未封闭端大，然后填充这两个圆，如图 9-42 所示。

（2）使用"合并"命令将两端外的圆部分剪除，使得当前设计环境中的对象是一个封闭体，如图 9-43 所示。

图 9-42　生成两个填充圆

图 9-43　生成合并曲面

（3）将当前设计环境中的所有面都选中，此时整个面组都用红色加亮表示，单击"模型"功能区"编辑"面板上的"实体化"按钮 ⌕，系统打开"实体化特征"操控板，如图 9-44 所示。

（4）单击"实体化特征"操控板中的"确定"按钮 ✓，生成选定曲面的实体化特征，如图 9-45 所示。

图 9-45　生成实体化特征

图 9-44　"实体化"操控板

9.2.8　实例——苹果

思路分析

本例绘制苹果，如图 9-46 所示。首先绘制苹果的一个发兰，然后扫描生成苹果的主体轮廓；再添加一个基准面，镜向生成另一侧发兰；最后扫描生成管的内壁轮廓。

绘制步骤

1. 新建文件。

单击"快速访问"工具栏中的"新建"按钮 □，在弹出的"新建"对话框中，选取"零件"类型，在"名称"后的文本框中输入零件名称"pingguo"，然后单击"确定"按钮，接受系统默认模版，进入实体建模界面。

图 9-46　苹果

2. 绘制扫描轨迹。

单击"模型"功能区"基准"面板上的"草绘"按钮 ，选取 TOP 面作为草绘面，绘制草图如图 9-47 所示。

3. 绘制变截面扫描曲面。

（1）单击"模型"功能区"形状"面板上的"扫描"按钮 ，打开"扫描"操控板。

（2）在操控板中选择"创建曲面"按钮 和"变截面"按钮 。

（3）选取刚绘制的圆为扫描轨迹，单击"创建截面"按钮 ，绘制扫描截面如图 9-48 所示。

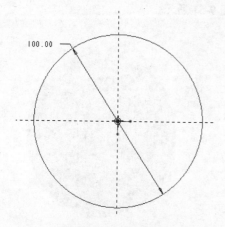

图 9-47　绘制扫描轨迹

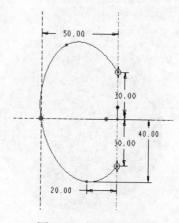

图 9-48　绘制扫描截面

（4）单击"工具"功能区"模型意图"面板上的"关系"按钮 ，系统弹出"关系"对话框，如图 9-49 所示。

（5）选取"sd#=40"的尺寸作为可变尺寸，并输入方程为"sd12=2*sin（trajpar*360*5）+40"（其中 sd12 是系统尺寸标记，数字可能会有变化）。

（6）单击对话框中的"确定"按钮。单击"确定"按钮 ，退出草图绘制环境。

（7）在操控板中单击"确定"按钮 ，生成扫描曲面，如图 9-50 所示。

4. 实体化。

（1）在视图中选取上步绘制的扫描曲面。

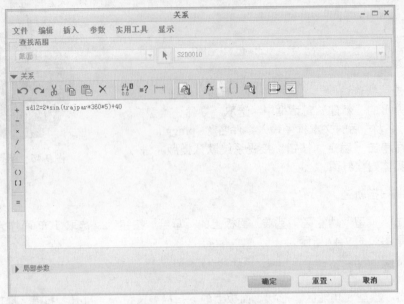

图 9-49　输入方程控制

（2）单击"模型"功能区"编辑"面板上的"实体化"按钮 ，打开"实体化"操控板。

（3）在操控板中单击"确定"按钮 ，结果如图 9-51 所示。

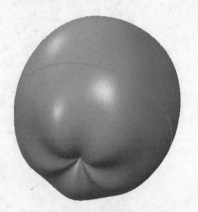

图 9-50　方程控制扫描结果

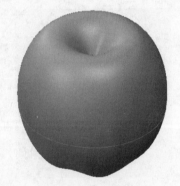

图 9-51　实体化

5. 绘制扫描混合轨迹。

单击"模型"功能区"基准"面板上的"草绘"按钮 ，选取 RIGHT 面作为草绘面，绘制草图如图 9-52 所示。

6. 绘制扫描混合曲面。

（1）单击"模型"功能区"形状"面板上的"扫描混合"按钮 ，打开"扫描混合"操控板，如图 9-53 所示。

（2）选取刚绘制的草绘为扫描混合轨迹线。在操控板中选择"截面"选项，打开"截面"下滑面板，单击"草绘"按钮，绘制直径为"5"的圆。

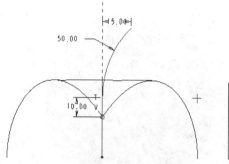

图 9-52 绘制扫描混合轨迹线

图 9-53 "扫描混合"操控板

(3) 在"截面"下滑面板中单击"插入"按钮，选择轨迹线的终点，单击"草绘"按钮，绘制直径为"1"的圆，如图 9-54 所示。

(4) 在操控板中单击"确定"按钮 ✓，结果如图 9-55 所示。

图 9-54 "截面"下滑面板

图 9-55 扫描混合曲面

7. 加厚曲面。

(1) 在视图中选取上步绘制的扫描混合曲面。

(2) 单击"模型"功能区"编辑"面板上的"加厚"按钮 ▭，打开"加厚"操控板。

(3) 在操控板中输入厚度为"0.5"，单击"反正"按钮 ⤢，调整加厚方向，如图 9-56 所示。

(4) 在操控板中单击"确定"按钮 ✓，结果如图 9-57 所示。

8. 绘制叶子轨迹线。

单击"模型"功能区"基准"面板上的"草绘"按钮 ↷，选取 FRONT 面作为草绘面，绘制草图如图 9-58 所示。单击"确定"按钮 ✓，退出草图绘制环境。

9. 绘制扫描曲面。

(1) 单击"模型"功能区"形状"面板上的"扫描"按钮 ↖，打开"扫描"操控板。

图 9-56 调整方向   图 9-57 加厚曲面

（2）选取刚绘制的曲线为扫描轨迹，并单击"草绘"按钮 ，绘制扫描截面如图 9-59 所示。
单击"确定"按钮 ，退出草图绘制环境。

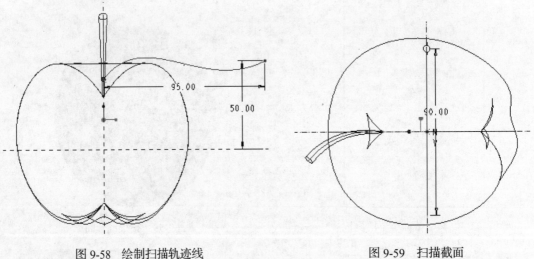

图 9-58 绘制扫描轨迹线   图 9-59 扫描截面

（3）在操控板中单击"确定"按钮 ，结果如图 9-60 所示。

10. 绘制投影草绘。

单击"模型"功能区"基准"面板上的"草绘"按钮 ，选取 TOP 面作为草绘面，绘
制草图如图 9-61 所示。单击"确定"按钮 ，退出草图绘制环境。

11. 绘制投影草绘 2。

单击"模型"功能区"基准"面板上的"草绘"按钮 ，选取 TOP 面作为草绘面，
绘制草图如图 9-62 所示。单击"确定"按钮 ，退出草图绘制环境。

12. 投影草绘。

（1）将刚绘制的两条草绘选中。

（2）单击"模型"功能区"编辑"面板上的"投影"按钮 ≋，打开"投影"操控板。

图 9-60　扫描曲面

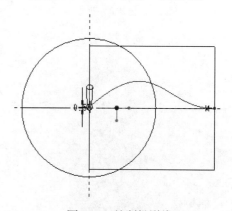

图 9-61　绘制投影线

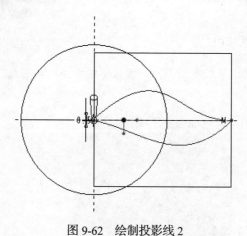

图 9-62　绘制投影线 2

（3）选取扫描曲面为投影曲面，投影方向默认为草绘平面的法向方向，如图 9-63 所示。

（4）在操控板中单击"确定"按钮 ✔，投影结果如图 9-64 所示。

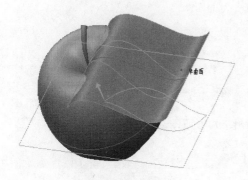

图 9-63　投影方向

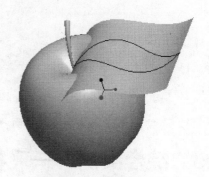

图 9-64　投影草绘

13. 修剪曲面。

（1）选取叶子扫描曲面。

(2) 单击"模型"功能区"编辑"面板上的"修剪"按钮 🗗，选取刚绘制的投影线作为修剪对象，如图 9-65 所示。

(3) 单击"反向"按钮 ⚡，调整修剪方向，单击"确定"按钮 ✔，修剪结果如图 9-66 所示。

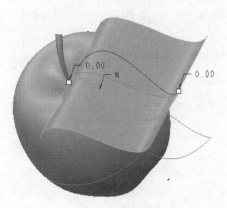

图 9-65 调整修剪方向

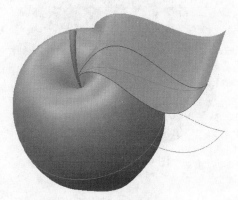

图 9-66 修剪曲面

(4) 重复修剪命令，选取刚绘制的另外一条投影线作为修剪工具，修剪结果如图 9-67 所示。

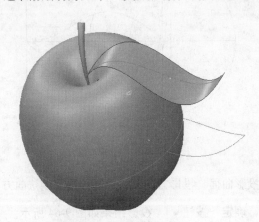

图 9-67 修剪另一侧曲面

14. 镜像曲面。

(1) 选取刚修剪的曲面几何。

(2) 单击"模型"功能区"编辑"面板上的"镜像"按钮 🪞，打开"镜像"操控板。

(3) 选取 RIGHT 面作为镜像平面，镜像结果如图 9-46 所示。

9.3 综合实例——飞机模型

思路分析

本例绘制飞机模型，如图 9-68 所示。首先绘制旋转曲面作为飞机机身，然后采用拉伸绘制

两个机翼并合并；再采用边界混合曲面绘制尾翼，然后在
机头部分绘制球再合并，最后进行倒圆角。

绘制步骤

1. 新建文件。

单击"快速访问"工具栏中的"新建"按钮 □，
在弹出的"新建"对话框中，选取"零件"类型，
在"名称"后的文本框中输入零件名称"feiji"，
然后单击"确定"按钮，接受系统默认模版，进
入实体建模界面。

图 9-68　飞机模型

2. 绘制旋转曲面。

（1）单击"模型"功能区"形状"面板上的"旋转"按钮 ⟐，打开"旋转"操控板。

（2）单击"放置"→"定义"选项，选取 TOP 面作为草绘面，绘制草图如图 9-69 所示。单
击"确定"按钮 ✓，退出草图绘制环境。

（3）在操控板中设置旋转角度值为 180°，在"选项"下滑面板中勾选"封闭端"复选框。

（4）在操控板中单击"确定"按钮 ✓，完成旋转曲面的创建，结果如图 9-70 所示。

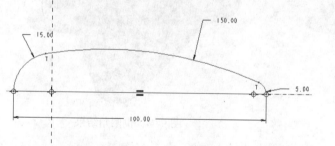

图 9-69　绘制草图

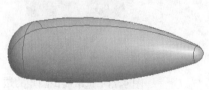

图 9-70　旋转结果

3. 绘制拉伸曲面。

（1）单击"模型"功能区"形状"面板上的"拉伸"按钮 ◻，打开"拉伸"操控板。

（2）单击"放置"→"定义"选项，选取 TOP 面作为草绘面，绘制草图如图 9-71 所示。

（3）在操控板中将深度设为盲孔按钮 ⊥⊥，深度值为"5mm"，在"选项"下滑面板中勾选"封
闭端"选项。单击"确定"按钮，完成拉伸曲面的绘制，结果如图 9-72 所示。

4. 倒圆角。

（1）单击"模型"功能区"工程"面板上的"倒圆角"按钮 ⟋，打开"倒圆角"操控板。

（2）选取要倒圆角的边，如图 9-73 所示，输入倒圆角半径为"5mm"。

（3）在操控板中单击"确定"按钮 ✓，完成倒圆角，结果如图 9-74 所示。

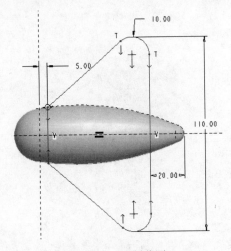

图 9-71　绘制草图

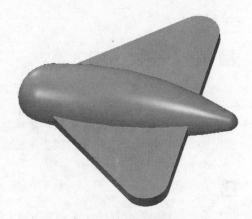

图 9-72　拉伸结果

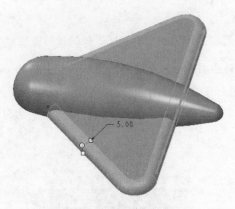

图 9-73　选取要倒圆角的边

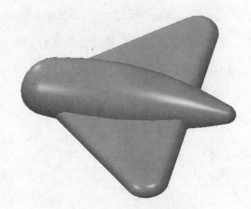

图 9-74　倒圆角结果

5. 合并曲面。

（1）选取要合并的机身曲面和机翼曲面

（2）单击"模型"功能区"编辑"面板上的"合并"按钮 ⬡，调整箭头指向要保留的一侧，如图 9-75 所示。

（3）单击"确定"按钮 ✔，完成合并，结果如图 9-76 所示。

6. 绘制草图 1。

　　单击"模型"功能区"基准"面板上的"草绘"按钮 ▧，选取 TOP 面作为草绘面，绘制草图如图 9-77 所示。

7. 创建基准平面 DTM1。

（1）单击"模型"功能区"基准"面板上的"平面"按钮 ▱，再选取 TOP 面作为偏移参照，输入偏移距离为"35mm"。

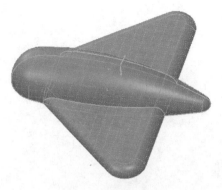

图 9-75　曲面合并

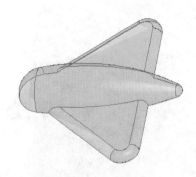

图 9-76　合并结果

（2）单击"确定"按钮 ✓，完成基准平面的创建。结果如图 9-78 所示。

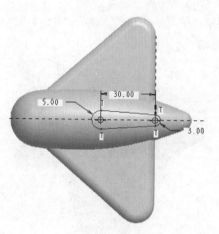

图 9-77　草绘

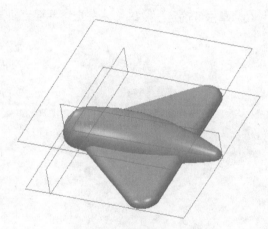

图 9-78　创建基准平面结果

（3）绘制草图 2。单击"模型"功能区"基准"面板上的"草绘"按钮 ✎，选取 DTM1 面作为草绘面，绘制草图如图 9-79 所示。

8. 创建填充曲面。

（1）使刚才绘制的草绘呈选取状态。

（2）单击"模型"功能区"曲面"面板上的"填充"按钮 ▨，系统即自动将刚才绘制的草绘填充成曲面。

（3）在操控板中单击"确定"按钮 ✓，结果如图 9-80 所示。

9. 绘制边界混合曲面。

（1）单击"模型"功能区"曲面"面板上的"边界混合"按钮 ☞，打开"边界混合"操控板。

（2）按住 CTRL 键依次选取两条曲线，如图 9-81 所示。

图 9-79　草绘结果

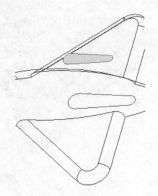

图 9-80　填充曲面

（3）单击"确定"按钮 ✓ ，完成边界混合曲面的创建，结果如图 9-82 所示。

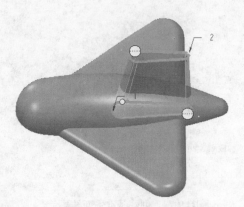

图 9-81　选取曲线

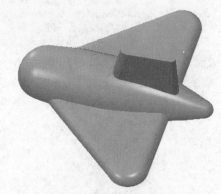

图 9-82　边界混合曲面

10. 合并曲面。

（1）选取要合并的机身曲面和尾翼曲面

（2）单击"模型"功能区"编辑"面板上的"合并"按钮 ⬚ ，调整箭头到要保留侧，如图 9-83
所示。

（3）单击"确定"按钮 ✓ ，完成合并，结果如图 9-84 所示。

（4）重复"合并"命令，选取要机身曲面和填充曲面进行合并，结果如图 9-85 所示。

11. 绘制旋转曲面。

（1）单击"模型"功能区"形状"面板上的"旋转"按钮 ⬥ ，打开"旋转"操控板。

（2）单击"放置"→"定义"选项，选取 FRONT 面作为草绘面，绘制草图如图 9-86 所示。
单击"确定"按钮 ✓ ，退出草图绘制环境。

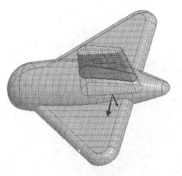

图 9-83　选取保留侧

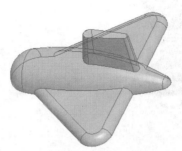

图 9-84　合并结果

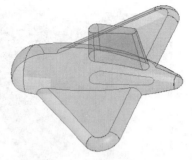

图 9-85　曲面合并结果

（3）在操控板中设置旋转角度值为 360°，单击"确定"按钮 ✔，完成旋转曲面的创建，结果如图 9-87 所示。

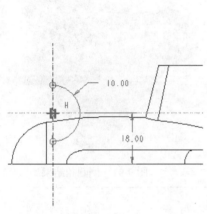

图 9-86　草绘

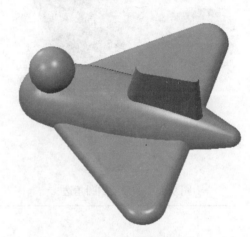

图 9-87　旋转曲面

12. 合并曲面。

（1）选取要合并的机身曲面和刚绘制的旋转球面。

（2）单击"模型"功能区"编辑"面板上的"合并"按钮 ⬚，调整箭头到要保留侧，合并预览结果如图 9-88 所示。

（3）单击"确定"按钮 ✔，完成合并，结果如图 9-89 所示。

13. 倒圆角。

（1）单击"模型"功能区"工程"面板上的"倒圆角"按钮 ⬚，打开"倒圆角"操控板。

（2）选取要倒圆角的边，如图 9-90 所示，输入倒圆角半径为"2mm"。

（3）单击"确定"按钮 ✔，完成倒圆角，结果如图 9-91 所示。

图 9-88　选取要保留侧

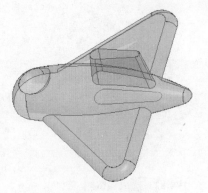

图 9-89　合并结果

图 9-90　选取要倒圆角边

图 9-91　倒圆角结果

第 10 章
装配设计

本章导读

在产品设计过程中，如果零件的 3D 模型已经设计完毕，就可以通过建立零件之间的装配关系将零件装配起来；根据需要，可以对装配的零件之间进行干涉检查操作，也可以生成装配体的爆炸图等。

知识重点

- 装配约束
- 装配体的操作

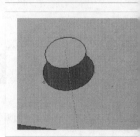
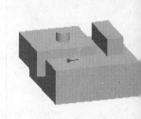

10.1 进入装配环境

进入装配环境的操作步骤如下。

（1）单击"快速访问"工具栏中的"新建"按钮，在弹出的"新建"对话框中选择"装配"子项，如图10-1所示。

（2）在"新建"对话框的"名称"子项中输入装配件的名称，保留此对话框中的"子类型"中的"设计"选项，然后单击"确定"按钮，进入装配设计环境，此时设计环境中出现默认的基准面，并且在"设计树"浏览器中出现一个装配子项，如图10-2所示。

图10-1 "新建"对话框

图10-2 设计树浏览器

插入或新建零件后，就可以通过设定零件的装配约束关系，将零件装配到当前装配体中，下面几节将详述这些操作。

10.2 装配约束

系统一共提供了8种装配约束关系，其中最常用的是"重合"、"距离"、"居中"和"平行"，下面分别详述这些装配约束关系。

10.2.1 重合

重合关系是指两个面贴合在一起，两个面的垂直方向互为反向或同向。

重合的操作步骤如下。

（1）新建一个零件，名称为"1"，零件尺寸如图10-3所示。

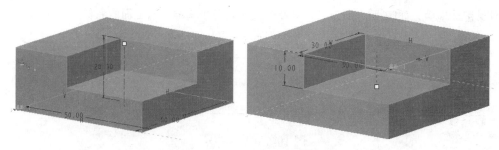

图 10-3　生成零件 1

（2）新建一个零件，名称为"2"，零件尺寸如图 10-4 所示。

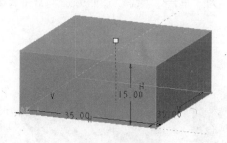

图 10-4　生成零件 2

（3）新建一个装配设计环境，单击"模型"功能区"元件"面板上的"装配"按钮，系统打开"打开"对话框，选取第 1 步生成的零件"1"，系统将此零件调入装配设计环境，同时打开"元件放置"操控板，如图 10-5 所示。

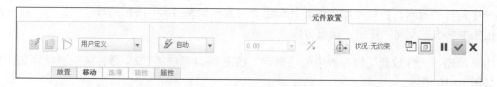

图 10-5　元件放置操控板

此时的待装配元件和组件在同一个窗口显示，单击"单独的窗口显示元件"按钮，则系统打开一个新的设计环境显示待装配元件，此时原有的设计环境中仍然显示待装配元件；单击"组件的窗口显示元件"按钮，将此命令设为取消状态，则在原有的设计环境中将不再显示待装配元件，这样待装配元件和装配组件分别在两个窗口显示，以下的装配设计过程就使用这种分别显示待装配元件和装配组件的装配设计环境。

（4）保持"约束类型"选项中的"自动"类型不变，单击装配组件中的"ASM_FRONT"基准面，然后单击待装配元件中的"FRONT"基准面，此时"元件放置"操控板中的约束类型变为"重合"类型，如图 10-6 所示。

（5）重复步骤（4），将"ASM_RIGHT"基准面和"RIGHT"基准面对齐，"ASM_TOP"基准面和"TOP"基准面对齐，此时"放置状态"子项中显示"完全约束"，表示此时待装配元件已经完全约束好了；单击"元件放置"操控板中的"确定"按钮，系统将"assemble1"零件装配

到组件装配环境中，如图 10-7 所示，注意此时设计环境中基准平面上面的名称。

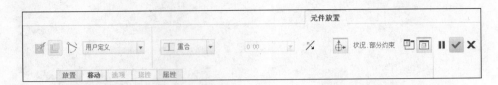

图 10-6　重合约束

（6）单击"模型"功能区"元件"面板上的"装配"按钮，系统打开"打开"对话框，选取第 2 步生成的零件"2"，系统将此零件调入装配设计环境，同时打开"元件放置"操控板，将此对话框中的"约束类型"设为"重合"类型，然后分别单击待装配元件和装配组件如图 10-8 所示的面。

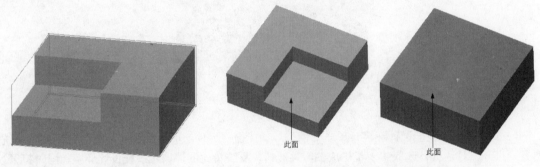

图 10-7　将零件装入装配环境　　　　　　图 10-8　选取重合装配特征

（7）同样的操作，将待装配元件和装配组件的面按如图 10-9 所示的数字"重合"在一起，在操控板中单击"反向"按钮，调整方向。

（8）单击"元件放置"操控板中的"确定"按钮，系统将"2"零件装配到组件装配环境中，如图 10-10 所示。

图 10-9　再选取匹配装配特征　　　　　　图 10-10　将零件装配到装配环境

10.2.2　距离

距离约束是指两个装配元素之间的相对距离约束。

距离的操作步骤如下。

（1）继续使用上一节的设计对象，单击"模型"功能区"元件"面板上的"装配"按钮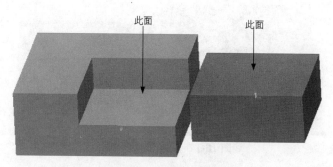，系统打开"打开"对话框，选取零件"2"，系统将此零件调入装配设计环境，同时打开"元件放置"操控板，将此对话框中的"约束类型"设为"距离"类型，然后分别单击待装配元件和装配组件如图 10-11 所示的面。

图 10-11　选取装配特征

（2）在操控板中输入距离为 50，如图 10-12 所示。

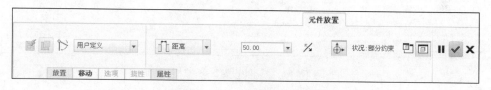

图 10-12　"元件设置"操控板

（3）单击"元件放置"操控板中的"确定"按钮 ✔，系统将零件"2"装配到组件装配环境中，如图 10-13 所示。

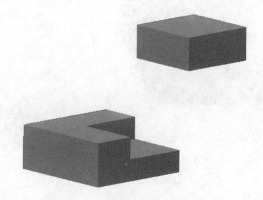

图 10-13　将零件装配到配环境

10.2.3　角度偏移

角度偏移的操作步骤如下。

（1）继续使用上一节的设计对象，单击"模型"功能区"元件"面板上的"装配"按钮，系统打开"打开"对话框，选取零件"2"，系统将此零件调入装配设计环境，同时打开"元件放置"操控板，将"约束类型"设为"角度偏移"类型，然后分别单击待装配元件和装配组件如图 10-14 所示的面。

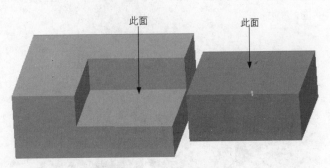

图 10-14　选取装配特征

（2）在操控板中输入角度为"60"，如图 10-15 所示。

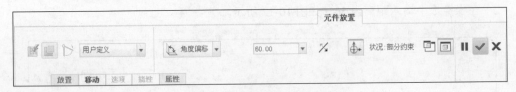

图 10-15　"元件设置"操控板

（3）单击"元件放置"操控板中的"确定"按钮，系统将零件"2"装配到组件装配环境中，如图 10-16 所示。

图 10-16　将零件装配到装配环境

10.2.4　平行

平行的操作步骤如下。

（1）继续使用上一节的设计对象，单击"模型"功能区"元件"面板上的"装配"按钮，系统打开"打开"对话框，选取零件"2"，系统将此零件调入装配设计环境，同时打开"元件放置"操控板，将此对话框中的"约束类型"设为"平行"类型，然后分别单击待装配元件和装配组件如图 10-17 所示的面。

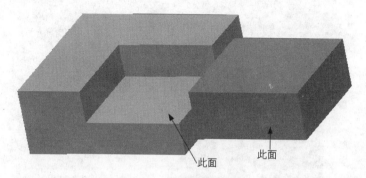

图 10-17　选取装配特征

（2）单击"元件放置"操控板中的"确定"按钮 ✔，系统将零件"2"装配到组件装配环境中，如图 10-18 所示。

图 10-18　将零件装配到装配环境

10.2.5　法向

法向的操作步骤如下。

（1）继续使用上一节的设计对象，单击"模型"功能区"元件"面板上的"装配"按钮 🔛，系统打开"打开"对话框，选取零件"2"，系统将此零件调入装配设计环境，同时打开"元件放置"操控板，将此对话框中的"约束类型"设为"法向"类型，然后分别单击待装配元件和装配组件如图 10-19 所示的面。

（2）单击"元件放置"操控板中的"确定"按钮 ✔，系统将零件"2"装配到组件装配环境中，如图 10-20 所示。

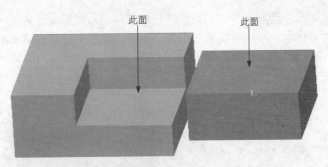

图 10-19　选取装配特征

图 10-20　将零件装配到装配环境

10.2.6　插入

插入约束关系，指轴与孔的配合，即将轴插入孔中。

插入的操作步骤如下。

（1）利用已有的"1"和"2"零件，分别添加如图 10-21 所示的轴和孔。其中，零件"1"上添加轴的直径为"8.00"，高度为"20.00"，定位尺寸都为"15.00"；零件"2"上添加的孔直径为"8.00"，贯穿整个零件，定位尺寸都为"15.00"。

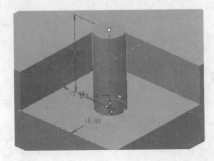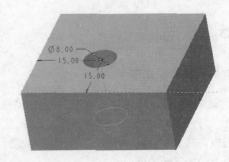

图 10-21　添加圆柱特征及孔特征

（2）新建一个装配设计环境，装配体名称为"asm1"；单击"模型"功能区"元件"面板上的"装配"按钮，系统打开"打开"对话框，选取第 1 步生成的零件"1"，系统将此零件调入装配设计环境；同时打开"元件放置"操控板，将零件"1"装配到空的装配设计环境中。

（3）单击"模型"功能区"元件"面板上的"装配"按钮，系统打开"打开"对话框；选取第 1 步生成的零件"2"，系统将此零件调入装配设计环境，同时打开"元件放置"操控板，将此对话框中的"约束类型"设为"居中"，然后单击待装配元件和装配组件如图 10-22 所示的面。

（4）单击"元件放置"操控板中的"确定"按钮，系统将零件"2"装配到组件装配环境中，如图 10-23 所示。

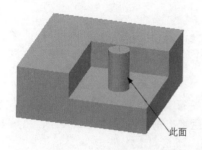
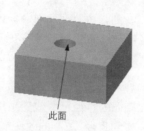

图 10-22　选取匹配装配特征

图 10-23　将零件装配的装配环境

（5）在"设计树"浏览器中将元件"2"删除，保留当前设计对象，留在下一小节继续使用。

10.2.7　默认

默认约束关系是指利用坐标系重合方式，即将两坐标系的"*x*"、"*y*"和"*z*"重合在一起，将零件装配到组件，在此要注意"*x*"、"*y*"和"*z*"的方向。

默认的操作步骤如下。

（1）单击"模型"功能区"元件"面板上的"装配"按钮，系统打开"打开"对话框，选取零件"2"，系统将此零件调入装配设计环境，如图 10-24 所示。

（2）同时打开"元件放置"操控板，将此对话框中的"约束类型"设为"默认"类型，单击"元件放置"操控板中的"确定"按钮，系统将"2"零件装配到组件装配环境中，如图 10-25 所示，零件坐标系和装配体坐标系重合。

图 10-24　预览

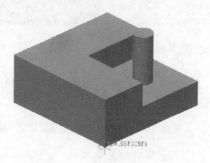

图 10-25　通过坐标系装配好零件

10.3 装配体的操作

10.3.1 装配体中元件的打开、删除和修改

元件的打开、删除和修改的操作步骤如下。

（1）打开已有的装配体文件"asm0001.asm"，单击"设计树"浏览器中的"2"子项，系统打开一个快捷菜单条，如图10-26所示。

（2）从上面的快捷菜单条中可以看到，可以在此对装配体元件进行"打开"、"删除"和"修改"等操作。单击快捷菜单条中的"打开"命令，系统将在一个新的窗口打开选中的零件，并将此零件设计窗口设为当前激活状态，如图10-27所示。

（3）在当前激活的零件设计窗口，将当前设计对象上的孔特征直径修改为"10.00"，系统生成零件"2"，此时可以看到零件上孔特征的直径已经改变；然后将当前零件设计窗口关闭，系统返回"asm1"装配体设计环境，可以看到直径"2"的改变情况，如图10-28所示。

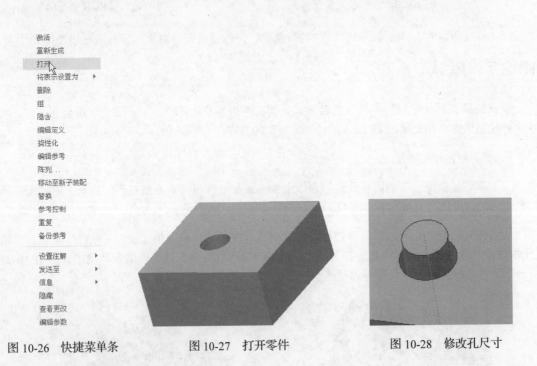

图10-26 快捷菜单条　　　图10-27 打开零件　　　图10-28 修改孔尺寸

10.3.2 在装配体中创建新零件

除了在装配体中装入零件外，还可以在装配体中直接创建新零件，创建步骤如下所示。

（1）打开已有的装配体文件"asm1.asm"，单击"模型"功能区"元件"面板上的"创建"按钮，系统打开"元件创建"对话框，如图10-29所示。

（2）在"元件创建"对话框中的"名称"子项中输入零件名"3"，然后单击"确定"按钮，系统打开"创建选项"对话框，如图 10-30 所示。

图 10-29　"元件创建"对话框　　　　　　图 10-30　"创建选项"对话框

（3）单击"创建方法"对话框中的"创建特征"子项，将其选中，然后单击"模型"功能区"基准"面板上的"草绘"按钮，系统弹出"草绘"对话框，选取如图 10-31 所示的绘图平面和参考面。

（4）为了显示方便，将当前设计对象设为"隐藏线"显示模式，然后在草图绘制环境中绘制如图 10-32 所示的 2D 截面。

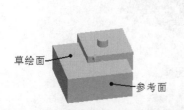

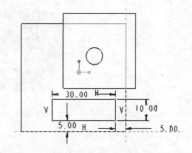

图 10-31　选取草绘面及参考面　　　　　　图 10-32　绘制截面

（5）生成此 2D 截面后，单击"模型"功能区"形状"面板上的"拉伸"按钮，拉伸深度为"10.00"，此时设计环境中的设计对象如图 10-33 所示。

（6）此时当前设计环境的主工作窗口中有一行字——活动零件 ASSEMBLE3，并且"设计树"浏览器中的"ASSEMBLE3"子项下有一个绿色图标，如图 10-34 所示，表示此时零件"ASSEMBLE3"仍处于创建状态。

（7）单击"设计树"浏览器中的"ASSEMBLE3"子项，在弹出的快捷菜单中单击"打开"命令，系统在单独设计窗口中将零件"ASSEMBLE3"打开，然后再将此窗口关闭，则此时零件"ASSEMBLE3"处于装配完成状态，"设计树"浏览器中的"ASSEMBLE3"下的绿色图标不存在了，如图 10-35 所示。

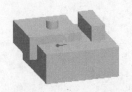

图 10-33　生成拉伸特征　　　图 10-34　设计树浏览器　　　图 10-35　设计树浏览器

10.3.3　装配体的分解

在系统中，可以将装配好的组件分解，方便用户对装配体的观察，操作步骤如下。

（1）打开已有的装配体文件"asm1.asm"，单击"模型"功能区"模型显示"面板上的"分解图"按钮 。

（2）系统自动分解视图，如图 10-36 所示。

图 10-36　分解装配体

10.4　综合实例——轴承装配

思路分析

本例对轴承进行安装，如图 10-37 所示。首先创建一个组件，先在其中添加轴，然后添加轴套并进行装配，随后添加内套圈、内隔网、滚珠、外套圈和挡片并进行安装，得到最终的模型。

绘制步骤

1. 新建模型。

单击"快速访问"工具栏中的"新建"按钮 ，在弹出的"新建"对话框中，选取"装配"类型，在"名称"后的文本框中输入零件名称"zhouchen"，然后单击"确定"按钮，接受系统默认模版，进入装配界面。

2. 在装配体里放置文件。

（1）单击"模型"功能区"元件"面板上的"装配"按钮 ，
打开"打开"对话框，打开"zhou.prt"元件。

（2）打开"元件放置"操控板，在操控板中选择"默认"类型。

（3）在操控板中单击"确定"按钮 ，放置元件，如图 10-38
所示。

3. 添加轴套文件并装配。

图 10-37　轴承的安装

（1）单击"模型"功能区"元件"面板上的"装配"按钮 ，
打开"打开"对话框，打开"zhutao.prt"元件。

（2）选择轴的圆柱面和轴套圆柱面，设置约束类型为"重合"，如图 10-39 所示。

图 10-38　打开元件

图 10-39　选择重合曲面

（3）选择轴的前端面和轴套的前端面，设置约束类型为"距离"，输入距离为-30，如图 10-40
所示。

（4）当元件完全约束时，单击"确定"按钮 ，如图 10-41 所示。

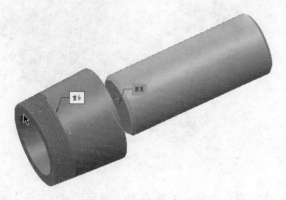

图 10-40　选择距离平面

图 10-41　装配轴套

4. 添加内套圈文件并装配。

（1）单击"模型"功能区"元件"面板上的"装配"按钮，打开"打开"对话框，打开"neitaoquan.prt"元件。

（2）选择轴套的圆柱面和内套圈的圆柱面，设置约束类型为"重合"，如图 10-42 所示。

（3）选择轴套的端面和内套圈的端面，设置约束类型为"距离"，输入距离为-10，如图 10-43 所示。

图 10-42　选择重合曲面

图 10-43　选择距离平面

（4）当元件完全约束时，单击"确定"按钮，如图 10-44 所示。

5. 添加内隔网文件并装配。

（1）单击"模型"功能区"元件"面板上的"装配"按钮，打开"打开"对话框，打开"neiwangge.prt"元件。

（2）选择内套圈的圆柱面和内隔网的圆柱面，设置约束类型为"重合"，如图 10-45 所示。

图 10-44　装配内套圈

图 10-45　选择重合曲面

（3）选择内套圈的端面和内隔的端面，设置约束类型为"距离"，输入距离为-4，如图 10-46 所示。

（4）当元件完全约束时，单击"确定"按钮 ✓，如图 10-47 所示。

图 10-46　选择距离平面

图 10-47　装配内隔网

6. 添加滚珠文件并装配。

（1）单击"模型"功能区"元件"面板上的"装配"按钮 ，打开"打开"对话框，打开"zhu.prt"元件。

（2）选择内套圈的球面和珠子的球面，设置约束类型为"居中"，如图 10-48 所示。

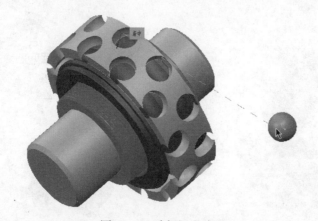
图 10-48　选择居中球面

（3）当元件完全约束时，单击"确定"按钮 ✓，如图 10-49 所示。

（4）重复上述步骤，再添加一个珠子，如图 10-50 所示。

7. 阵列珠子。

（1）选择上步安装的一侧珠子。

（2）单击"模型"功能区"修饰符"面板上的"阵列"按钮 ，打开"阵列"操控板。

（3）在操控板中选择"轴"，选择轴的轴线，输入阵列个数为 12，角度为 30 度。

图 10-49　装配珠子

图 10-50　装配另一侧珠子

（4）单击"确定"按钮 ✓，完成珠子的阵列。

（5）同理，阵列另一侧的珠子，结果如图 10-51 所示。

8. 添加外套圈文件并装配。

（1）单击"模型"功能区"元件"面板上的"装配"按钮 🖳，打开"打开"对话框，打开
"waitaoquan.prt"元件。

（2）选择内隔网的圆柱面和外套圈的圆柱面，设置约束类型为"重合"，如图 10-52 所示。

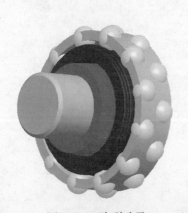

图 10-51　阵列珠子

图 10-52　选择重合曲面

（3）选择内套圈的端面和外套圈的端面，设置约束类型为"重合"，如图 10-53 所示。

（4）当元件完全约束时，单击"确定"按钮 ✓，如图 10-54 所示。

9. 添加挡圈文件并装配。

（1）单击"模型"功能区"元件"面板上的"装配"按钮 🖳，打开"打开"对话框，打开
"dangquan.prt"元件。

（2）选择挡圈的圆柱面和轴的圆柱面，设置约束类型为"重合"，如图 10-55 所示。

图 10-53　选择重合平面

图 10-54　选择匹配曲面

（3）选择挡圈的端面和内套圈的圆角面，设置约束类型为"相切"，如图 10-56 所示。

图 10-55　选择重合曲面

图 10-56　选择相切曲面

（4）当元件完全约束时，单击"确定"按钮 ✔，如图 10-57 所示。

10. 添加挡片文件并装配。

（1）单击"模型"功能区"元件"面板上的"装配"按钮 ⬚，打开"打开"对话框，打开"dangpian.prt"元件。

（2）选择挡圈的圆柱面和轴的圆柱面，设置约束类型为"重合"，如图 10-58 所示。

（3）选择挡圈的端面和挡片的端面，设置约束类型为"重合"，如图 10-59 所示。

（4）当元件完全约束时，单击"确定"按钮 ✔，如图 10-60 所示。

图 10-57　装配挡圈

图 10-58　选择重合曲面

图 10-59　选择重合平面

图 10-60　装配挡片

第 11 章
动画制作

本章导读

　　动画制作是另一种能够让组件动起来的方法。用户可以不设定运动副,使用鼠标直接拖动组件,仿造动画影片制作过程,一步一步生产关键帧,最后连续播映这些关键制造影像。使用该功能相当自由,无需在运动组件上设定任何连接和伺服电动机,也可以设定。

知识重点

- 定义动画
- 动画制作
- 生成动画

11.1　进入动画制作环境

在 Creo 中，动画的形式主要有下面几种：伺服电动机（Servo Motor）驱动的动画、关键帧（Key Frames）动画、视图转换（View@Time）动画、透明度变化（Transparency@Time）动画和显示方式变化（Display@Time）动画。

进入"装配设计"环境，单击"应用程序"功能区"运动"面板上的"动画"按钮，系统自动进入动画制作环境，如图 11-1 所示。

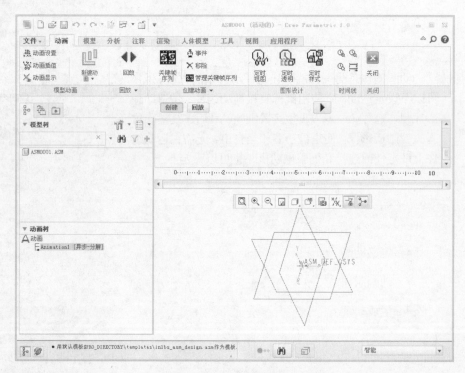

图 11-1　动画制作环境

11.2　定义动画

定义动画是制作动画的起步。当需要对机构进行制作动画时，首先进入动画制作模块，使用工具定义动画，然后使用动画制作工具创建动画，最后对动画进行播放和输出。当对复杂机构进行创建动画时，使用一个动画过程很难表达清楚，这时就需要定义不同元件的动画过程。

11.2.1　新建动画

新建动画对机构中动画过程进行创建、编辑和删除的工具。

单击 "动画" 功能区 "模型动画" 面板上的 "新建动画" 按钮，系统弹出 "动画" 对话框，如图 11-2 所示。

图 11-2 "定义动画"对话框

"名称" 文本框用于定义动画的名称，默认值为 Animation，也可以自定义。

11.2.2 拖动元件

单击 "动画" 功能区 "机构设计" 面板上的 "拖动元件" 按钮，系统弹出 "拖动" 对话框，如图 11-3 所示。该对话框的内容如下所述。

（1）"拖动点" 按钮：单击此按钮，系统弹出 "选取" 对话框，在主体上选取某一点，该点会突出显示，并随光标移动，同时保持连接，该点不能为基础主体上的点。

（2）"拖动主体" 按钮：系统弹出 "选取" 对话框，该主体突出显示，并随光标移动，同时保持连接，不能拖动基础主体。

所谓的基础主体，就是在装配中添加元件或新建组件时，按 "固定" 按钮，默认约束定义为基础主体。

（3）单击 "快照" 左侧三角，展开快照选项卡，如图 11-4 所示。"快照" 选项卡的内容如下所述。

图 11-3 "拖动"对话框

图 11-4 "快照"选项卡

① "拍下当前配置的快照"按钮 ：单击此按钮给机构拍照，在其后的文本框中显示快照的名称，系统默认为 Snapshot 也可以更改，并添加到快照列表框中。拖动到一个新位置时，单击此按钮可以再次给机构拍照，同时该照添加到快照列表中。

② "快照"选项卡：用于对快照进行编辑，选中列表中的快照，单击左侧工具进行快照编辑，或者右键单击选中的快照，系统弹出快捷菜单，如图 11-5 所示。快捷菜单中的工具与左侧工具使用方法与作用完全相同。

1）"显示选定快照"按钮，在列表中选定快照后单击此按钮可以显示该快照中机构的具体位置。

2）"从其他快照中借用零件位置"按钮，用于复制其他快照。在列表框中选中需要借用其他快照中零件位置的快照，单击该按钮，系统弹出"快照构建"对话框，如图 11-6 所示。在对话框列表中选取其他快照零件位置用于新快照，单击"确定"按钮完成快照的借用。

3）"将选定快照更新为屏幕上的当前位置"按钮，在列表框中选中将改变为当前屏幕上的当前位置的快照，单击该按钮，系统弹出"选取"对话框，在 3D 模型中选择一特征后单击"确定"按钮完成快照的改变。该工具相当于改变列表框中快照的名称。

4）"使选定快照可用于绘图"按钮，可用于分解状态，分解状态可用 Creo 绘图。单击此按钮时，在列表上的快照旁添加一个图标。

5）"删除选定快照"按钮，将选定快照从列表中删除。

③ "约束"选项卡，如图 11-7 所示。

图 11-5　快捷菜　　　　图 11-6　快照构建　　　　图 11-7　"约束"选项卡

通过选中或清除列表中所选约束旁的复选框，可打开和关闭约束，也可使用左侧工具按钮进行临时约束。

1）"对齐两个图元"按钮┇，通过选取两个点、两条线或两个平面对元件进行对齐约束。这些图元将在拖动操作期间保持对齐。

2）"匹配两个图元"按钮┛┗，通过选取两个平面，创建匹配约束。两平面在拖动操作期间将保持相互匹配。

3）"定向两个曲面"按钮┃┃，通过选择两个平面，在"偏移"文本框中定义两屏幕夹角，使其互成一定角度。

4）"活动轴约束"按钮┎，通过选取连接轴以指定连接轴的位置，指定后主体将不能拖动。

5）"主体 – 主体锁定约束"工具按钮┒，通过选取主体，可以锁定主体。

6）"启动/禁止连接"按钮┇ᵢ，选取连接，该连接被禁用。

7）"删除选定约束"按钮✕，从列表中删除选定临时约束。

8）"仅基于约束重新连接"按钮⚞，使用所应用的临时约束来装配模型。

（4）单击"高级拖动选项"右侧三角，展开"高级拖动选项"对话框，如图 11-8 所示，该对话框的内容如下所述。

① "封装移动"按钮⚟，允许进行封装移动，单击该按钮，系统弹出"移动"对话框，如图 11-9 所示。该对话框的内容如下所述。

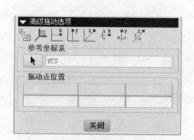

图 11-8 "高级拖动"对话框

图 11-9 "移动"对话框

1）"运动类型"下拉列表框用于选择手动调整元件的方式。

- 选择"定向模式"选项，可相对于特定几何重定向视图，并可更改视图重定向样式，可以提供除标准的旋转、平移、缩放之外的更多查看功能。
- 选择"平移"选项，单击机构上的一点，可以平行移动元件。
- 选择"旋转"选项，单击机构上的一点，可以旋转元件。

■ 选择"调整"选项，可以根据后面的运动参考类型，选择元件上的曲面调整到参考面、边、坐标系等。

2）"运动参考"单选按钮。

在图中选择运动参考对象，可以是点、线、面、基准特征等几何特征，根据选择的运动参考不同，参考方式不同。例如选择平面，其后就会出现法向和平行两个单选按钮供选择。

3）"运动增量"设置运动位置改变大小的方式。

当"运动类型"下拉列表框中选择"定向模式"、"平移"选项时，运动增量方式为平移方式。"平移"下拉列表框列出光滑、1、5、10 四个选项，也可以自定义键入数值。选择"光滑"选项，一次可以移动任意长度的距离。其余是按所选的长度每次移动相应的距离。

当在"运动类型"下拉列表框中选择"旋转"选项时，运动增量方式为旋转方式。"选转"下拉框列出光滑、5、10、30、45、90 六个选项，也可以自定义键入数值。其中光滑为每次旋转任意角度。其余是按所选的角度每次旋转相应的角度。

当在"运动类型"下拉列表框中选择"调整"选项时，对话框中添加"调整参考"选项组，单击文本框，选择曲面（只能选择曲面），如果点选"运动参考"单选按钮，并且选择参考对象，"匹配"、"对齐"单选按钮和"偏移"文本框可用。可以使用这些选项定义调整量。

4）"相对"文本框

"相对"文本框用于显示元件使用鼠标移动的距离。

② "选定当前坐标系"按钮 ，指定当前坐标系。通过选择主体来选取一个坐标系，所选主体的默认坐标系是要使用的坐标系。x、y 或 z 平移或旋转将在该坐标系中进行。

③ "X 向平移"按钮 ，指定沿当前坐标系的 x 方向平移。

④ "Y 向移动"按钮 ，指定沿当前坐标系的 y 方向平移。

⑤ "Z 向移动"按钮 ，指定沿当前坐标系的 z 方向平移。

⑥ "绕 X 旋转"按钮 ，指定绕当前坐标系的 x 轴旋转。

⑦ "绕 Y 旋转"按钮 ，指定绕当前坐标系的 y 轴旋转。

⑧ "绕 Z 旋转"按钮 ，指定绕当前坐标系的 z 轴旋转。

⑨ "参考坐标系"选项组用于指定当前模型中的坐标系，单击选取箭头按钮 ，在当前 3D 模型中选取坐标系。

⑩ "拖动点位置"选项组用于实时显示拖动点相对于选定坐标系的 x、y 和 z 坐标。

11.2.3 定义主体

动画移动时，是以主体为单位，而不是组件。根据"机械设计"模块下的主体原则，通过约束组装零件。在"动画设计"模块下所设定的主体信息是无法传递到"机构"模块中。

单击"动画"功能区"机构设计"面板上的"主体定义"按钮![icon]，系统弹出"主体"对话框，如图 11-10 所示，该对话框的内容如下所述。

- 对话框左侧列表框显示当前组件中的主体，系统默认为单个零件。
- "新建"按钮，用于新增主体并加入到组件中。单击该按钮，系统弹出"主体定义"对话框，如图 11-11 所示。在"名称"文本框中变更主体名称，单击"添加零件"选项组中的"选取"箭头按钮![icon]，在 3D 模型中选取零件，"零件编号"文本框显示当前选取的主体数目。

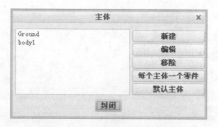

图 11-10　"主体定义"对话框

图 11-11　"主体定义"对话框

- "编辑"按钮，用来编辑列表框中选中高亮显示的主体。单击该按钮，系统弹出"主体定义"对话框，如图 11-13 所示。
- "移除"按钮，用于从组件中移除在列表框中选中的主体。
- "每个主体一个零件"按钮，用于一个主体仅能包含一个组件，但是当一般组件或包含次组件的情况须特别小心，因为所有组件形成一个独立的主体，可能得重新定义基体。
- "默认主体"按钮，用于恢复至约束所定义状态，可以重新开始定义所有主体。

11.3　动画制作

动画制作是本章核心部分，本节主要通过简单的方法步骤创建高质量的动画。Creo 中主要通过关键帧、锁定主体、定时图等工具完成动画的制作。下面将详细介绍每种工具的使用方法。

11.3.1　关键帧序列

关键帧序列是加入并排列已建立的关键帧，也可以改变关键帧出现时间、参考主体、主体状态等。

单击"动画"功能区"创建动画"面板上的"关键帧序列"按钮![icon]，系统弹出"关键帧序列"对话框，如图 11-12 所示。该对话框的内容如下所述。

（1）"名称"文本框用于自定义关键帧排序，系统默认为"ExpldKfs1"。

（2）"参考主体"选项组用于定义主体动画运动的参考物，系统默认为"Ground"。单击"选取"箭头按钮![icon]，系统弹出"选取"对话框，在 3D 模型中选择运动主体的参考物，单击"确定"按钮。

（3）"序列"选项卡是使用拖动建立关键帧，调整每一张关键帧出现的时间、预览关键帧影像等。

图 11-12 "关键帧序列"对话框

- "关键帧"选项组用于添加关键帧、关键帧排序。单击"编辑或创建快照"按钮 📷 ，系统弹出"拖动"对话框，在该对话框中进行快照的添加、编辑、删除等操作。使用该对话框建立的快照被添加到下拉列表框中。在下拉列表框中选中一种快照，单击其后的"预览快照"按钮 ∞ ，就可以看到该快照在 3D 模型中的位置。在下拉列表框中选中一种快照，在"时间"文本框中键入该快照出现的时间，单击其后的"添加关键帧到关键帧序列"按钮 + ，该快照生产的关键帧被添加到列表框中，以此类推，添加多个关键帧。"反转"按钮用于反转所选关键帧的顺序。"移除"按钮用于移除在列表框中选中的关键帧。

- "插值"选项组用于在两关键帧之间产生插补。在产生关键帧时，拖动主体至关键的位置生产快照影像，而中键区域就是使用该选项组进行插补的。不管是平移还是旋转，提供两种插补方式：线性、平滑。使用线性化方式可以消除拖动留下的小偏差。

（4）"主体"选项卡用于设置主体状态：必需的、必要的、未指定的。必需的和必要的是主体移动情况完全照关键帧排序、伺服电动机的设定运动；未指定的是主体为任意，也可以受关键帧、伺服电动机设定的影像。

（5）"重新生成"按钮是指关键帧建立后或有变化时，须再生整个关键帧影像。

修改该对象：选中该对象，使其变成红色，右键单击该对象，系统弹出上下文菜单，选择编辑、复制、移除、选取参考图元命令，对其进行修改。

11.3.2 事件

事件命令，是用来维持事件中各种对象（关键帧排序、伺服电动机、接头、次动画等）的特定相关性。例如某对象的事件发生变更时，其他相关的对象也同步改变。

单击"动画"功能区"创建动画"面板上的"事件"按钮 ，系统弹出"事件定义"对话框，如图 11-13 所示。该对话框的内容如下所述。

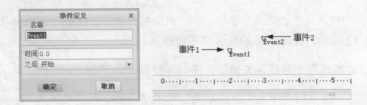
图 11-13 "事件定义"对话框

- "名称"文本框用于定义事件的名称，默认为"Event"，也可以自定义。

- "时间"文本框用于定义事件发生时间。
- "之后"下拉列表框用于选择事件发生时间参考，可以选择开始、Bodylock1 开始、Bodylock1 结束、终点 Animation1。

修改该对象：选中该对象，右键单击该对象，系统弹出上下文菜单，选择编辑、复制、移除、选取参考图元命令，对齐进行修改。

11.3.3　锁定主体

锁定主体是创建新主体并添加到动画时间表中。

单击"动画"功能区"机构设计"面板上的"锁定主体"按钮，系统弹出"锁定主体"对话框，如图 11-14 所示。该对话框的内容如下所示。

- "名称"文本框用于定义事件的名称，默认为"BodyLock"，也可以自定义。
- "引导主体"选项组用于定义主动动画元件。单击"选取"箭头按钮 ，系统弹出"选取"对话框，在 3D 模型中选择主动元件，单击"确定"按钮。
- "随动主体"选项组用于定义动画从动元件。单击"选取"箭头按钮 ，系统弹出"选取"对话框，在 3D 模型中选择从动元件，单击"确定"按钮。在列表框中选中随动主体，使其高亮显示，单击"移除"按钮，可以将选中的随动主体移除。
- "开始时间"选项组用于定义该主体的开始运行时间。在"时间"文本框用于定义锁定主体发生时间；在"之后"下拉列表框用于选择锁定主体发生时间参考，可以选择开始、终点 Animation1 等时间列表中的对象。
- "终止时间"选项组用于定义该主体的终止时间。在"时间"文本框用于定义锁定主体发生时间；在"之后"下拉列表框用于选择锁定主体发生时间参考，可以选择开始、终点 Animation1 等时间列表中的对象。
- 单击"应用"按钮，该主体就被添加到时间表中，效果如图 11-15 所示。选中该对象，使其变成红色，右键单击该对象，系统弹出上下文菜单；选择编辑、复制、移除、选取参考图元命令，对齐进行修改。

图 11-14　"锁定主体"对话框

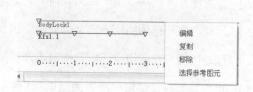

图 11-15　时间表中的主体

11.3.4 创建电动机

伺服电动机是创建新的伺服电动机。

单击"动画"功能区"机构设计"面板上的"伺服电动机"按钮 ，系统弹出"伺服电动机定义"对话框，如图 11-16 所示。该对话框的内容如下所示。

1．"名称"选项组

"名称"选项组用于定义机构伺服电动机名称，系统默认为 ServoMotor1，也可以更改为其他。

2．"类型"选项卡

"类型"选项卡用于定义伺服电动机的类型和方向等参数。

（1）"从动图元"选项组用于定义伺服电动机要驱动图元类型：连接轴、点和面等几何参数。

① 点选"运动轴"单选按钮，系统弹出"选取"对话框，在 3D 模型中选取在"机械设计"模块中添加的连接轴，文本框中显示选取的连接轴，如图 11-16 所示。

② 点选"几何"单选按钮，伺服电动机定义对话框更新为如图 11-17 所示，同时系统弹出"选取"对话框，在 3D 模型中选取运动的几何元素，可以是点或面。

图 11-16 "伺服电动机定义"对话框　　　图 11-17 "伺服电动机定义"对话框

（2）"参考图元"选项组用于定义几何元素运动图元的参照，可以是任意的点或面。

（3）"运动方向"选项组用于定义运动图元的运动方向，只能选取直线或曲线。

（4）"运动类型"选项组用于指定伺服电动机的运动方式：平移、旋转。

（5）"反向"工具按钮用于改变伺服电动机的运动方向，单击该按钮则机构中伺服电动机的黄色箭头指向相反方向。

3 ."轮廓"选项卡

"轮廓"选项卡如图 11-18 所示，用于定义伺服电动机的位置、速度、加速度等参数。

（1）"规范"选项组

单击"定义运动轴设置"按钮 ，在其后的下拉列表框中选择速度、加速度、位置 3 种类型。对于不同的选项，相应会有不同的对话框出现。

① 位置：单击"定义运动轴设置"按钮 直接调用"连接轴设置"对话框设置连接轴。选定的连接轴将以洋红色箭头标示，同时高亮显示绿色和橙色主体。

图 11-18 "位置"选项

② 速度：选择此选项对话框中出现"始初始角"选项组。勾选"当前"复选框，则机构以当前位置为准；也可以输入一个角度后按"预览位置"工具按钮 使机构的零位置变为数字所指示的位置。

③ 加速度：选择此选项，对话框中出现"初始角"选项组的同时，增加了一个"初始角速度"选项组，可以定义初始角速度的大小。

（2）"模"选项组用于定义电动机的运动方程式。

在下拉组框中有常量、斜坡、余弦、SCCA、摆线、抛物线、多项式、表、用户定义 9 种类型，选择每一种类型都有对应的对话框弹出。这几种模类型如下。

① 常数：对话框如图 11-19 所示，轮廓为恒定。只需在 "A" 文本框中键入数值，机构就以该数值建立的方程式 $q = A$（其中 A 为常数）为机构运动方程式。

② 斜坡：对话框如图 11-20 所示轮廓随时间做线性变化。只需在 "A"、"B" 文本框中键入数值，机构就以该数值建立的方程式 $q = A + B \times X$（其中 A 为常数，B 为斜率）为机构运动方程式。

图 11-19 "常量"选项

图 11-20 "斜坡"选项

③ 余弦：对话框如图 11-21 所示，轮廓为余弦曲线。只需在 "A"、"B"、"C"、"T" 文本框中键入数值，机构就以该数值建立的方程式 $q = A \times \cos(360 \times X/T + B) + C$（其中 A 为振幅，B 为相位，C 为偏移量，T 为周期）为机构运动方程式。

④ SCCA：对话框如图 11-22 所示，用于凸轮轮廓输出。当选择该选项时，对话框自动选择加速度为规范，且变为灰色不可选状，只需在 "A"、"B"、"H"、"T" 文本框中键入数值。

图 11-21 "余弦"选项

图 11-22 "SCCA"选项

⑤ 摆线：对话框如图 11-23 所示，模拟凸轮轮廓输出。只需在 "L"、"T" 文本框中键入数值，机构就以该数值建立的摆线方程式 $q = L \times X/T - L \times \sin(2 \times \pi \times X/T)/2 \times \pi$（其中 L 为总高度，T 为周期）为机构运动方程式。

⑥ 抛物线：对话框如图 11-24 所示，模拟电动机的轨迹为抛物线。只需在 "A"、"B" 文本框中键入数值，机构就以该数值建立的抛物线方程式 $q = A \times X + 1/2BX2$（其中 A 为线性系数，B 为二次项系数）为机构运动方程式。

图 11-23 "摆线"选项

图 11-24 "抛物线"选项

⑦ 多项式：对话框如图 11-25 所示，用于一般电机轮廓。只需在 "A"、"B"、"C"、"D" 文本框中键入数值，机构就以该数值建立的多项式方程式 $q = A + B \times X + C \times X2 + D \times X3$（其中 A 为常数，B 为线性项系数，C 为二次项系数，D 为三次项系数）为机构运动方程式。

⑧ 表：对话框如图 11-26 所示。该对话框的内容如下所述。

- 勾选"使用外部文件"复选按钮，单击"打开"按钮 ，选择外部表。
- "向表中添加行"按钮 ：用于在表中添加一行。
- "从表中删除行"按钮 ：用于从表中删除选中的行。

图 11-25 "多项式"选项

图 11-26 "表"选项

- 单击"打开"按钮，选择扩展名为"*.tab"的机械表数据文件。该文件包括"时间"栏和"模"栏，时间是电动机运行的时间段，"模"栏中是电动机的参数，包括位置、速度、加速度等，需要用记事本编辑，如图 11-27 所示，编辑后保存扩展名为".tab"的文件。

- 单击"从文件导入数据表"按钮，系统将打开的机械数据表文件加载到列表框中。
- 单击"将表数据导出到文件"按钮，系统将列表框中的表导出到机械数据表文件中。

图 11-27 表编辑

⑨ 用户定义：对话框如图 11-28 所示，用于定义自定义轮廓。
- "添加表达式段"按钮：用于在列表框中添加表达式。
- "删除表达式段"按钮：用于将选中列表框中的表达式删除。
- "编辑表达式段"按钮：用于编辑选中列表中的表达式段。单击该工具按钮，系统弹出"表达式定义"对话框，如图 11-29 所示。

图 11-28 "用户定义的"选项

图 11-29 "表达式定义"对话框

（3）"图形"选项组，是以图形形式表示轮廓，使之以更加直观的形式查看。

① "绘制选定电动机轮廓相对于时间的图形"按钮⊠：用于显示"图形工具"对话框，如图 11-30 所示。

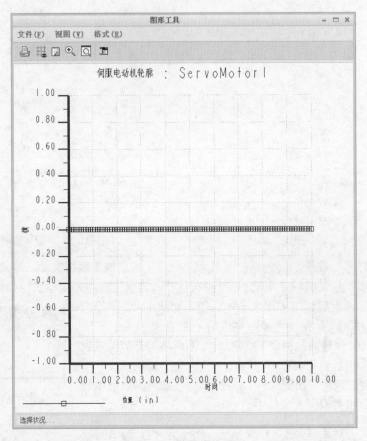

图 11-30　抛物线位置图

- "打印图形"按钮🖨：用于打印当前图中的图形。
- "切换栅格线"按钮⊞：用于切换当前图形工具中是否显示栅格，单击该工具按钮，图 11-30 所示图形就取消栅格显示，效果如图 11-31 所示。
- "重绘当前视图"按钮🖼：用于将当前视图中图形重新生成。
- "放大"按钮🔍：用于将图形放大，有利于进行观察。
- "重新调整"按钮🔲：用于重新调整当前视图中图形以合适的比例显示。
- "格式化图形对话框"按钮🖹，单击此按钮，系统弹出"图形窗口选项"对话框，如图 11-32 所示。

"y轴"选项卡用于定义图形在 y 轴方向的图形、轴标签、文本样式、栅格、轴等显示图元的显示设置；"x轴"选项卡用于定义图形在 x 轴方向的图形、轴标签、文本样式、栅格、轴等显示图元的显示设置；"数据系列"选项卡用于定义图形中 x、y 轴数据、图例、文本样式等显示图元的显示设置；"图形显示"选项卡用于定义图形中标签、背景、曲线、文本样式等图形元素的显示设置。

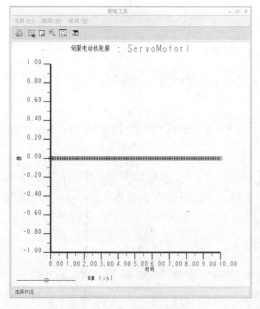

图 11-31　不显示栅格

图 11-32　"图形窗口选项"对话框

② "位置"：用于在图形中只显示出位置随时间的关系曲线。

③ "速度"：用于在图形中只显示出速度随时间的关系曲线。

④ "加速度"：用于在图形中只显示出随时间的关系曲线。

⑤ "在单独图形中"：用于 3 种曲线在单独的图形中显示，取消可以在一个坐标系中显示。

11.3.5　连接状态

连接状态是用于显示连接状态并将其添加到动画中的命令。

单击"动画"功能区"机构设计"面板上的"连接状况"按
钮，系统弹出"连接状态"对话框，如图 11-33 所示。该对话
框的内容如下所述。

（1）"连接"选项组用于选择机构模型中的连接。单击"选
取"箭头按钮，系统弹出"选取"对话框，在 3D 模型中选
择连接，单击"确定"按钮。

图 11-33　"连接状态"对话框

（2）"时间"选项组用于定义该连接的开始运行时间，"值"
文本框用于定义连接发生时间；在"之后"下拉列表框用于选择
连接发生时间参考，可以选择"开始"、"终点 Animation1"等时间列表中的对象。

（3）"状态"选项组用于定义当前选中连接的状态：启用、禁用。

（4）"锁定/解锁"选项组用于定义当前选中的连接状态：锁定、解锁。

11.3.6　定时视图

定时视图工具是将机构模型生成一定视图在动画中显示。

单击"动画"功能区"图形设计"面板上的"定时视图"按钮，系统弹出"定时视图"对话框，如图 11-34 所示。该对话框的内容如下所述。

（1）"名称"下拉列表框应用选择定时视图名称：BACK、BOTTOM、DEFAULT、FRONT、LEFT、RIGHT、TOP 等默认视图。

（2）"时间"选项组用于定义该连接的开始运行时间。"值"文本框用于定义定时视图发生时间；"之后"下拉列表框用于选择定时视图发生时间参考，可以选择开始、终点 Animation1 等时间列表中的对象。

（3）"全局视图插值设置"选项组显示当前视图使用的全局视图插值。

（4）单击"应用"按钮，该定时视图就添加到时间表中，如图 11-35 所示，选中该对象，使其变成红色，右键单击该对象，系统弹出上下文菜单，选择编辑、复制、移除、选取参考图元命令，对其进行修改。

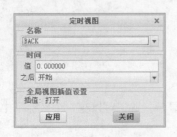

图 11-34　"定时视图"对话框

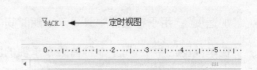

图 11-35　创建的定时视图

11.3.7　定时透明视图

定时透明工具是将机构模型中的元件生成一定透明视图在动画中显示。

单击"动画"功能区"图形设计"面板上的"定时透明"按钮，系统弹出"定时透明"对话框，如图 11-36 所示。该对话框的内容如下所述。

（1）"名称"文本框用于定义当透明视图的名称，系统默认为"Transparency"，也可以自定义。

（2）"透明"选项组用于定义透明元件以及元件透明度的设置。单击"选取"箭头按钮，系统弹出"选取"对话框，在 3D 模型中选择欲设置透明度的元件，单击"确定"按钮，拖动滑块设置透明度。图 11-37 所示为透明度 50% 和 80% 的效果图。

（3）"时间"选项组用于定义该连接的开始运行时间。在"值"文本框用于定义定时透明发生时间；"之后"下拉列表框用于选择定时透明发生时间参考，可以选择开始、终点 Animation1 等时间列表中的对象。

图 11-36 "定时透明"对话框

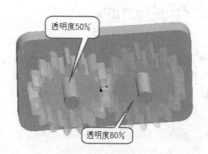

图 11-37 透明元件

（4）单击"应用"按钮，该定时透明视图就添加到时间表中，选中该对象，使其变成红色，右键单击该对象，系统弹出上下文菜单，选择编辑、复制、移除、选取参考图元命令，对齐进行修改。

11.3.8 定时显示

定时显示工具是定义当前视图显示的样式。

单击"动画"功能区"图形设计"面板上的"定时样式"按钮，系统弹出"定时显示"对话框，如图 11-38 所示。该对话框的内容如下所述。

图 11-38 定时显示

（1）"样式名"下拉列表框用于选择定时显示的样式：默认样式、主样式。

（2）"时间"选项组用于定义该连接的开始运行时间。在"值"文本框用于定义定时显示发生时间；"之后"下拉列表框用于选择定时显示发生时间参考，可以选择开始、终点 Animation1 等时间列表中的对象。

11.3.9 编辑和移除对象

1．编辑对象

选定是对选中的动画对象进行相应的编辑。

在时间表中选中对象，单击"动画"功能区"创建动画"面板下的"选定"按钮，系统弹出"对象相对于的"对话框进行编辑。该工具功能相当于右键功能菜单中的编辑，或者双击对象功能。

2．移除对象

移除是在时间表中选中的动画对象进行移除。在时间表中选中对象，单击"动画"功能区"创建动画"面板上的"移除"按钮，该对象就被移除掉。该工具功能相当于右键功能菜单中的移除。

11.4　生成动画

前面介绍了动画制作过程，本节主要介绍制作成的动画的生成和回放。

11.4.1　回放

回放工具是对动画进行播放的工具。

单击"动画"功能区"回放"面板上的"回放"按钮◀▶，弹出"回放"对话框，如图 11-39 所示。该对话框的内容如下所述。

（1）"播放当前结果集"工具按钮◀▶，用于对当前选中的分析结果集进行播放，单击该按钮，系统弹出"动画播放"控制条，如图 11-40 所示，该控制条中按钮用于控制动画播放。

图 11-39　"回放"对话框

图 11-40　"动画播放"控制条

> **注意**　回放功能是对内存中的分析运行结果进行分析，每次运行回放功能，必须先进行分析运行或者从磁盘中恢复结果集。

- "帧"选项组中滑块用于控制机构运动的位置，鼠标拖动滑块左右移动，机构随着滑块的移动而运动。
- "向后播放"按钮　◀　，用于控制动画向后连续播放。
- "停止"按钮■，停止当前的动画播放。
- "向前播放"按钮　▶　，用于控制动画向前连续播放。
- "重置动画到开始"按钮◀◀，用于重新播放动画。
- "显示前一帧"按钮 ◀| ，用于显示前一帧。
- "显示下一帧"按钮 |▶ ，用于显示下一帧。
- "向前播放动画到结束"按钮 ▶▶ ，用于快进到结束。
- "重复播放"按钮 ⟲ ，用于循环播放。
- "在结束时反转方向"按钮 ⟳ ，用于在播放结尾反转继续播放。
- "速度"滑块用于控制动画播放速度。

（2）"从磁盘恢复结果集"按钮 ☞ ，用于加载机构回放文件。

（3）"将当前结果保存到磁盘"按钮 □ ，将当前机构运行分析结果保存到磁盘中。

（4）"从会话中移除当前结果集"按钮✖️，就是从内存中将分析结果移除掉。

（5）"将结果导出*.fra文件"按钮，是将当前内存中的分析运行结果保存到磁盘中，文件为*.fra。

（6）"结果集"选项组用于选择内存中的运动分析结果。

（7）"碰撞检测设置"按钮用于设置运动分析过程中碰撞检测设置，单击该按钮，系统弹出"碰撞检测设置"对话框，如图 11-41 所示，该对话框的内容如下所述。

图 11-41 "碰撞检测设置"对话框

❑ "一般设置"选项组用于设置是否进行碰撞检测、进行全局还是部分碰撞检测。选择"无碰撞检测"按钮，表示运动分析过程中不进行碰撞检测；选择"全局碰撞检查"按钮，表示运动分析过程中进行全部碰撞检查；选择"部分碰撞检查"按钮，表示运动分析过程中进行部分碰撞检查，按<Ctrl>键，在 3D 模型中选取需要进行碰撞检查的元件；勾选"包括面组"复选框，表示运动分析过程中碰撞检查包括面组。

■ "可选设置"选项组用于设置发生碰撞时进行的操作。勾选"碰撞时铃声警告"复选框，表示发生冲突时会发出消息铃声；勾选"碰撞时停止动画回放"复选框，表示发生碰撞时停止动画回放。

（8）"影片进度表"选项卡用于设置影片播放是否显示时间以及设置进步表。

11.4.2 输出动画

导出工具是将生成的动画输出到硬盘进行保存的工具。

单击"动画"功能区"回放"面板下的"导出"按钮，将当前设计的动画保存在默认的路径文件夹下，系统默认为"Animation1.fra"。

11.5 综合实例——轴承分解动画

┊ 思路分析 ┄┄┄┄┄┄┄┄┄┄┄

本例对轴承进行分解，如图 11-42 所示。首先创建动画，然后定义主体，再拖动各个主体并进行拍照，创建关键帧并创建动画。

图 11-42 轴承分解

绘制步骤

1. 打开文件。

单击 "快速访问" 工具栏中的 "打开" 按钮，系统打开 "打开" 对话框，打开 zhoucheng 装配文件，接受系统默认设置，单击 "确定" 按钮，打开装配文件，如图 11-43 所示。

2. 进入动画模块。

单击 "应用程序" 功能区 "运动" 面板上的 "动画" 按钮，进入动画模块。

图 11-43　轴承文件

3. 创建动画。

单击 "动画" 功能区 "模型动画" 面板上的 "新建动画" 按钮，系统弹出 "动画" 对话框，如图 11-44 所示。单击 "确定" 按钮，创建新的动画。

4. 定义主体。

单击 "动画" 功能区 "机构设计" 面板上的 "主体定义" 按钮，系统弹出 "主体" 对话框，单击 "每个主体一个零件" 按钮，创建单个主体，对话框如图 11-45 所示。单击 "封闭" 按钮，完成主体的定义。

图 11-44　"定义动画" 对话框

图 11-45　"主体" 对话框

5. 创建关键帧序列。

在视图中将装配体调整视图位置。单击 "动画" 功能区 "机构设计" 面板上的 "拖动元件" 按钮，系统弹出 "拖动" 对话框，单击 "当前快照" 按钮，先将当前装配文件拍照，单击 "关闭" 按钮。

6. 拖动元件。

单击 "动画" 功能区 "机构设计" 面板上的 "拖动元件" 按钮，系统弹出 "拖动" 对话框，单击 "主体拖动" 按钮，然后在高级拖动选项中选择 "X 平移" 按钮，在视图中选择 "垫片" 零件，将其沿 x 方向拖动到视图中适当位置，单击 "当前快照" 按钮，先将当前装配文件拍照；将其他零件拖动到适当位置，并将其拍照，如图 11-46 所示。

7. 创建关键帧序列。

单击 "动画" 功能区 "创建动画" 面板上的 "关键帧序列" 按钮，系统弹出 "关键帧序列"对话框，在对话框中关键帧下拉列表中选择"Snapshot1"，时间为 0，单击 + 按钮，将快照添加到"时间"列表中。此时，视图中的装配体恢复到第一次拍照状态。再从关键帧下拉列表中选择"Snapshot2"，时间为 1，单击 + 按钮，将快照添加到"时间"列表中；重复此动作，将所有的关键帧添加到时间列表中，如图 11-47 所示。单击"确定"按钮。此时时间线如图 11-48 所示。。

图 11-46　"拖动"对话框和拖动位置

图 11-47　"关键帧序列"对话框

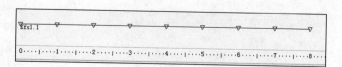

图 11-48　时间线

8. 播放动画。

单击"生成并运行动画"按钮 ▶，播放到时间如图 11-49 所示时，动画如图 11-50 所示。

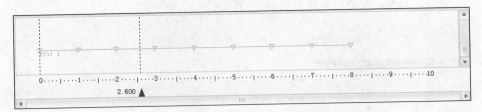

图 11-49 播放时间线

图 11-50 播放动画

第 12 章
钣金设计

本章导读

　　钣金设计是钣金对金属薄板的一种综合加工工艺，包括剪、冲压、折弯、成形、焊接、拼接等加工工艺。钣金技术已经广泛应用于汽车、家电、计算机、家庭用品、装饰材料等各个相关领域中，钣金加工已经成为现代工业中一种重要的加工方法。

知识重点

- 平面壁
- 平整壁
- 法兰壁
- 扭转壁
- 展平
- 折弯

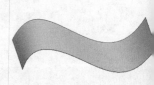

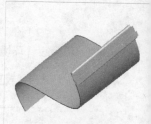

12.1　进入钣金环境

进入钣金环境的操作步骤如下。

（1）单击"快速访问"工具栏中的"新建"按钮，在弹出的"新建"对话框中选择"零件"类型，"钣金件"子类型，如图 12-1 所示。

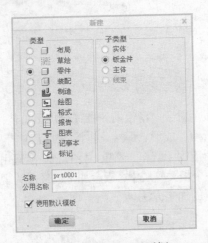

图 12-1　"新建"对话框

（2）在"新建"对话框的"名称"子项中输入钣金件的名称，然后单击"确定"按钮，进入钣金设计环境，此时设计环境中出现默认的基准面。

钣金特征的创建主要是在"模型"功能区中，如图 12-2 所示。

图 12-2　"模型"功能区

"旋转"、"扫描"、"扫描混合"以及"边界混合"特征同前面实体的创建，在这里就不再详细介绍了，主要介绍以下钣金命令。

12.2　平面壁

平面壁是钣金件的平面/平滑/展平的部分。它可以是主要壁（设计中的第一个壁），也可以是从属于主要壁的次要壁。

平面壁的操作步骤如下。

（1）单击"快速访问"工具栏中的"新建"按钮 ，在 "新建"对话框中选择"类型"为"零件"，"子类型"为"钣金件"，输入名称，取消"使用默认模板"复选框，选择模板"mmns-part-sheetmetal"，单击"确定"按钮。

（2）单击"模型"功能区"形状"面板上的"平面"按钮 ，打开"平面"操控板，如图 12-3 所示。

图 12-3 "平面"操控板

（3）在操控板中单击"参考"→"定义"，选择"FRONT"面为绘图平面，绘制如图 12-4 所示的草图，然后单击"确定"按钮 ，退出草图绘制环境。

（4）在操控板内输入钣金厚度为"1"，单击"反向" 按钮，调整增厚方向，单击"确定" 按钮，结果如图 12-5 所示。

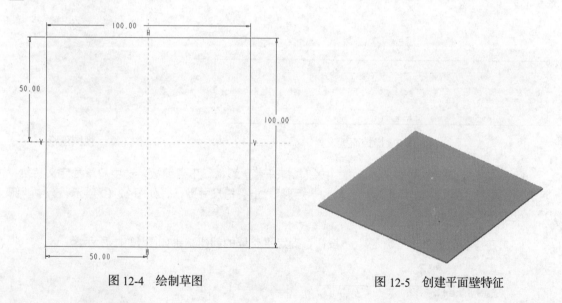

图 12-4 绘制草图   图 12-5 创建平面壁特征

12.3 平整壁

平整壁只能附着在已有钣金壁的直线边上，壁的长度可以等于、大于或小于被附着壁的长度。

平整壁的操作步骤如下。

（1）利用平面壁命令创建如图 12-6 所示的钣金文件。

（2）单击"模型"功能区"形状"面板上的"平整"按钮 ，打开"平整壁"操控板，选取

如图 12-7 所示的边为平整壁的附着边。

图 12-6　钣金文件

图 12-7　平整壁附着边的选取

（3）在操控面板中输入折弯角度为"70"，输入圆角半径为"5"，此时操控面板设置如图 12-8 所示，视图预览如图 12-9 所示。

图 12-8　操控面板设置

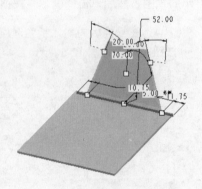

图 12-9　视图预览

（4）在操控面板中单击"止裂槽"按钮，打开"止裂槽"下滑面板，选中"单独定义每侧"复选框，选中"侧 1"，选择止裂槽类型为"矩形"，止裂槽尺寸默认，如图 12-10 所示，选中"侧 2"，设置同侧 1。

（5）在操控面板单击"确定" ✓ 按钮，确定平整壁的创建结果如图 12-11 所示。

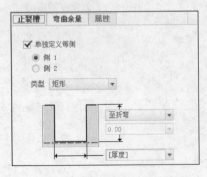

图 12-10　"止裂槽"下滑面板

图 12-11　创建平整壁

止裂槽类型示意图如图 12-12 所示。

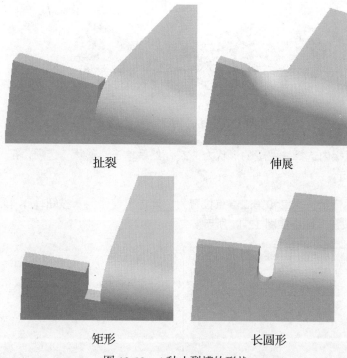

扯裂　　　　　　　　　　　伸展

矩形　　　　　　　　　　　长圆形

图 12-12　4 种止裂槽的形状

12.4　法兰壁

　　法兰壁是折叠的钣金边，只能附着在已有钣金壁的边线上，可以是直线也可以是曲线。具有拉伸和扫描的功能。

　　法兰壁操作步骤如下。

　　（1）利用拉伸命令创建如图 12-13 所示的钣金文件。

　　（2）单击"模型"功能区"形状"面板上的"法兰"按钮，打开"凸缘"操控板，如图 12-14 所示。

图 12-13　钣金文件

图 12-14　"凸缘"操控板

　　（3）选取如图 12-15 所示的边为法兰壁的附着边。

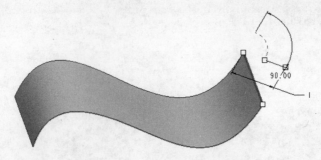

图 12-15　法兰壁附着边的选取

（4）在操控面板内选择法兰壁的形状为"Z"，然后单击"形状"选项，打开"形状"下滑面板，如图 12-16 所示。

（5）选择法兰壁第一端点和第二端点位置为"以指定值修剪"按钮 ，输入长度值为"5"，单击"确定" 按钮，结果如图 12-17 所示。

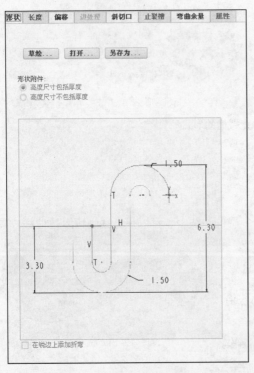

图 12-16　法兰壁尺寸设置

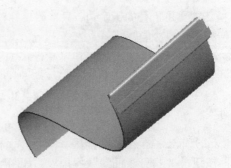

图 12-17　创建的法兰壁

12.5　扭转壁

扭转壁是钣金件的螺旋或螺线部分。扭转壁就是将壁沿中心线扭转一个角度，类似于将壁的端点反方向转动一个相对小的指定角度，可将扭转连接到现有平面壁的直边上。

由于扭转壁可更改钣金零件的平面，所以通常用作两钣金件区域之间的过渡。它可以是矩形或梯形。

扭转壁的操作步骤如下。

（1）利用平面命令创建如图 12-18 所示的钣金件。

（2）创建扭转壁特征

① 单击"模型"功能区"形状"面板下"扭转"命令，系统打开"扭曲"对话框、"特征参考"菜单管理器，如图 12-19 所示。

图 12-18　钣金文件

图 12-19　"扭曲"对话框、"特征参考"菜单管理器

"扭转"对话框内各项的意义如下。

- 附加边：用于选取附着的直边，此边必须是直线边，斜的直线也可以，不能是曲线。
- 扭转轴：用于指定扭转轴，确定扭转轴时只要确定扭转轴点即可，因为系统会根据指定的扭曲轴点，自动以通过扭转轴点并垂直于附属边的直线作为扭转轴。指定扭曲轴点的菜单管理器包括二种方式："选取点"和"中点"。
- 选取点：表示在附属边上选择现有基准点。
- 中点：表示在附属边的中点创建新基准点。
- 起始宽度：指定在连接边扭转壁的宽度，扭转壁将以扭转轴为中心平均分配在轴线的两侧，即轴线两侧各为起始宽度的一半。
- 终止宽度：指定在末端的新壁的宽度，它的定义与起始宽度的定义一样。
- 扭曲长度：指定"扭曲"壁的长度。
- 扭转角度：指定扭曲角度。
- 延伸长度：指定"扭曲"壁取消折弯的长度。

② 选取如图 12-20 所示的附着边线，系统打开如图 12-21 所示的"扭曲轴点"菜单管理器。

图 12-20　选取附着边

图 12-21　"扭曲轴点"菜单管理器

③ 选取"中点"选项，系统打开如图 12-22 所示的"消息输入窗口"对话框，在文本框中输入起始宽度值"16.00"，单击"确定"按钮 ✓。系统打开如图 12-23 所示的"消息输入窗口"对话框。在文本框中输入终止宽度值"10.00"，单击"确定"按钮 ✓。系统打开如图 12-24 所示的"消息输入窗口"对话框。在文本框中输入扭曲长度值"80.00"，单击"确定"按钮 ✓，系统打开如图 12-25 所示的"消息输入窗口"对话框，在文本框中输入扭曲角度值"180"，单击"确定"按钮 ✓，系统打开如图 12-26 所示的"消息输入窗口对话框。在文本框中输入扭曲发展长度值"60"，单击"确定"按钮 ✓。

图 12-22　输入起始宽度值　　　　　　　　　　图 12-23　输入终止宽度值

图 12-24　输入扭曲长度值　　　　　　　　　　图 12-25　输入扭曲角度值

④ 单击"扭转"对话框中的"确定"按钮，确定扭转壁特征的创建，结果如图 12-27 所示。

图 12-26　输入扭曲发展长度值　　　　　　　图 12-27　扭转壁特征

12.6　延伸壁

延伸壁特征也叫延拓壁特征，就是将已有的平板钣金件延伸到某一指定的位置或指定的距离，不需要绘制任何截面线。延伸壁不能建立第一壁特征，只能用于建立额外壁特征。

延伸壁的操作步骤如下。

（1）利用拉伸命令创建如图 12-28 所示钣金文件。

（2）创建延伸壁特征

① 选取如图 12-29 所示的边线。

② 单击"模型"功能区"编辑"面板上的"延伸"按钮 ，系统打开"延伸"操控板，单击"延伸至平面"按钮 。

：延伸壁与参考平面相交。

：用指定延伸至平面的方法来指定延伸距离，该平面是延伸的终止面。

图 12-28 钣金文件   图 12-29 选取边线

📖：用输入数值方式来指定延伸距离。

③ 选取如图 12-30 所示的延伸边对面的平面。

④ 在操控板中单击"确定"按钮✔，确定延伸壁特征的创建，结果如图 12-31 所示。

图 12-30 选择平面   图 12-31 延伸壁特征

12.7 钣金切口

钣金模块中钣金切口特征的创建与实体模块中的拉伸去除材料特征的创建相似，拉伸的实质是绘制钣金件的二维截面，然后沿草绘面的法线方向增加材料，生成一个拉伸特征。

钣金切口的操作步骤如下。

（1）利用平面和平整命令，创建如图 12-32 所示钣金文件。

（2）单击"模型"功能区"形状"面板上的"拉伸"按钮🗔，打开"拉伸"操控板。

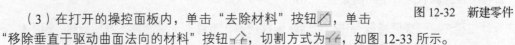

图 12-32 新建零件

（3）在打开的操控面板内，单击"去除材料"按钮◿，单击"移除垂直于驱动曲面法向的材料"按钮，切割方式为，如图 12-33 所示。

操控面板各按钮功能如下。

：创建钣金切口，SMT 切口选项变为可用。

图 12-33　放置下滑面板

定义要创建切口的侧面。

： 同时垂直于驱动曲面和偏距曲面去除材料。

： 垂直于驱动曲面去除材料，默认情况下会选取此
选项。

： 垂直于偏距曲面去除材料。

（4）单击"放置"→"定义"，选择"FRONT"基准
平面为草绘平面，绘制如图 12-34 所示的草绘图形，单击"确
定"按钮✔，退出草图绘制环境。

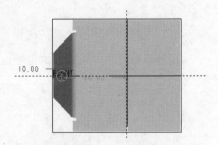

图 12-34　草绘截面

（5）在操控板内选择拉伸方式为"穿透"按钮，单击"反向"按钮，调整去除材料方
向如图 12-35 所示，单击"确定" ✔ 按钮，结果如图 12-36 所示。

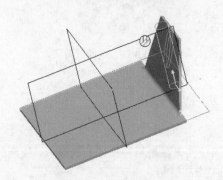

图 12-35　去除材料方向

图 12-36　创建的钣金切口特征

12.8　折弯

折弯将钣金件壁成形为斜形或筒形，此过程在钣金件设计中称为弯曲，在本软件中称为钣金
折弯。折弯线是计算展开长度和创建折弯几何的参照点。

在设计过程中，只要壁特征存在，可随时添加折弯，可跨多个成形特征添加折弯，但不能在
多个特征与另一个折弯交叉处添加这些特征。

折弯的操作步骤如下。

（1）利用平面命令创建如图 12-38 所示的钣金件。

图 12-37 "折弯"操控板

图 12-38 钣金文件

（2）创建角折弯特征

① 单击"模型"功能区"折弯"面板上的"折弯"按钮 ，系统打开"折弯"操控板，如图 12-39 所示。

图 12-39 "折弯"操控板

② 在"操控板"中单击"折弯线另一侧材料" 和"折弯角度" 按钮。

"折弯"操控板中的选项说明。

: 将材料折弯到折弯线。

: 折弯折弯线另一侧的材料。

: 折弯折弯线两侧的材料。

: 更改固定侧的位置。

: 使用值来定义折弯角度。

: 折弯至曲面的端部。

90.00 : 输入折弯角度。

: 测量生成的内部折弯角度。

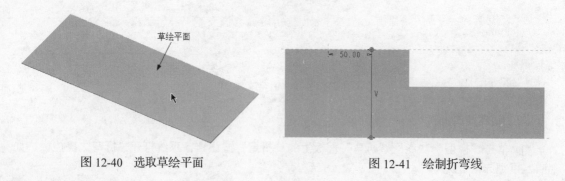

⚞ ：测量自直线开始的折弯角度偏转。

⚞ ：折弯半径在折弯的外部曲面。

⚞ ：折弯半径在折弯的内部曲面。

[⌐] ：按参数折弯。

③ 单击"模型"功能区"基准"面板下的"草绘"按钮⚞，选取如图 12-40 所示的曲面作为草绘平面。

④ 单击"草绘"功能区"草绘"面板上的"线"按钮⚞，绘制如图 12-41 所示折弯线，绘制确定后单击"确定"按钮✓，退出草图绘制环境。

图 12-40　选取草绘平面　　　　　　　　　图 12-41　绘制折弯线

⑤ 在操控板中单击"继续"按钮▶，同时系统工作区出现如图 12-42 所示的方向箭头，表示折弯侧。

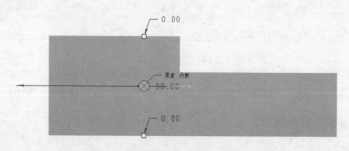

图 12-42　方向显示

⑥ 在操控板中输入折弯角度为"90.000"，厚度为"2.0*厚度"，如图 12-43 所示。

图 12-43　"折弯"操控板

⑦ 在操控板中单击"确定"按钮✓，确定一侧角折弯特征的创建，结果如图 12-44 所示。

（3）创建曲面折弯特征

① 单击"模型"功能区"折弯"面板上的"折弯"按钮❋，系统打开"折弯"操控板。

② 在"操控板"中单击"将材料折弯到折弯线"按钮🔩和"折弯到曲面的端部"按钮🐦。

③ 单击"模型"功能区"基准"面板上的"草绘"按钮✎，选取如图 12-44 所示的曲面作为草绘平面。

④ 单击"草绘"功能区"草绘"面板上的"线"按钮✐，绘制如图 12-45 所示折弯线，绘制确定后单击"确定"按钮✔，退出草图绘制环境。

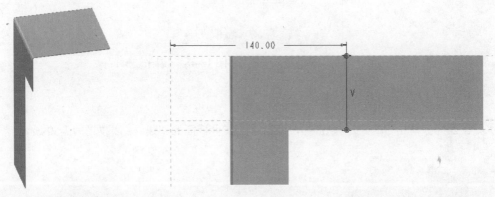

图 12-44　角折弯特征　　　　　　　　图 12-45　绘制折弯线

⑤ 系统工作区出现方向箭头，表示折弯侧。在操控板中框中输入折弯半径为"20"，单击"确定"按钮✔，确定曲面折弯特征的创建，结果如图 12-46 所示。

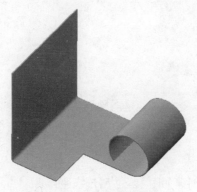

图 12-46　创建折弯特征

12.9　展平

在钣金设计中，不仅需要把平面钣金折弯，而且也需要将折弯的钣金展开为平面钣金。所谓的展平，在钣金中也称为展开。系统可以将折弯的钣金件展平为平面钣金。

展平的操作步骤如下。

（1）利用前面学的命令创建如图 12-47 所示钣金件。

（2）创建展平特征

① 单击"模型"功能区"折弯"面板上的"展平"按钮，系统打开如图 12-48 所示的"展平"操控板。

图 12-47　钣金文件　　　　　　　　　图 12-48　"展平"操控板

② 选取如图 12-49 所示的平面作为固定平面。

③ 在操控板单击"确定"按钮，确定常规展平特征的创建，结果如图 12-50 所示。

图 12-49　选取固定平面　　　　　　　　图 12-50　常规展平特征

12.10　折弯回去

系统提供了折弯回去功能，这个功能是与展平功能相对应的，用于将展平的钣金平面薄板整个或部分平面再恢复为折弯状态，但并不是所有能展开的钣金件都能折弯回去。

折弯回去的操作步骤如下。

（1）利用前面学过的命令创建如图 12-52 所示钣金件。

（2）单击"模型"功能区"折弯"面板上的"折弯回去"按钮，系统打开"折回"操控板。

（3）选择"自动选择固定平面"按钮，系统自动选取如图 12-51 所示的平面作为固定平面。

（4）在操控板中单击"确定"按钮，确定折弯回去特征的创建，结果如图 12-52 所示。

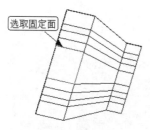

图 12-51 选取固定面

图 12-52 折弯回去特征

12.11 转换

将实体零件转换为钣金件后，可用钣金行业特征修改现有的实体设计。在设计过程中，可将这种转换用作快捷方式，因为为实现钣金件设计意图，您可反复使用现有的实体设计，而且可在一次转换特征中包括多种特征。将零件转换为钣金件后，它就与任何其他钣金件一样。

转换的操作步骤如下。

（1）转换成钣金件

① 利用拉伸命令创建如图 12-53 所示的实体模型。

② 单击"模型"功能区"操作"面板下"转换为钣金件"按钮 ，打开"第一壁"操控板，如图 12-54 所示，单击"壳"按钮。

图 12-53 创建实体模型

图 12-54 将实体转化为钣金

③ 打开"壳"操控板，选择实体的底面为删除面，如图 12-55 所示；然后输入钣金厚度"3"，如图 12-56 所示，单击"确定"按钮 ，进入钣金模块，结果如图 12-57 所示。

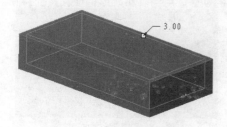

图 12-55 删除的曲面选取

图 12-56 输入钣金厚度

（2）创建转换特征

① 单击"模型"功能区"工程"面板上的"转换"按钮 ，系统打开"转换"操控板。

② 选取"边缝"选项，打开"边缝"操控板，如图 12-58 所示。

图 12-57　创建的第一壁特征

图 12-58　"边缝"操控板

③ 选取如图 12-59 所示的边线。

④ 在操控板单击"确定"按钮 ，确定转换特征的创建，结果如图 12-60 所示。

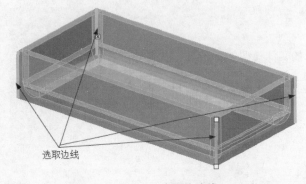

选取边线

图 12-59　选取的边线

图 12-60　转换特征

12.12　综合实例——机箱前板

思路分析

本例创建的机箱前板如图 12-61 所示。机箱前板的创建比较复杂，用到了许多钣金特征，主要有拉伸、法兰壁、成形等特征。其难点在于风扇出风口的创建，用到多次成形特征及特征操作。

图 12-61　机箱前板

绘制步骤

步骤 [1] 创建第一壁

1. 新建文件。

单击"快速访问"工具栏中的"新建"按钮 🗋，系统打开"新建"对话框。在"类型"中选择"零件"选项，在"子类型"中选择"钣金件"选项，在"名称"栏中输入名称"JI_XIANG_QIAN_BAN"，取消"使用默认模版"复选框的勾选，然后单击"确定"按钮。在打开的"新文件选项"对话框中选取模版"mmns-part-sheetmetal"，单击"确定"按钮进入钣金设计模式。

2. 创建拉伸特征。

（1）单击"模型"功能区"形状"面板上的"拉伸"按钮 🗗，系统打开"拉伸"操控板。

（2）单击"放置"→"定义"按钮，选取 FRONT 基准面作为草绘平面，绘制如图 12-62 所示的草图，单击"确定"按钮 ✔，退出草图绘制环境。

（3）在操控面板中选取拉伸方式为"两侧对称" 🗗，输入拉伸长度为"410"，输入钣金厚度为"0.7"，单击"方向"按钮 ⅍，调整厚度方向如图 12-63 所示。

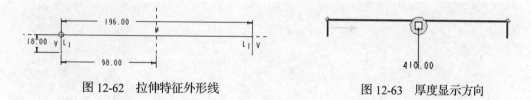

图 12-62 拉伸特征外形线   图 12-63 厚度显示方向

（4）在操控板中单击"确定"按钮 ✔，确定拉伸创建，结果如图 12-64 所示。

3. 创建边折弯特征。

（1）单击"模型"功能区"折弯"面板上的"边折弯"按钮 ⅃，系统打开"边折弯"操控板，如图 12-65 所示。

图 12-64 拉伸特征   图 12-65 "边折弯"操控板

（2）选取如图 12-66 所示的边线。

（3）在操控板中单击"确定"按钮 ✔，确定边折弯特征的创建，结果如图 12-67 所示。

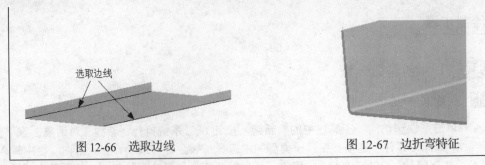

图 12-66　选取边线　　　　　　　图 12-67　边折弯特征

步骤 [2]　创建法兰壁特征

1. 单击"模型"功能区"形状"面板上的"法兰"按钮，系统打开"凸缘"操控板。

2. 选取如图 12-68 所示的边为法兰壁的附着边，选取法兰壁的形状为"I"，单击"轮廓"
按钮，在下滑面板中修改法兰壁的尺寸，如图 12-69 所示；选取法兰壁端点位置为"以
指定值修剪"，输入长度值为"-2.5"，输入内侧折弯半径为"0.7"，操控面板设置结
果如图 12-70 所示。

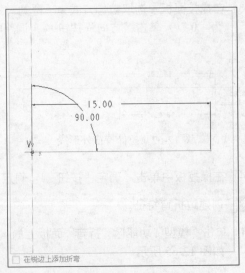

图 12-68　法兰壁附着边的选取　　　　图 12-69　法兰壁尺寸设置

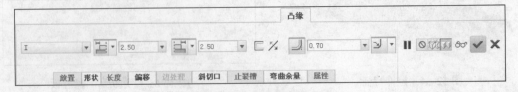

图 12-70　操控面板设置

3. 单击"止裂槽"按钮，选取止裂槽类别为"折弯止裂槽"，类型为"拉伸"，选择长度为
"厚度"，角度为"45"，止裂槽设置如图 12-71 所示。

4. 单击"斜切口"按钮，选取宽度为"0.5*厚度"，斜切口设置如图 12-72 所示。

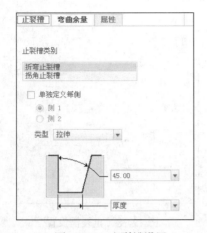

图 12-71　止裂槽设置

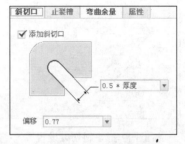

图 12-72　斜切口设置

5. 在操控板中单击"确定"按钮 ✓，确定法兰壁创建，结果如图 12-73 所示。

图 12-73　创建的法兰壁

6. 以相同的方法创建法兰壁，法兰壁的附着边如图 12-74 所示，法兰壁的轮廓尺寸设置如图 12-75 所示，操控面板设置如图 12-76 所示，斜切口设置如图 12-77 所示，止裂槽设置如图 12-78 所示，结果如图 12-79 所示。

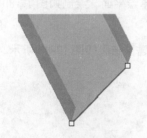

图 12-74　法兰壁附着边的选取

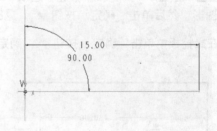

图 12-75　法兰壁尺寸设置

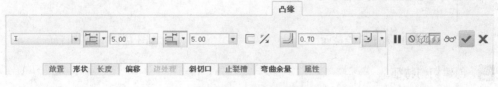

图 12-76　操控板设置

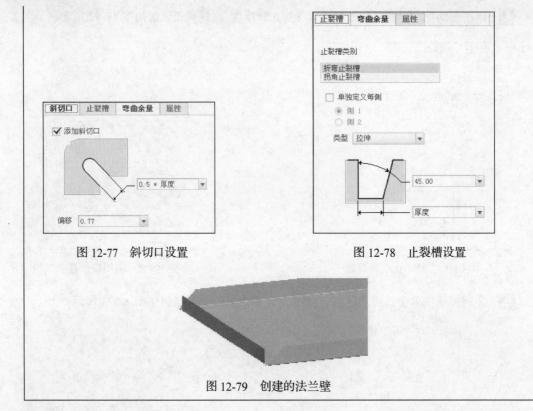

图 12-77　斜切口设置　　　　　　　　　　图 12-78　止裂槽设置

图 12-79　创建的法兰壁

步骤 [3]　创建风扇出风口

1.　创建切割特征。

（1）单击"模型"功能区"形状"面板上的"拉伸"按钮 🗗，系统打开"拉伸"操控板，设置拉伸方式为"完全贯穿" 非，去除材料方式为"垂直于驱动曲面的材料"。

（2）单击"放置"→"定义"按钮，选取 TOP 基准面作为草绘平面，绘制如图 12-80 所示的图形，然后单击"确定"按钮 ✔，退出草图绘制环境。

（3）在操控板中单击"确定"按钮 ✔，确定切割特征的创建，结果如图 12-81 所示。

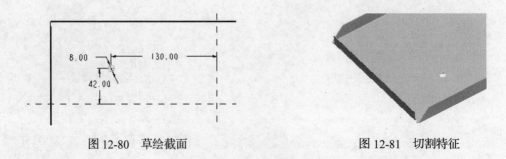

图 12-80　草绘截面　　　　　　　　　　图 12-81　切割特征

2.　创建切割特征。

（1）单击"模型"功能区"形状"面板上的"拉伸"按钮 🗗，系统打开"拉伸"操控板。设置拉伸方式为"完全贯穿"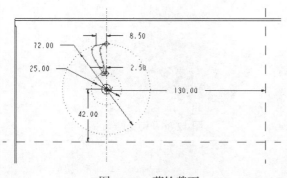，去除材料方式为"垂直于驱动曲面的材料"。

(2) 单击"放置"→"定义"按钮，选取 TOP 基准面作为草绘平面，绘制如图 12-82 所示的图形，然后单击"确定"按钮✔，退出草图绘制环境。

(3) 在操控板中单击"确定"按钮✔，确定切割特征的创建，结果如图 12-83 所示。

图 12-82 草绘截面

图 12-83 切割特征

3. 创建阵列特征。

(1) 在左侧的模型树中选取刚刚创建的拉伸特征。

(2) 单击"模型"功能区"编辑"面板下的"阵列"按钮，系统打开"阵列"操控板。

(3) 选择阵列方式为"轴"，选取"轴线 A-3"作为参考，然后在操作面板中输入阵列个数为"18"，旋转角度为"20"。

(4) 在操控板中单击"确定"按钮✔，阵列结果如图 12-84 所示。

图 12-84 阵列结果

步骤 [4] 创建复制移动特征

1. 创建组。

按住"Ctrl"键，选取最后创建的 2 个特征，然后单击鼠标右键，从打开的右键快捷菜单中选取"组"，如图 12-85 所示。

2. 创建镜像特征。

(1) 在左侧的模型树中选取刚刚创建的组特征。

(2) 单击"模型"功能区"编辑"面板上的"镜像"按钮，系统打开"镜像"操控板。

(3) 选取 RIGHT 基准面作为镜像参考平面。

(4) 在操控板中单击"确定"按钮✔，镜像结果如图 12-86 所示。

图 12-85　创建组　　　　　　　　　图 12-86　镜像结果

步骤 [5] 创建风扇安装孔

1. 创建切割特征。

（1）单击"模型"功能区"形状"面板上的"拉伸"按钮，系统打开"拉伸"操控板。设置拉伸方式为"完全贯穿"，去除材料方式为"垂直于驱动曲面的材料"。

（2）单击控制面板上的"放置"按钮，在下滑面板中单击"定义"按钮，系统打开"草绘"对话框，选取 TOP 基准面作为草绘平面，其余参考接受默认设置，单击"草绘"按钮，进入草绘环境。

（3）绘制如图 12-87 所示的图形，然后单击"确定"按钮，退出草图绘制环境。

（4）在操控板中单击"确定"按钮，确定切割特征的创建，结果如图 12-88 所示。

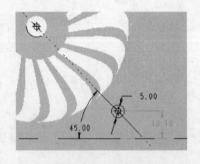

图 12-87　草绘截面　　　　　　　　　图 12-88　切割特征

2. 创建阵列特征。

（1）在左侧的模型树中选取刚刚创建的拉伸特征。

（2）单击"模型"功能区"编辑"面板下的"阵列"按钮，系统打开"阵列"操控板。

（3）选择阵列方式为"轴"，选取"轴线 A-1"作为参考，然后在操作面板中输入阵列个数为"4"，旋转角度为"90"。

（4）在操控板中单击"确定"按钮 ✔ ，阵列结果如图 12-89 所示。

3. 创建凹模成形特征。

（1）单击"模型"功能区"工程"面板上的"形状"下 "凹模"按钮 ⊠ ，系统打开"选项"菜单管理器。

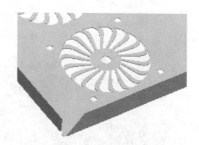

（2）选取"参考"→"确定"选项，系统打开"打开" 对话框，选取零件"QIAN-BAN-MO-1.prt"后单击 "打开"按钮。系统打开"元件放置"对话框。

（3）勾选"元件放置"对话框左下侧"预览"复选框， 然后在"元件放置"对话框右侧的"约束类型" 中选取"重合"选项，依次选取"QIAN-BAN-MO-1.prt"的平面 2 和零件的平面 1，如图 12-90 所示。约束平面设置结果如图 12-91 所示。

图 12-89　阵列结果

图 12-90　约束平面的选取

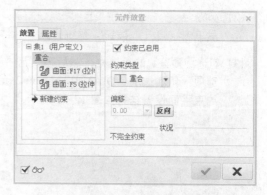

图 12-91　约束平面设置结果

（4）在"元件放置"对话框中，单击"新建约束"按钮 ➡ 新建约束 ，在右侧的"约束类型" 选取"重合"选项，然后依次选取"QIAN-BAN-MO-1.prt"的轴线 A-2 和零件的轴线 A-1，此时在模型放置"模板"右下侧的状态显示"完全约束"，如图 12-92 所示，单击 "确定"按钮 ✔ 。

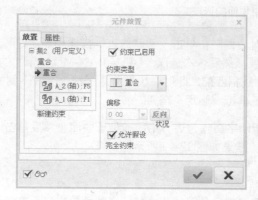

图 12-92　新建约束

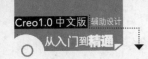
(5) 选取如图 12-93 所示平面作为边界平面和种子曲面，然后在对话框中单击"确定"按钮，确定凹模成形特征的创建，结果如图 12-94 所示。

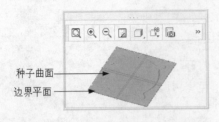

种子曲面——
边界平面——

图 12-93　边界平面、种子曲面的选取

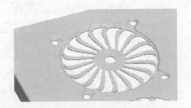

图 12-94　凹模成形特征

4. 创建凹模成形特征。

(1) 单击"模型"功能区"工程"面板上的"形状"下"凹模"按钮 ，系统打开"选项"菜单管理器。

(2) 选取"参考"→"确定"选项，系统打开"打开"对话框，选取零件"QIAN-BAN-MO-2.prt"后单击"打开"按钮，系统打开"元件放置"对话框。

(3) 勾选"预览"的复选框，然后在"元件放置"对话框右侧的"约束类型"中选取"重合"选项，依次选取"QIAN-BAN-MO-2.prt"的平面 2 和零件的平面 1，如图 12-95 所示。约束平面设置结果如图 12-96 所示。

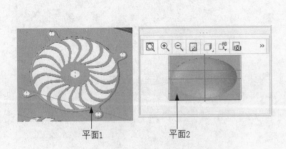

平面1　　　平面2

图 12-95　约束平面的选取

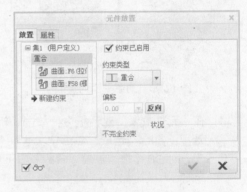

图 12-96　约束平面设置结果

(4) 在"元件放置"对话框中，单击"新建约束"按钮 新建约束，在右侧的"约束类型"选取"重合"选项，然后依次选取"QIAN-BAN-MO-2.prt"的轴线 A-1 和零件的轴线 A-2，使这两个轴线相匹配。此时在模型放置"模板"右下侧的状态显示"完全约束"，如图 12-97 所示。单击"确定"按钮 。

(5) 选取如图 12-98 所示平面作为边界平面和种子曲面，然后单击"确定"按钮，确定凹模成形特征的创建，结果如图 12-99 所示。

5. 创建组。

按住"Ctrl"键，选取最后创建的 3 个特征，然后单击鼠标右键，从打开的右键快捷菜单中选取"组"，如图 12-100 所示。

图 12-97 新建约束

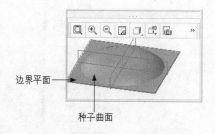

图 12-98 边界平面、种子曲面的选取

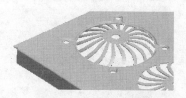

图 12-99 凹模成形特征

6. 创建镜像特征。

（1）在左侧的模型树中选取刚刚创建的组特征。

（2）单击"模型"功能区"编辑"面板下的"镜像"按钮 [[, 系统打开"镜像"操控板。

（3）选取 RIGHT 基准面作为镜像参考平面。

（4）在操控板中单击"确定"按钮 ✓, 镜像结果如图 12-101 所示。

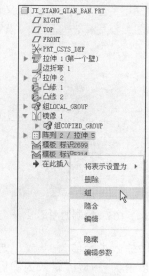

图 12-100 创建组

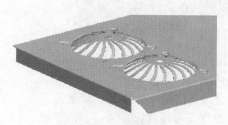

图 12-101 镜像结果

步骤 [6] 创建前端 USB 插孔安装槽

1. 创建切割特征。

（1）单击"模型"功能区"形状"面板上的"拉伸"按钮，系统打开"拉伸"操控板。设置拉伸方式为"完全贯穿"，去除材料方式为"垂直于驱动曲面的材料"。

（2）单击"放置"→"定义"按钮，选取 TOP 基准面作为草绘平面，绘制如图 12-102 所示的图形，然后单击"确定"按钮，退出草图绘制环境。

（3）在操控板中单击"确定"按钮，确定切割特征的创建，结果如图 12-103 所示。

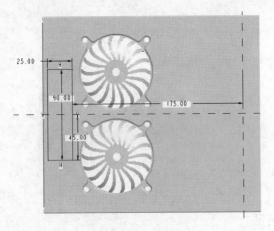

图 12-102 草绘截面

图 12-103 切割特征

2. 创建法兰壁特征。

（1）单击"模型"功能区"形状"面板上的"法兰"按钮，系统打开"凸缘"操控板。

（2）选取如图 12-104 所示的边为法兰壁的附着边，选取法兰壁的形状为"用户定义"，单击"形状"→"草绘"按钮，绘制如图 12-105 所示的草图，然后单击"确定"按钮，退出草图绘制环境。

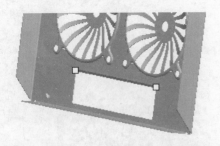

图 12-104 法兰壁附着边的选取

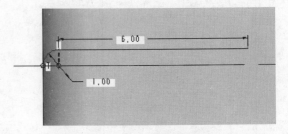

图 12-105 绘制的图形

（3）选取法兰壁第一端端点位置为"以指定值修剪"，输入长度值为"-5"，选取法兰壁第二端端点位置为"以指定值修剪"，输入长度值为"-5"，输入内侧折弯半径为"0.7"。

(4) 在操控板中单击"确定"按钮 ✓，确定法兰壁创建，结果
  如图 12-106 所示。

3. 创建倒圆角特征。

(1) 单击"模型"功能区"工程"面板下的"倒圆角"按钮 ，
  系统打开"倒圆角"操控板。

(2) 按住"Ctrl"键，选取如图 12-107 所示的 4 条棱边，输入圆
  角半径值"3"。

(3) 在操控板中单击"确定"按钮 ✓，结果如图 12-108 所示。

图 12-106　创建的法兰壁

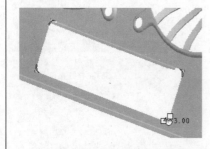

图 12-107　选取倒圆角的棱边

图 12-108　倒圆角结果

步骤 [7] 创建上部光驱和软驱的安装孔

1. 创建切割特征。

(1) 单击"模型"功能区"形状"面板上的"拉伸"按钮 ，系统打开"拉伸"操控板。设
  置拉伸方式为"完全贯穿" ，去除材料方式为"垂直于驱动曲面的材料"。

(2) 单击"放置"→"定义"按钮，选取 TOP 基准面作为草绘平面，绘制如图 12-109 所示
  的图形，然后单击"确定"按钮 ✓，退出草图绘制环境。

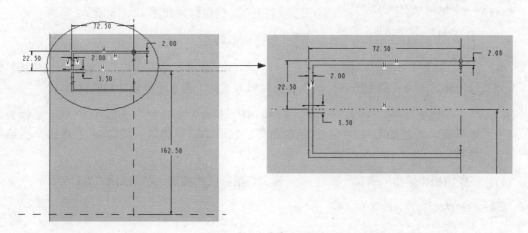

图 12-109　草绘截面

(3) 在操控板中单击"确定"按钮 ✓，确定切割特征的创建，结果如图 12-110 所示。

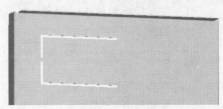

2. 创建阵列特征。

(1) 在左侧的模型树中选取刚刚创建的切割特征。

(2) 单击"模型"功能区"编辑"面板下的"阵列"
按钮 ::，系统打开"阵列"操控板。

(3) 选择阵列方式为"尺寸"，单击"尺寸"按钮，
系统打开"尺寸"下滑面板。在绘图区选择
数值为"162.5"，输入增量"-43"，如图 12-111 所示。

图 12-110　切割特征

(4) 在操作面板中输入阵列个数为"4"，然后单击"确定"按钮 ✓，阵列结果如图 12-112
所示。

图 12-111　阵列尺寸设置

图 12-112　阵列结果

3. 创建镜像特征。

图 12-113　镜像结果

(1) 在左侧的模型树中选取刚刚创建的阵列特征。

(2) 单击"模型"功能区"编辑"面板下的"镜像"按
钮))(，系统打开"镜像"操控板。

(3) 选取 RIGHT 基准面作为镜像参考平面，然后单击"确
定"按钮 ✓，镜像结果如图 12-113 所示。

4. 创建切割特征。

(1) 单击"模型"功能区"形状"面板上的"拉伸"按钮 ，系统打开"拉伸"操控板。设
置拉伸方式为"完全贯穿" ，去除材料方式为"垂直于驱动曲面的材料"。

(2) 单击"放置"→"定义"按钮，系统打开"草绘"对话框，选取 TOP 基准面作为草
绘平面，绘制如图 12-114 所示的图形，然后单击"确定"按钮 ✓，退出草图绘制
环境。

(3) 在操控板中单击"确定"按钮 ✓，确定切割特征的创建，结果如图 12-115 所示。

5. 创建阵列特征。

(1) 在左侧的模型树中选取刚刚创建的切割特征。

(2) 单击"模型"功能区"编辑"面板上的"阵列"按钮 ::，系统打开"阵列"操控板。

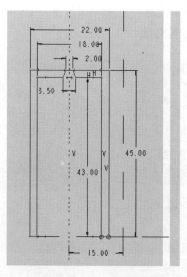

图 12-114 草绘截面

图 12-115 切割特征

（3）选择阵列方式为"尺寸"，单击"尺寸"按钮，系统打开"尺寸"下滑面板。在绘图区选择数值为"15"，输入增量"20"，如图 12-116 所示。

（4）在操作面板中输入阵列个数为"2"，然后单击"确定"按钮 ✓，阵列结果如图 12-117 所示。

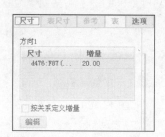

图 12-116 阵列尺寸设置

图 12-117 阵列结果

6. 创建镜像特征。

（1）在左侧的模型树中选取刚刚创建的阵列特征。

（2）单击"模型"功能区"编辑"面板下的"镜像"按钮)(，系统打开"镜像"操控板。

（3）选取 RIGHT 基准面作为镜像参考平面，然后单击"确定"按钮 ✓，镜像结果如图 12-118 所示。

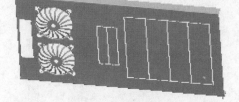

图 12-118 镜像结果

7. 创建切割特征。

（1）单击"模型"功能区"形状"面板上的"拉伸"按钮 ，系统打开"拉伸"操控板。设置拉伸方式为"完全贯穿" ，去除材料方式为"垂直于驱动曲面的材料"。

(2) 单击"放置"→"定义"按钮，选取 TOP 基准面作为草绘平面，绘制如图 12-119 所示的图形，然后单击"确定"按钮 ✔，退出草图绘制环境。

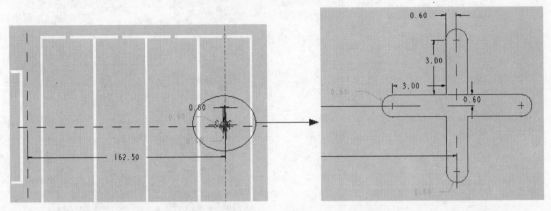

图 12-119　草绘截面

(3) 在操控板中单击"确定"按钮 ✔，确定切割特征的创建，结果如图 12-120 所示。

8. 创建阵列特征。

(1) 在左侧的模型树中选取刚刚创建的切割特征。

(2) 单击"模型"功能区"编辑"面板下的"阵列"按钮 ⊞，系统打开"阵列"操控板。

(3) 选择阵列方式为"尺寸"，单击"尺寸"按钮，系统打开"尺寸"下滑面板。在绘图区选择数值为"162.5"，输入增量"-43"，如图 12-121 所示。

图 12-120　切割特征

(4) 在操作面板中输入阵列个数为"4"，然后单击"确定"按钮 ✔，阵列结果如图 12-122 所示。

图 12-121　阵列尺寸设置

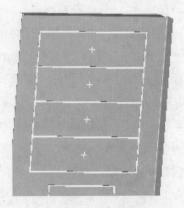

图 12-122　阵列结果

9. 创建另外的切割及阵列特征。

以相同的方法创建另一个切割特征及阵列特征，结果如图 12-123 所示。

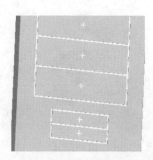

图 12-123 创建的切割特征及阵列特征

步骤[8] 创建控制线通孔及其他孔

1. 创建切割特征。

(1) 单击"模型"功能区"形状"面板上的"拉伸"按钮 ，系统打开"拉伸"操控板。设置拉伸方式为"完全贯穿" ，去除材料方式为"垂直于驱动曲面的材料"。

(2) 单击"放置"→"定义"按钮，选取 TOP 基准面作为草绘平面，绘制如图 12-124 所示的图形，然后单击"确定"按钮 ，退出草图绘制环境。

(3) 在操控板中单击"确定"按钮 ，确定切割特征的创建，结果如图 12-125 所示。

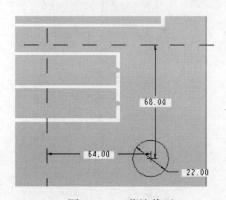

图 12-124 草绘截面

图 12-125 切割特征

2. 创建法兰壁特征。

(1) 单击"模型"功能区"形状"面板上的"法兰"按钮 ，系统打开"凸缘"操控板。

(2) 单击"位置"下滑面板中的"细节"按钮，系统打开"链"对话框，选取如图 12-126 所示的边为法兰壁的附着边，选取法兰壁的形状为"平齐的"，单击"形状"按钮，修改尺寸，如图 12-127 所示。

(3) 在操控板中单击"确定"按钮 ，确定法兰壁创建，结果如图 12-128 所示。

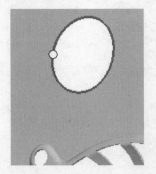  

图 12-126　法兰壁附着边的选取　　图 12-127　修改尺寸　　　　图 12-128　创建的法兰壁

3. 创建切割特征。

（1）单击"模型"功能区"形状"面板上的"拉伸"按钮 ，系统打开"拉伸"操控板。设置拉伸方式为"完全贯穿" ，去除材料方式为"垂直于驱动曲面的材料"。

（2）单击"放置"→"定义"按钮，选取 TOP 基准面作为草绘平面，绘制如图 12-129 所示的图形，然后单击"确定"按钮 ，退出草图绘制环境。

（3）在操控板中单击"确定"按钮 ，确定切割特征的创建，结果如图 12-130 所示。

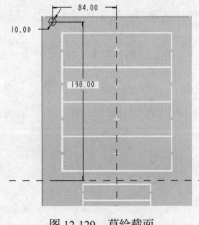 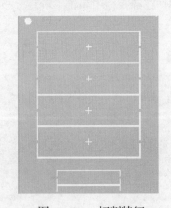

图 12-129　草绘截面　　　　　　　　　　图 12-130　切割特征

4. 创建镜像特征。

在左侧的模型树中选取刚刚创建的切割特征，分别以 RIGHT 基准面和 FRONT 基准面作为镜像参考平面，将切割特征镜像，镜像结果如图 12-131 所示。

5. 创建法兰壁特征。

方法同步骤 2，在刚刚创建的 4 个孔上创建法兰壁特征，选取法兰壁的形状为"平齐的"，输入法兰壁的长度为"1.5"，如图 12-132 所示。

图 12-131 镜像结果

图 12-132 创建的法兰壁

6. 创建切割特征。

(1) 单击"模型"功能区"形状"面板上的"拉伸"按钮，系统打开"拉伸"操控板。设置拉伸方式为"完全贯穿"，去除材料方式为"垂直于驱动曲面的材料"。

(2) 单击"放置"→"定义"按钮，选取 TOP 基准面作为草绘平面，绘制如图 12-133 所示的图形，然后单击"确定"按钮，退出草图绘制环境。

(3) 在操控板中单击"确定"按钮，确定切割特征的创建，结果如图 12-134 所示。

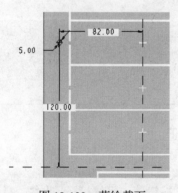

图 12-133 草绘截面

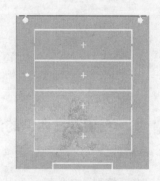

图 12-134 切割特征

7. 创建阵列特征。

(1) 在左侧的模型树中选取刚刚创建的切割特征。

(2) 单击"模型"功能区"编辑"面板下的"阵列"按钮，系统打开"阵列"操控板。

(3) 选择阵列方式为"尺寸"，单击"尺寸"按钮，系统打开"尺寸"下滑面板。在绘图区选择数值为"120"，输入增量"-100"，如图 12-135 所示。

(4) 在操作面板中输入阵列个数为"3"，然后单击"确定"按钮，阵列结果如图 12-136 所示。

8. 创建镜像特征。

(1) 在左侧的模型树中选取刚刚创建的阵列特征。

图 12-135　阵列尺寸设置

图 12-136　阵列结果

（2）单击"模型"功能区"编辑"面板下的"镜像"按钮⬚⬚，系统打开"镜像"操控板。

（3）选取 RIGHT 基准面作为镜像参考平面，然后单击"确定"按钮✔，镜像结果如图 12-137 所示。

图 12-137　镜像结果

步骤⌈9⌉　创建左右两侧的法兰壁及成形特征

1.　创建法兰壁特征。

（1）单击"模型"功能区"形状"面板上的"法兰"按钮，系统打开"凸缘"操控板。

（2）选取如图 12-138 所示的边为法兰壁的附着边，选取法兰壁的形状为"平齐的"，修改法兰壁的长度尺寸为"2.5"，如图 12-139 所示。

图 12-138　法兰壁附着边的选取

2.50

图 12-139　修改尺寸

（3）在操控板中单击"确定"按钮 ✅，确定法兰壁创建，结果如图 12-140 所示。

2. 创建镜像特征。

（1）在左侧的模型树中选取刚刚创建的法兰壁特征。

（2）单击"模型"功能区"编辑"面板下的"镜像"按钮 ▷◁，系统打开"镜像"操控板。

（3）选取 RIGHT 基准面作为镜像参考平面，单击"确定"按钮 ✅，镜像结果如图 12-141 所示。

图 12-140　创建的法兰壁

图 12-141　镜像结果

3. 创建凹模特征。

（1）单击"模型"功能区"工程"面板上的"形状"下"凹模"按钮 ⋈，系统打开"选项"菜单管理器。

（2）选取"参考"→"确定"选项，系统打开"打开"对话框，选取零件"QIAN-BAN-MO-3.prt"后单击"打开"按钮，系统打开"元件放置"对话框和模板显示框。

（3）模板与零件的 3 个约束分别如下。

① 模板的"平面 2"与零件的"平面 1"如图 12-142 所示，约束方式为"重合"。

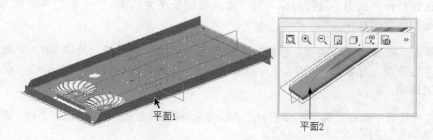

图 12-142　约束平面的选取

② 模板的"FRONT"基准平面与零件的"TOP"基准平面，约束方式为"距离"，偏移值为"-10"。

③ 模板的"RIGHT"基准平面与零件的"FRONT"基准平面约束方式为"重合"。

（4）选取如图 12-143 所示平面作为边界平面和种子曲面，然后单击"确定"按钮，确定凹模成形特征的创建，结果如图 12-144 所示。

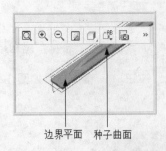

边界平面　种子曲面

图 12-143　边界平面、种子曲面的选取

图 12-144　凹模成形特征

4. 创建镜像特征。

（1）在左侧的模型树中选取刚刚创建的阵列特征。

（2）单击"模型"功能区"编辑"面板下的"镜像"按钮，系统打开"镜像"操控板，

（3）选取 RIGHT 基准面作为镜像参考平面，然后单击"确定"按钮，镜像结果如图 12-145 所示。

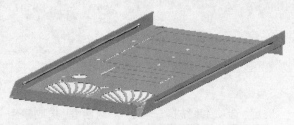

图 12-145　镜像结果

5. 创建切割特征。

（1）单击"模型"功能区"形状"面板上的"拉伸"按钮，系统打开"拉伸"操控板。设置拉伸方式为"两侧对称"，输入拉伸长度为"200"，去除材料方式为"垂直于驱动曲面的材料"。

（2）单击"放置"→"定义"按钮，系统打开"草绘"对话框，选取 RIGHT 基准面作为草绘平面，绘制如图 12-146 所示的图形，然后单击"确定"按钮，退出草图绘制环境。

（3）在操控板中单击"确定"按钮，确定切割特征的创建，结果如图 12-147 所示。

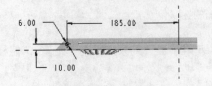

图 12-146　草绘截面

图 12-147　切割特征

6. 创建镜像特征

（1）在左侧的模型树中选取刚刚创建的阵列特征。

（2）单击"模型"功能区"编辑"面板下的"镜像"按钮 ◭，系统打开"镜像"操控板。

（3）选取 FRONT 基准面作为镜像参考平面，然后单击"确定"按钮 ✔，镜像结果如图 12-148 所示。

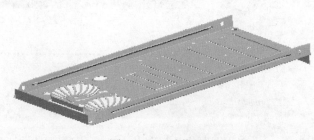

图 12-148　镜像结果

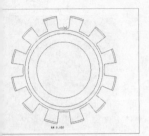

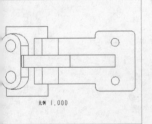

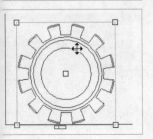

第13章
二维工程图

本章导读

　　工程图制作是整个设计的最后环节，是设计意图的表现和工程师、制造师等沟通的桥梁。传统的工程图制作通常通过纯手工或相关二维 CAD 软件来完成，制作时间长、效率低。Creo 用户在完成零件装配件的三维设计后，通过使用工程图模块，工程图的大部分工作就可以从三维设计到二维工程图设计来自动完成。工程图模式具有双向关联性，当在一个视图里改变一个尺寸值时，其他的视图也因此全更新，包括相关三维模型也会自动更新。同样，当改变模型尺寸或结构时，工程图的尺寸或结构也会发生相应的改变。

知识重点

- 工程图视图的创建
- 工程图视图的编辑
- 尺寸标注
- 几何公差

13.1 进入工程图设计环境

单击"快速访问"工具栏中的"新建"按钮 🗋，系统打开"新建"对话框，单击此对话框中的"绘图"子项，从对话框中可以看到"绘图"类型中没有子类型，如图 13-1 所示。

可以在"新建"对话框中的"名称"编辑框中输入工程图的名字，在此使用系统默认提供的"drw0001"文件名；单击"新建"对话框中的"确定"命令，系统打开"新建绘图"对话框，如图 13-2 所示。

在"新建绘图"对话框中可以设定工程图的默认模型，默认模型就是用于生成二维工程图的模型。系统默认选用当前"活动"的模型为默认工程图模型，也可以通过单击"浏览..."命令，选取其他模型来创建工程图。

"新建绘图"对话框中可以设定创建工程图的方式，一共有 3 种设置，详述如下。

- 使用模板：选择内置模板或自定义模板。在对话框的下方会列出内置模板名称，也可以通过"浏览..."命令选取其他的自定义模板文件。
- 格式为空：打开一个空格式的图框，也可以通过"浏览..."命令选取其他的图框文件，如图 13-3 所示。

图 13-1 "新建"对话框

图 13-2 "新建绘图"对话框

图 13-3 格式为空子项

- 空：指定图纸方向和大小来创建工程图，如图 13-4 所示。

"空"方式下的"方向"子项中可以设定图纸方向。图纸方向可以分为"纵向"、"横向"和"可变" 3 个样式；在"大小"子项中可以设定图纸的标准大小。当使用"纵向"和"横向"样式时，只能选择内定的图纸，其中 A0 ~ A4 图纸是公制，A ~ F 图纸是英制，标准图纸大小选项如图 13-5 所示。

单击"方向"子项中的"可变"命令，可以自由设定图纸的长度和宽度，如图 13-6 所示。

图 13-4　空子项

图 13-5　选取图纸大小

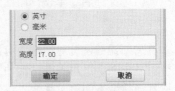

图 13-6　自定义图纸大小

在可变方式中还可以设定图纸的单位。全部设定完成后，单击"新建绘图"对话框中的"确定"命令，系统进入工程图设计环境。

13.2　工程图视图的创建

工程图视图的创建方式有两种：一是通过已有的 3D 模型来创建；二是通过草绘工具来创建。它们之间的效率差别是非常大的，本节讲述的工程图视图的创建都是通过已有的 3D 模型来创建的。

13.2.1　创建常规视图

创建常规视图的操作步骤如下。

（1）单击"快速访问"工具栏中的"新建"按钮 ，系统打开"新建"对话框，单击此对话框中"绘图"子项，输入工程图名为"dianquan"，然后单击对话框中的"确定"按钮。

（2）打开"新建绘图"对话框；将"新建绘图"对话框中的默认模型设为已经设计好的零件"dianquan.prt"，指定模板类型为"空"，图幅方向为"横向"，大小为"C"，如图 13-7 所示，单击"确定"按钮，系统进入工程图设计环境；

（3）单击"布局"功能区"模型视图"面板上的"常规"按钮 ，在工程图框左下部单击，显示垫圈的轴测图，如图 13-8 所示。

（4）同时系统打开如图 13-9 所示"绘图视图"对话框，选择类别为"视图类型"。

（5）在"模型视图名"列表中选择"RIGHT"项，然后单击"应用"按钮，此时工程图框中的视图由"斜轴测"变成"FRONT"，如图 13-10 所示。

（6）单击"绘图视图"对话框中的"比例"类别，如图 13-11 所示。

图 13-7　选取模板及图纸大小

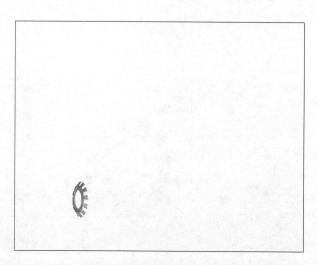

图 13-8　生成预览一般视图

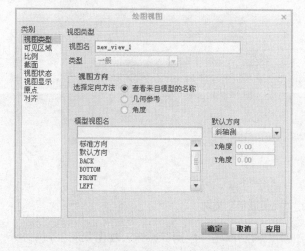

图 13-9　"绘图视图"对话框

图 13-10　生成 RIGHT 向视图

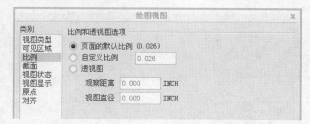

图 13-11　比例属性页

（7）选择"自定义比例"单选项，将比例设定为"0.08"，然后单击"应用"按钮，此时工程图框中的"RIGHT"视图比例发生相应变化，如图 13-12 所示。

（8）单击"绘图视图"对话框中的"视图显示"类别，如图 13-13 所示。

图 13-12　定义比例

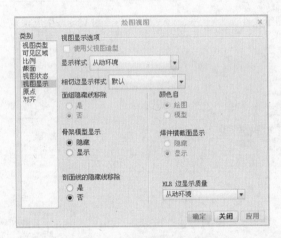

图 13-13　"视图显示"类别

（9）在"显示样式"下拉表中选择"消隐"，然后单击"应用"按钮，视图如图 13-14 所示。

图 13-14　更改显示样式

（10）单击对话框中的"确定"按钮，系统生成"FRONT"向视图。

13.2.2 创建投影视图

创建投影视图的操作步骤如下。

（1）接续上一节创建的视图。

（2）单击"布局"功能区"模型视图"面板上的"投影"按钮 ⬚⬚，此时工程图设计环境中出现一个黑色线框，移动鼠标将此框移动到"RIGHT"视图的上方，然后在适当位置单击，在工程图框中生成仰视图，如图 13-15 所示。

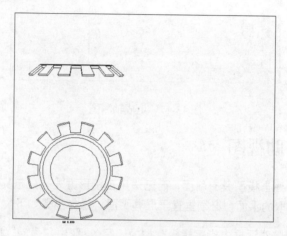

图 13-15 生成仰视图

| 注意 | 本文的视图放置方式为主视图上方是仰视图，下方是俯视图，左边是右视图，右边是左视图，望读者注意。 |

（3）在俯视图为选中状态时，重复步骤（2）的操作，生成左视图，如图 13-16 所示。

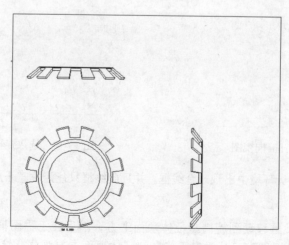

图 13-16 生成左视图

（4）单击"布局"功能区"模型视图"面板上的"常规"按钮 ⬚，单击工程图框右上部，显示轴测图，同样将比例设为"0.08"，生成轴测图，如图 13-17 所示。

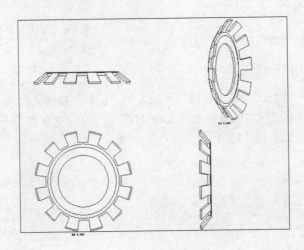

图 13-17　生成轴测图

13.2.3　创建辅助视图

辅助视图是用来创建当模型具有斜面，而无法用正投影方式来显示其真实形状时的视图。创建时，在父视图中所选取的平面，必须垂直于屏幕平面，操作步骤如下。

（1）在"新建绘图"对话框中指定模板类型为"空"，使用"横向"图幅，大小为"C"，进入工程图设计环境，创建"FRONT"向视图，比例为"0.08"，如图 13-18 所示。

（2）单击"布局"功能区"模型视图"面板上的"辅助"按钮 ◇，单击旋转特征如图 13-19 所示之处，表示选中的是旋转特征的顶面。

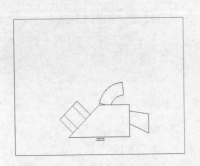

图 13-18　生成 Front 向视图

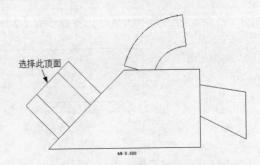

图 13-19　选取旋转特征顶面

（3）此时工程图设计环境中出现一个线框，并且此线框只能沿垂直于旋转体顶面的方向上移动，如图 13-20 所示。

（4）移动鼠标将此框移动到旋转特征体顶面上方，然后在工程图框中生成辅助视图，如图 13-21 所示，此辅助视图表示从垂直于旋转特征体顶面方向观察此综合实例。

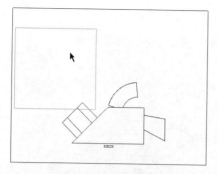

图 13-20 黑色线框

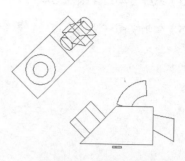

图 13-21 辅助视图

13.2.4 创建详细视图

详细视图又称局部详图，是用于细小而精密的重要部位，因其视图中无法注明尺寸或无法清楚表达其形状，故将此部位适度放大绘出。详细视图和一般视图一样，可以设定比例大小。

创建详细视图的操作步骤如下。

（1）接续 13.2.1 的创建的视图。

（2）单击"布局"功能区"模型视图"面板上的"详细"按钮 ，单击旋转特征如图 13-22 所示，单击处出现一个"×"号，表示创建垫圈详细视图的中心点。

（3）在中心点的周围绘制一个首尾相接的样条曲线，如图 13-23 所示。

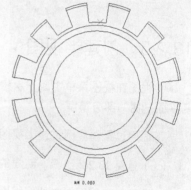

图 13-22 选取放大中心点

（4）单击鼠标中键，结束样条曲线的绘制，此时系统将根据绘制样条曲线图形的大小生成一个圆，如图 13-24 所示。

图 13-23 绘制样条曲线

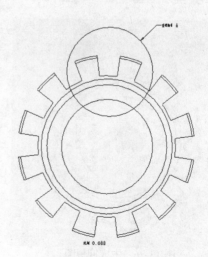

图 13-24 生成圆形

（5）系统自动给详细视图取名为"查看细节 A"，如图 13-24 所示。

（6）单击视图右侧的空白处，系统在此处生成详细视图，如图 13-25 所示。

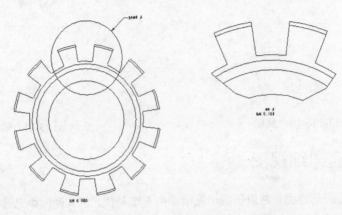

图 13-25　生成详细视图

13.2.5　创建半视图

半视图在视图菜单中属于次级视图选项，必须搭配基本视图类型来使用。半视图用来显示切割平面一侧的部分模型。

下面通过具体实例讲述半视图的创建。

（1）重复 13.2.2 步骤，创建的视图如图 13-26 所示。

（2）双击工程图框中的仰视图，系统打开"绘图视图"对话框，如图 13-27 所示，注意此时对话框中的"确定"按钮为未激活状态。

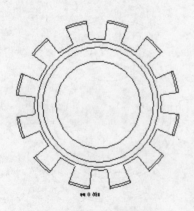

图 13-26　生成仰视图

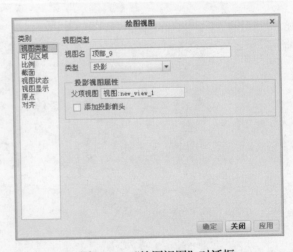

图 13-27　"绘图视图"对话框

（3）单击"绘图视图"对话框中的"可见区域"子项，系统切换到可见区域类型选项框，如图 13-28 所示。

图 13-28　可见区域选项

（4）单击"绘图视图"对话框中的"视图可见性"子项的下拉按钮，选取其中的"半视图"选项，如图 13-29 所示。

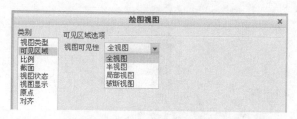

图 13-29　选取视图可见性

（5）选中"半视图"选项后可见区域选项框变成如图 13-30 所示。

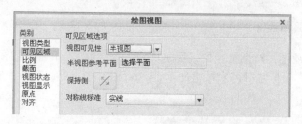

图 13-30　半视图选取

（6）此时系统要求给半视图的创建选取参考平面，单击俯视图的"RIGHT"基准面。

（7）此时俯视图上出现一个箭头，表示半视图显示方向，如图 13-31 所示。

（8）单击"确定"按钮，系统生成半视图，如图 13-32 所示。

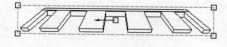

图 13-31　显示半视图方向

图 13-32　生成半视图

13.2.6　创建破断视图

破断视图可以将较长件中断缩短画出，并使剩余的两个部分靠近在指定的距离之内。

创建破断视图的操作步骤如下。

（1）新建一个视图，如图 13-33 所示。

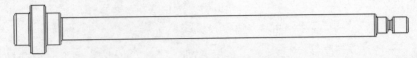

图 13-33　生成 FRONT 向视图

（2）单击"绘图视图"对话框中的"可见区域"子项，此对话框切换到可见区域选项，如图 13-34 所示。

（3）单击"视图可见性"子项的下拉命令，选取其中的"破断视图"选项，如图 13-35 所示。

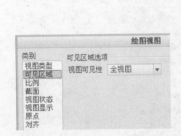

图 13-34　可见区域选项

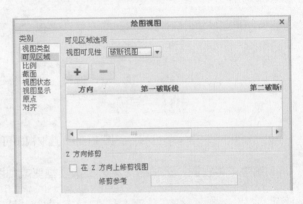

图 13-35　选取破断视图

（4）单击"绘图视图"对话框中的"添加断点" ✛ 命令，单击气缸杆上一点，系统通过此点生成一条竖直线段，鼠标左键再次单击如图 13-36 所示"2"处，系统生成第一破断线。

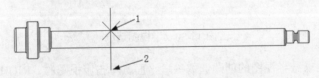

图 13-36　生成第一破断线

（5）同样的操作，再生成第二破断线，如图 13-37 所示。

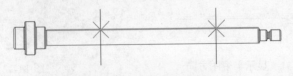

图 13-37　生成第二破断线

（6）单击"绘图视图"对话框中的"应用"命令，系统自动将两破断线之间的部分去除，并将气缸杆分裂开的两部分拉近，如图 13-38 所示。

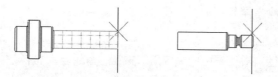

图 13-38　生成预览破断视图

（7）从上图可以看到，断裂线的样式是直线。拖动"视图可见性"子项中水平滑动按钮，显示出"破断线线体"子项，单击此子项的下拉按钮，系统显示破断线的样式选项，共有 6 种样式，如图 13-39 所示。

（8）单击"视图轮廓上的 S 曲线"选项，然后单击"确定"按钮，此时气缸杆上的破断线类型变成"S"形，如图 13-40 所示。

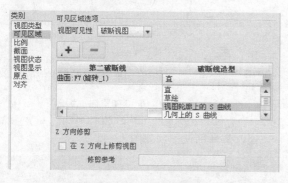

图 13-39　破断线样式

图 13-40　生成破断视图

13.2.7　创建局部视图

局部视图是在视图中显示封闭区域内的模型部分，并将其他模型部分删除。

创建局部视图的操作步骤如下。

（1）继续 13.2.1 的视图。

（2）双击视图，弹出"绘图视图"对话框。

（3）单击"绘图视图"对话框中的"可见区域"选项，在"视图可见性"下拉列表中选取"局部视图"选项，如图 13-41 所示。

（4）单击视图上的一点，在单击处出现一个"×"，如图 13-42 所示。

图 13-41　"选取局部视图"选项

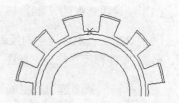

图 13-42　选取局部视图点

（5）在视图上画一个首尾相接的样条曲线，如图 13-43 所示，单击鼠标中键表示样条曲线绘制结束。

（6）单击"绘图视图"对话框中的"应用"按钮，系统自动将样条曲线之外的部分去除，如图 13-44 所示。

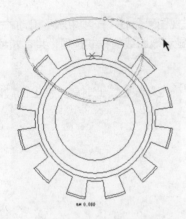

图 13-43　绘制样条曲线

图 13-44　生成预览局部视图

（7）单击"绘图视图"对话框中的"确定"按钮，生局部视图，如图 13-45 所示。

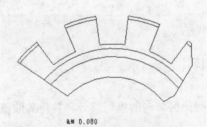

图 13-45　生成局部视图

（8）在"绘图视图"对话框中还可以设定局部视图的其他一些特征，在此不再赘述。

13.2.8　创建剖视图

剖视图在视图类型中属于第 3 层类型，因此剖视图的创建必须搭配其他的视图。

创建剖视图的操作步骤如下。

（1）创建投影视图，如图 13-46 所示。

（2）双击工程图环境中的投影视图，系统打开"绘图视图"对话框，选中此对话框的截面选项，单击"2D 截面"按钮，如图 13-47 所示。

（3）单击"截面选项"中的"将横截面添加到视图" ➕ 命令，系统打开"横截面创建"菜单管理器，如图 13-48 所示。

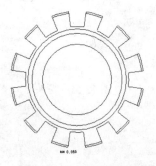

图 13-46　创建投影视图

图 13-47　选取 2D 截面选项

（4）单击"剖截面创建"菜单管理器中的"单一"命令，然后单击"完成"命令，此时系统在消息显示区提示输入剖截面名称，在此框中输入横截面名称"B"，然后单击提示框中的"接受"✓命令，系统打开"设置平面"菜单管理器，如图 13-49 所示。

图 13-48　"剖截面创建"菜单管理器

图 13-49　"设置平面"菜单管理器

（5）单击"TOP 准面"为剖切面，单击"绘图视图"对话框中的"确定"按钮，系统生成剖视图，如图 13-50 所示。

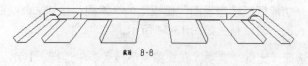

图 13-50　生成剖视图

（6）在"绘图视图"对话框中还可以设定剖视图的其他一些特征，在此不再赘述。

13.2.9　实例——创建弯头视图

> ┃ **思路分析**

本例将如图 13-51 所示的弯头创建视图。首先加入零件的前视图，并设置合适的样式；再投

影一个俯视图，局部剖开前视图小孔。

绘制步骤

1. 进入制图模块。

单击"快速访问"工具栏中的"新建"按钮，在弹出的"新建"对话框中选取"绘图"类型，在"名称"后的文本框中输入名称"wantou"，如图 13-52 所示；然后单击"确定"按钮，打开"新建绘图"对话框，如图 13-53 所示。

图 13-51 弯头

图 13-52 "新建"对话框

图 13-53 "新建绘图"对话框

2. 新建图纸。

单击"浏览"按钮，打开光盘文件 wantou.prt，在指定模板中单击"空"单选按钮，使用横向 A4 图纸，单击"确定"按钮，创建一个新的工程图文件。

3. 创建投影视图。

(1) 单击"布局"功能区"模型视图"面板上的"常规"按钮，在绘图区指定定一点，打开"绘图视图"对话框，如图 13-54 所示。

(2) 在对话框中选择"比例"选项，在视图名下拉列表中选择"TOP"视图，单击"应用"按钮。

(3) 在对话框中选择"比例"选项，选择"自定义比例"选项，输入比例为 1，单击"应用"按钮。

(4) 在对话框中选择"视图显示"选项，在显示样式下拉列表中选择"消隐"，单击"确定"按钮，俯视图如图 13-55 所示。

4. 创建投影视图。

(1) 单击"布局"功能区"模型视图"面板上的"投影"按钮，选择上步创建的俯视图为俯视图。

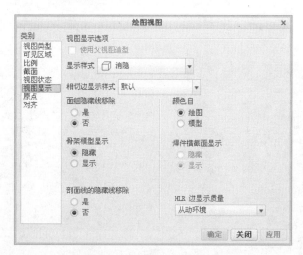

图 13-54 "绘图视图"对话框

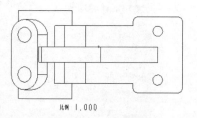

图 13-55 俯视图

（2）移动鼠标到俯视图的上方，在适当位置单击，放置主视图，如图 13-56 所示。

5. 创建局部剖视图。

（1）双击主视图，打开"绘图视图"对话框，选择"截面"选项卡，单击"2D 截面"单击按钮，单击"添加"按钮＋，打开"横截面创建"菜单管理器，选择"平面"/"单一"/"完成"选项，如图 13-57 所示。

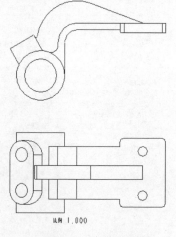

图 13-56 投影视图

图 13-57 "横截面创建"菜单管理器

（2）在打开的消息输入窗口中输入横截面名为"A"，单击"接收值"按钮✔，打开"平面"菜单管理器。

（3）选择"DTM2"平面，返回到"绘图视图"对话框，在"剖切区域"下拉列表中选择"局部"选项，结果如图 13-58 所示。

（4）在斜面位置上选择一点为参考点，并使用样条围绕一圈后单击鼠标中键，如图 13-59 所

示。单击"应用"按钮，完成局部的创建，如图 13-60 所示。

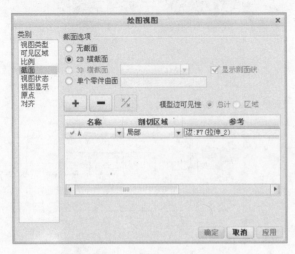

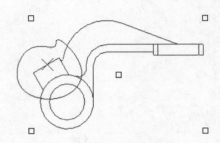

图 13-58 "绘图视图"对话框　　　　图 13-59 绘制样条

6. 定制视图。

（1）单击"布局"功能区"模型视图"面板上的"常规"按钮，在绘图区指定一点。

（2）打开"绘图视图"对话框，在视图方向中单击"几何参考"选项。选择参照 1 为 DTM1、参照 2 为 DTM2 定制视图，如图 13-61 所示，单击"确定"按钮。

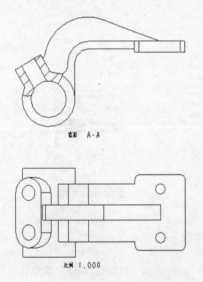

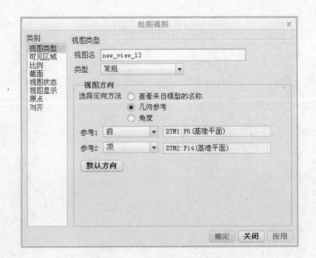

图 13-60 创建局部视图　　　　图 13-61 "绘图视图"对话框

（3）比例为 1:1，其他设置参考俯视图的设置，单击"确定"按钮，结果如图 13-62 所示。

7. 创建局部视图。

（1）双击左视图，打开"绘图视图"对话框，选择"可见区域"选项，在视图可见性下拉列表中选择"局部视图"。

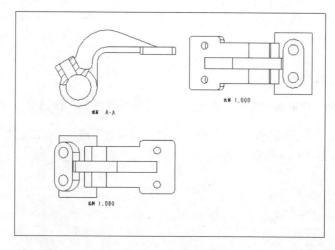

图 13-62　创建左视图

（2）在斜面位置上选择一点，并使用样条围绕一圈后点击鼠标中键，如图 13-63 所示。

（3）在对话框中单击"确定"按钮，结果如图 13-64 所示。

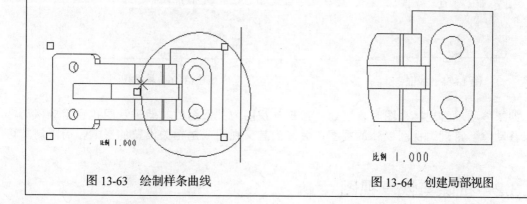

图 13-63　绘制样条曲线　　　　　　　　　　图 13-64　创建局部视图

13.3　编辑视图

13.3.1　移动视图

常用的移动方式是"点选－移动"。为了避免视图意外被移动，系统默认将视图锁定而不能随意移动。因此，要想移动视图，必须先取消视图的锁定。取消视图锁定的方式有 3 种，分别详述如下。

- 单击"布局"功能区"文档"面板上的"锁定视图移动"按钮 ，将其设为未选中状态，则解除所有视图的锁定状态。
- 右键单击视图，在弹出的对话框中将"锁定视图移动"选项设为未选中状态，则解除所

有视图的锁定状态。

- 单击"文件"菜单管理器中的"选项"命令，在弹出的对话框中在配置编辑器选项中添加"allow_move_view_with_move"，将设置值指定为"yes"，则解除所有视图的锁定状态。

移动视图的操作步骤如下。

（1）继续 13.2.1 创建的视图。

（2）单击"布局"功能区"文档"面板上的"锁定视图移动"按钮，选择创建的视图。

（3）将其选定后，视图周围会出现线框，并且鼠标指针变成"✛"，如图 13-65 所示，移动视图到适当位置，如图 13-66 所示。

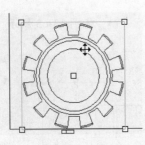

图 13-65　线框

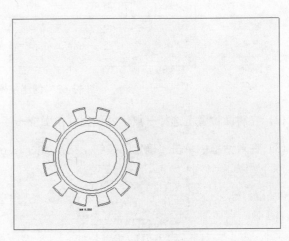

图 13-66　移动视图

如果移动"常规"视图时，以此"常规"视图为父视图的其他子视图也会相应移动；如果移动除"常规"视图以外的视图，会受到其父视图或是相关设置的影响，而限制其移动方向。

13.3.2　拭除与恢复视图

拭除与恢复视图的操作分别如下。

- 单击"布局"功能区"显示"面板上的"拭除视图"按钮，单击所要拭除的视图即可，此时被拭除的视图被暂时"隐藏"，并用绿色框线表示。
- 单击"布局"功能区"显示"面板上的"恢复视图"按钮，然后用鼠标选取需要恢复的视图即可。

13.3.3　删除视图

删除视图的方法有以下两种。

- 右键单击所要删除的视图，然后在弹出的快捷菜单单击"删除"命令或键盘"Delete"键，即可将所选视图删除。

- 单击所要删除的视图，然后单击"注释"功能区"删除"面板上的"删除"按钮✕，即可将所选视图删除。

13.4 尺寸标注

在 3D 模型与工程图之间，具有两种尺寸模式：一种是来自于创建 3D 模型时的尺寸，另一种是在工程图模式下用来标注 3D 几何外形尺寸。它们之间最大的差别在于是否影响 3D 几何模型。

13.4.1 尺寸显示

尺寸显示的操作步骤如下。

（1）单击"注释"功能区"注释"面板上的"显示模型注释"按钮，打开"显示模型注释"对话框，如图 13-67 所示。

（2）在视图中选择"俯视图"，视图上显示尺寸如图 13-68 所示。

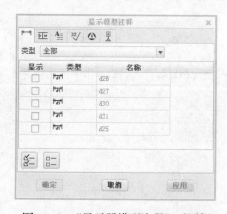

图 13-67 "显示器模型注释"对话框

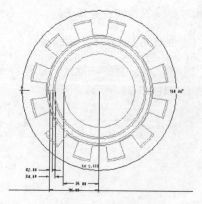

图 13-68 俯视图

（3）在对话框中勾选要显示的尺寸前复选框，如图 13-69 所示。

（4）在对话框中单击"确定"按钮，结果如图 13-70 所示。

图 13-69 "显示模型注释"对话框

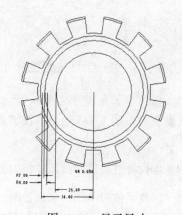

图 13-70 显示尺寸

"显示和拭除"对话框中的类型详述如下。

⊢⊣：显示/拭除尺寸。　　　　　　　⊥M：显示/拭除形位公差。

A≣：显示/拭除注释。　　　　　　　⏚：显示/拭除基准符号。

⚠：显示/拭除焊接符号。　　　　　³²√：显示/拭除表面精度符号。

13.4.2　尺寸标注

上节已经讲到，创建工程图视图的方式有两种：一是通过已有的 3D 模型来创建；二是通过草绘工具来创建。与此相对应，尺寸标注的方式也有两种：一种是使用"显示及拭除"命令来显示 3D 模型的尺寸，二是通过草绘工具添加尺寸。本节讲述的尺寸都是通过 3D 模型来标注的。

通过已有的 3D 模型标注的尺寸，在工程图环境中，如果对其修改后，相应的 3D 模型的尺寸也会发生变化，反之亦然，因此用这种方式生成的尺寸称为"驱动"尺寸。

尺寸标注的操作步骤如下。

（1）创建如图 13-71 所示的视图。

（2）单击"注释"功能区"注释"面板上的"尺寸"按钮 ⊢⊣，系统打开"依附类型"菜单管理器，如图 13-72 所示。

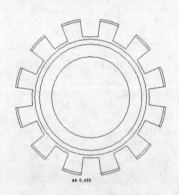

图 13-71　创建视图　　　　　　　　　　　图 13-72　依附类型菜单管理器

（3）保持"依附类型"菜单管理器中的默认选项"图元上"不变，选择工程图视图中俯视图的圆弧，如图 13-73 所示；在放置尺寸的位置单击鼠标中键，生成如图 13-74 所示的尺寸（框中）。

（4）同理标注其他圆弧尺寸，如图 13-75 所示。

（5）保持"依附类型"菜单管理器中的默认选项"图元上"不变，选择工程图视图中俯视图的斜线，如图 13-76 所示；在放置尺寸的位置单击鼠标中键，生成如图 13-77 所示的角度尺寸。

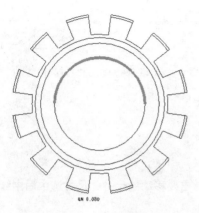

图 13-73　选择圆弧

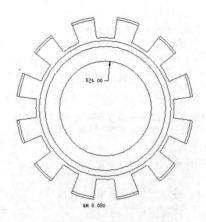

图 13-74　标注圆弧尺寸

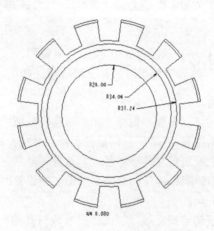

图 13-75　标注其他圆弧尺寸

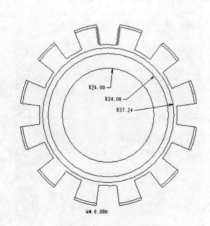

图 13-76　选择斜线

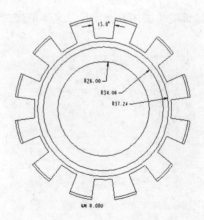

图 13-77　标注角度尺寸

（6）保持"依附类型"菜单管理器中的默认选项"图元上"不变，选择工程图视图中俯视图的线段，如图 13-78 所示；在放置尺寸的位置单击鼠标中键，生成如图 13-79 所示的角度尺寸。

图 13-78 选择线段

图 13-79 标注竖直尺寸

13.4.3 尺寸编辑

尺寸编辑的操作步骤如下。

（1）移动尺寸是最常用的操作，其操作非常简单，单击要移动的尺寸，尺寸选中后由红色加亮显示，并且鼠标图标变成"✛"，按住左键就移动尺寸。

（2）单击"注释"功能区"注释"面板上的"清理尺寸"按钮，打开"清除尺寸"对话框，如图 13-80 所示。

选择所有清理的尺寸就可以了。从图 13-80 所示可以看到，"清理设置"子项可以设定尺寸的摆放方式，分为"放置"和"修饰"两部分，其下选项详述如下。

"放置"子项中有 4 项设置。

- 分隔尺寸：选中此项后可以设置"偏移"和"增量"数值大小。"偏移"用来指定第一个尺寸相对于参考图元的位置；"增量"则是指定两尺寸的间距。
- 偏移参考：此子项用来设置尺寸的参考基准。选择"基线"选项后，可以选取视图图元、基准面、捕捉线、视图轮廓线等作为参考基准面。在设置时候，还可以使用"反向箭头"命令来设置尺寸摆放方向。
- 创建捕捉线：设置是否创建捕捉线，以便让尺寸能对齐捕捉线。
- 破断尺寸界线：当尺寸延伸线彼此相交是，用来在相交处打断尺寸界线。

"修饰"子项用来安排尺寸文本的摆放位置，如图 13-81 所示。

图 13-80 "整理尺寸"对话框

图 13-81 修饰属性页

其中的选项如下所述。

- 反向箭头：如果箭头与文本合适不重叠，则箭头从内向外定向；如果不合适或与文本重叠，则箭头从外向内定向。
- 居中文本：在尺寸延伸线之间将尺寸文本居中放置。如果不合适，系统沿指定方向，将文本移动到尺寸延伸线外部，摆放方式分为 4 种，在图 13-81 中已经标识出来。

（3）对齐尺寸操作可以将所选的纵坐标尺寸对齐。先使用"Ctrl"键，选取要对齐的多个纵坐标，然后单击"注释"功能区"注释"面板上的"对齐尺寸"按钮，就可以将所选中的纵向尺寸对齐。

尺寸编辑操作的这些命令比较简单，在此不再举例详述，读者可以自行打开一个工程图练习这些命令的使用。

13.4.4 尺寸公差

尺寸公差可以通过"尺寸属性"对话框设置。双击尺寸，打开"尺寸属性"对话框，如图 13-82 所示。

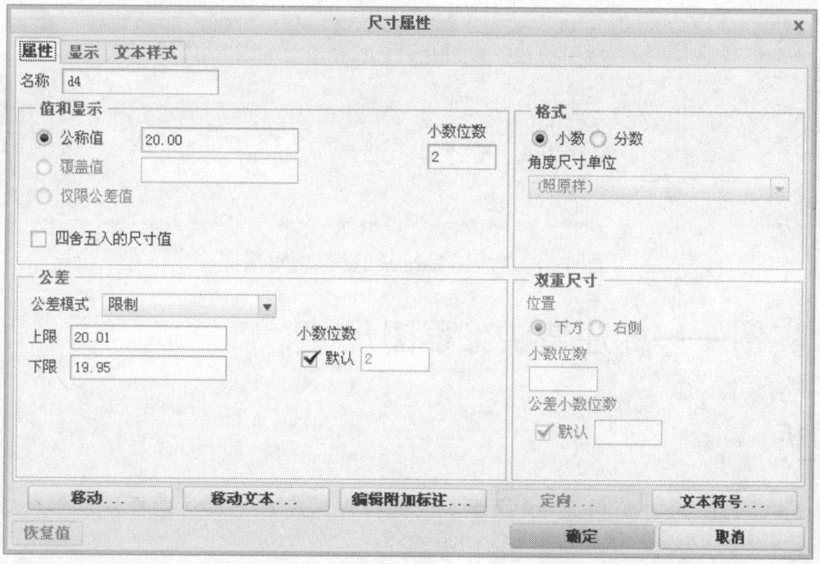

图 13-82 "尺寸属性"对话框

"尺寸属性"对话框是一个整合窗口，此对话框一共分为 3 部分："属性"、"显示"和"文本样式"。尺寸公差可在"属性"对话框中设置，但是，要想将尺寸公差值显示在工程视图中，需如下操作：单击"文件"菜单管理器中的"选项"命令，系统打开"Creo Parametric 选项"对话框，选择"配置编辑器"选项，如图 13-83 所示；在"Creo Parametric 选项"对话框中的"选项"子项中选择"tol_display"，"值"子项输入"yes"，然后单击"确定"按钮，则工程图视图的尺寸值上将显示出尺寸公差值。

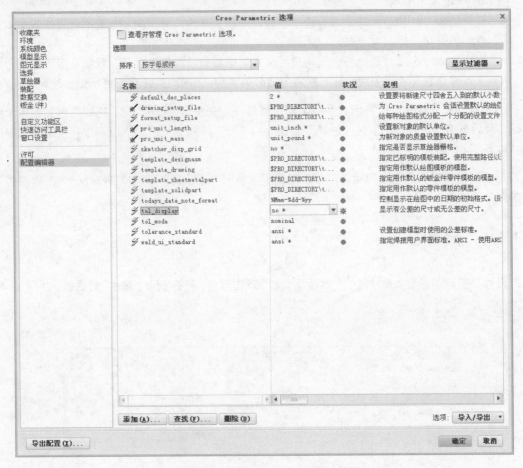

图 13-83　Creo Parametric 选项对话框

13.4.5　实例——标注弯头工程图尺寸

思路分析

标注的弯头工程图尺寸如图 13-84 所示。首先标注竖直尺寸，然后标注水平尺寸，最后标注圆弧尺寸。

绘制步骤

1. 标注竖直尺寸。

（1）单击"草绘"功能区"尺寸"面板上的"法向"按钮|↦|，打开"依附类型"菜单管理器，如图 13-85 所示。

（2）在俯视图中选择如图所示的两条边，在适当位置单击鼠标中键，放置尺寸，如图 13-86 所示。

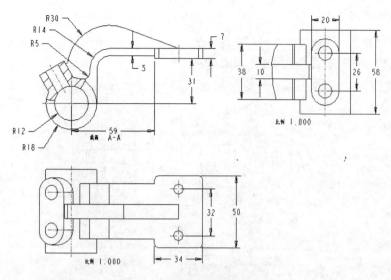

图 13-84 标注弯头工程图尺寸

图 13-85 "依附类型"菜单管理器

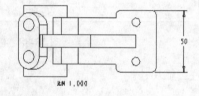

图 13-86 标注竖直尺寸

（3）同理标注其他竖直尺寸，如图 13-87 所示。

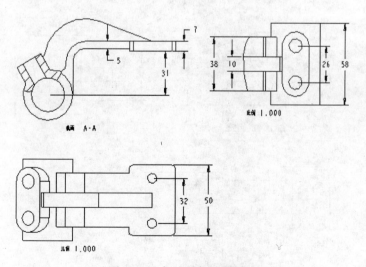

图 13-87 标注其他竖直尺寸

2. 标注水平尺寸。

单击"草绘"功能区"尺寸"面板上的"法向"按钮⟷，打开"依附类型"菜单管理
器，标注视图中的水平尺寸，如图 13-88 所示。

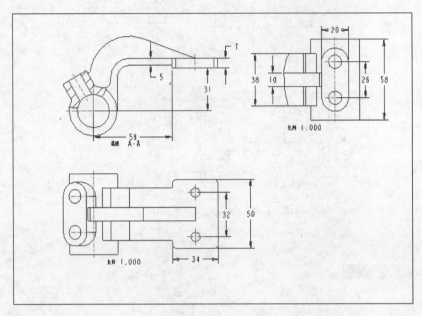

图 13-88　标注水平尺寸

3. 标注圆弧尺寸。

（1）单击"草绘"功能区"尺寸"面板上的"法向"按钮⟷，在视图中选取要标注的圆弧，
在适当位置单击鼠标右键，放置圆弧尺寸。

（2）重复上述步骤，标注其他圆弧尺寸，如图 13-89 所示。

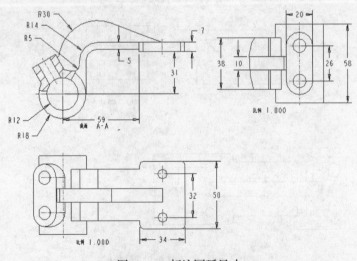

图 13-89　标注圆弧尺寸

13.5 几何公差

在工程图模块下,有两种公差表示可以设置:一种是用来表示零件配合程度所用的"尺寸公差",也叫"线性公差";另一种则是用来控制几何外型变动程度所用的"几何公差"。

"几何公差"是用来规范设计者指定的精确尺寸的外形,在所能允许的误差范围内变动。系统提供两种方式创建"几何公差"。

单击"注释"功能区"注释"面板上的"几何公差"按钮 ⊅1M,系统打开"几何公差"对话框,如图 13-90 所示。

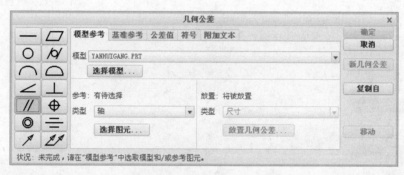

图 13-90 "几何公差"对话框

不论用哪种方式创建"几何公差",都可以使用"显示及拭除"命令来显示或拭除几何公差符号。所有可用的几何公差符号如下所示。

─ :直线度。	▱ :平面度。	○ :圆度。
⌀ :圆柱度。	⌒ :线轮廓度。	⌓ :曲面轮廓度。
∠ :倾斜度。	⊥ :垂直度。	∥ :平行度。
⊕ :位置度。	◎ :同轴度。	= :对称度。
↗ :圆跳动。	⫽↗ :总跳动。	

在创建几何公差时,常会需要指定一个"参考基准",这个参考基准包含了基准面或轴。在工程图设计环境中单击"注释"功能区"注释"面板上的"模型基准" ▱ 和"模型基准轴" ∕ 命令,即可打开"基准"窗口,在此窗口中可以创建模型基准。

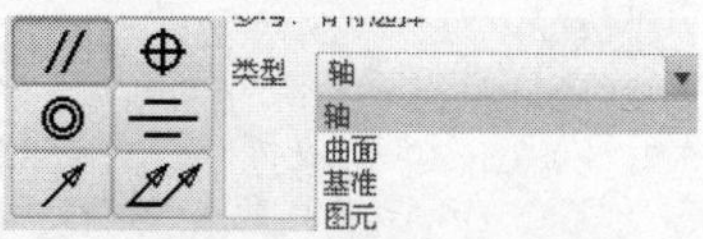

创建几何公差的操作步骤如下。

图 13-91 几何公差对话框

(1)单击"注释"功能区"注释"面板上的"几何公差"按钮 ⊅1M,系统打开"几何公差"对话框,选择"平行度" ∥ 选项,然后单击此对话框中的"参考"子项中的"曲面"类型选项,如图 13-91 所示。

（2）单击工程图视图的主视图上如图 13-92 所示的边。

（3）单击"几何公差"对话框中的"放置"子项下的"带引线"命令，如图 13-93 所示。

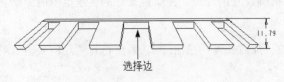

图 13-92　选取边　　　　　　　　　　　　　　　图 13-93　放置选项

（4）弹出"依附类型"菜单管理器，如图 13-94 所示，选择如图 13-95 所示的边为放置边。

图 13-94　"依附类型"菜单管理器　　　　　　　图 13-95　选择边

（5）在视图适当位置单击鼠标，放置几何公差，如图 13-96 所示。

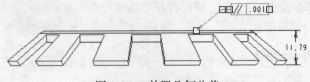

图 13-96　放置几何公差

（6）在对话框中单击"确定"按钮，完成几何公差的标注。

13.6 注释

注释是用来补足图面上不足的信息，其中球标用在处理大型装配体与 BOM 表的生成。

单击"注释"功能区"注释"面板上的"注解"按钮 ▲≡，系统打开"注解类型"菜单管理器，如图 13-97 所示。

"注解类型"菜单管理器中的选项意义如下所述。

- 无引线：不创建带有方向指引的注释。
- 带引线：创建带有方向指引的注释。
- ISO 引线：为注释创建 ISO 样式的方向指引，球标无法使用此选项。
- 在项上：将注释连接在边、曲线等图元上。
- 偏移：注释和选取的尺寸、公差、符号等间隔一段距离。
- 输入和文件：这两个选项用来指定"文件内容"输入方式，选取"输入"直接用键盘来输入文字，按"Enter"键换行；选取"文件"则是从计算机中读取文本文件，文件格式为"*.txt"。
- 水平、竖直与角度：用来设置注释文本的排列方式，其中"倾斜"选项只能在创建注释时使用。
- 标准、法向引线和切向引线：如果注释带有引线时，可以指定引线的样式。
- 左、居中与右：这 3 个选项仅适用于创建注释时使用。
- 样式库与当前样式：自定义专属的文本样式与指定目前使用的文本样式。

图 13-97 "注释类型"菜单管理器

- 进行注解：当"注释类型"菜单管理器中的所有选项选定后，左键单击此命令，输入文本内容与指定位置，即可创建注释。

注释的操作步骤如下。

（1）单击"注释"功能区"注释"面板上的"注解"按钮 ▲≡，在菜单管理器中单击"带引线"选项，单击菜单管理器中的"进行注解"选项，系统打开"依附类型"菜单管理器，如图 13-98 所示。

（2）保持"依附类型"菜单管理器中的选项不变，选择如图 13-99 所示的边。

（3）单击"依附类型"菜单管理器中的"完成"选项，系统打开"选择点"对话框，如图 13-100 所示。

（4）单击步骤 5 拾取边的上部，如图 13-99 所示之处。

（5）此时系统打开"文本符号"对话框，单击"半面度"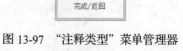符号，将其输入到提示框中，

然后单击提示框中的"确认" ☑ 命令；单击"注释类型"菜单管理器中的"完成/返回"选项，系统生成此注释，如图 13-101 所示。

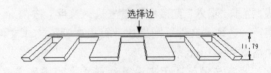

图 13-98　"依附类型"菜单管理器　　　图 13-99　选取边

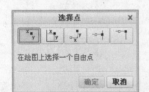

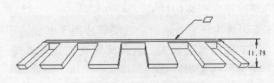

图 13-100　"选择点"菜单管理器　　　图 13-101　生成注释

13.7　表格

"表格"在工程图中是常用到的工具之一。例如标题栏、BOM 表等的制作。此外，利用"表格"还可以补足图面上不足的信息，并且可以将表格存储到硬盘，以便让其他工程图使用。

13.7.1　创建、移动及删除表格

和 Office 的表格类似，工程图表格是一个具有行列，并且可以在其中输入文字的网格。用户可以在表格中输入文字、尺寸和工程图符号，并且修改后可以同步更新其内容。

此外，也可以左键直接单击工具条中的"通过指定列和行尺寸插入一个表" ▦ 命令插入表格。

操作步骤如下。

（1）单击"表"功能区"表"面板上"表"下的"插入表"按钮▦，系统打开"插入表"对话框，如图 13-102 所示。

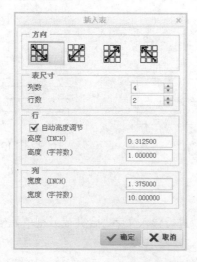

图 13-102 "插入表"菜单管理器

（2）在对话框中输入列数和行数为 3，单击"确定"按钮，单击工程图设计环境中的右下角。

（3）系统按指定行列数及间距生成一个"3×3"的表格，如图 13-103 所示。

（4）单击"表"功能区"行和列"面板中的"添加列"按钮▦，表示将要往表格两列中插入一列；单击两列的公共边，如图 13-104 所示。

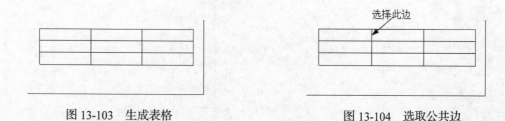

图 13-103 生成表格　　　　　　　　图 13-104 选取公共边

（5）在单击处添加一新列，如图 13-105。

（6）单击"表"功能区"行和列"面板中的"添加行"按钮▦，然后单击两行的公共边，系统添加一新行，如图 13-106 所示。

（7）单击表格中的任意一处，此时表格四周的中点及角点处出现方框，按住表格角点，就可以上下移动整个表格；如果按住表格边框的角点，就可以上下左右移动整个表格；使用上述方法，将表格移动到如图 13-107 的位置。

（8）单击工程图设计环境中的表格，如图 13-108 所示。

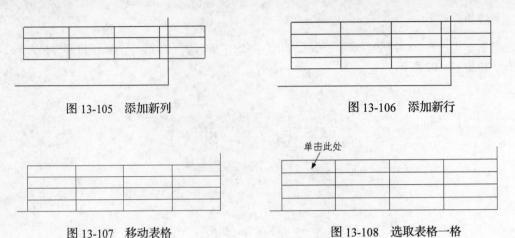

图 13-105　添加新列　　　　　　　　　　图 13-106　添加新行

图 13-107　移动表格　　　　　　　　　　图 13-108　选取表格一格

13.7.2　编辑表格

表格创建后，可以在表格中进行输入文字、合并或分割单元格、旋转表格及编辑表格大小等操作。

编辑表格的操作步骤如下。

（1）双击表格中如图 13-109 所示之处。

（2）系统打开"注释属性"对话框，如图 13-110 所示。

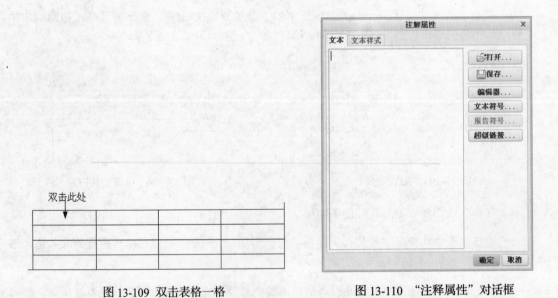

图 13-109　双击表格一格　　　　　　图 13-110　"注释属性"对话框

（3）用户可以在"注释属性"对话框的"文本"属性页中输入文字、符号、尺寸或超级链接等项目。在"文本"属性页中输入"文本"字样，然后单击"确定"按钮，系统在选定的单元格中显示出"文本"字样，如图 13-111 所示。

（4）从上图中可以看到，"文本"字样有点小，双击"文本"字样，系统打开"注释属性"对话框，单击"文本样式"属性页标签，切换到"文本样式"属性页，如图 13-112 所示。

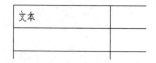

图 13-111 输入文本

（5）将此属性页中的"字符"子项中的"高度"编辑框中的数值设为"0.3"，然后单击"确定"按钮，可以看到"文本"字样的大小发生相应的边，如图 13-113 所示。

图 13-112 "文本样式"属性页

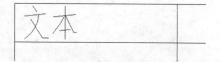

图 13-113 增加文本字高

> **注意** 在"文本样式"属性页中还可以对文本进行其他设置，在此不再赘述，读者可以自己练习；并且，表格中的文本同样也可以进行"复制"、"粘贴"等操作。

（6）单击表格中如图 13-113 所示"文本"之处，将此单元格选中，然后单击"表"菜单管理器中的"删除内容"命令，将"文本"字样从表格中删除。

（7）表格的合并及分割操作类似于 Word 中的表格合并及分割操作，详述如下：单击表格中如图 13-114 所示之处，然后按住"Ctrl"键，单击选中单元格右边的单元格，此时两单元格为选中状态。

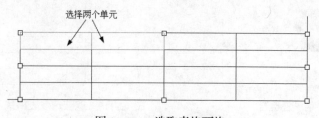

图 13-114 选取表格两格

（8）单击"表"功能区"行和列"面板上的的"合并单元格"按钮，此时选中的两个单元格

合并为一个，如图 13-115 所示。

图 13-115　合并单元格

（9）单击"表"功能区"行和列"面板上的的"高度和宽度"按钮，系统打开"高度和宽度"对话框，如图 13-116 所示。

（10）从图 13-116 所示可以看到，表格大小的计算方式有两种：一是按尺寸大小，二是按可容纳的字符数。将"高度和宽度"对话框中的"行"子项的"高度（字符数）"编辑框中数值改为"4"，然后单击"确定"按钮，此时表格如图 13-117 所示。

图 13-116 "高度和宽度"对话框

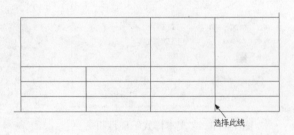

图 13-117　设置行高

（11）系统还提供控制表格框线的显示与否功能，详述如下：使用框选方式将整个表格选中，单击"表"功能区"行和列"面板上的的"行显示"按钮，系统打开"表格线"菜单管理器，如图 13-118 所示。

（12）保持"表格线"菜单管理器中的"遮蔽"选项不变，单击表格如图 13-117 所示的表格线。

（13）系统将选取的表格线遮蔽，如图 13-119 所示。

图 13-118　"表格线"菜单管理器

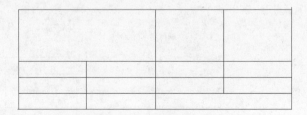

图 13-119　遮蔽选取表格线

（14）单击"选取"菜单管理器中的"确定"选项，然后单击"选取"命令，系统关闭"表格线"菜单管理器。

注意	"表格线" 菜单管理器中还有两个命令，其中"撤消遮蔽"命令用来恢复被遮蔽的框线，使用时，直接单击被遮蔽的框线即可将其恢复；"撤消遮蔽所有"命令用来恢复所有被遮蔽的表格线框，使用时，先单击此命令，然后单击表格即可以将被遮蔽的所有框线恢复显示。这两个命令的具体使用步骤在此不再赘述，读者可以自行练习。

13.8 综合实例——轴支架

思路分析

本例制作轴支架工程图如图 13-120 所示。首先加入零件的前视图，并设置合适的样式；再投影一个俯视图、左视图，剖开前视图、左视图；最后标注尺寸。

图 13-120 轴支架

绘制步骤

1. 进入制图模块。

单击"快速访问"工具栏中的"新建"按钮，在弹出的"新建"对话框中，选取"绘图"类型，在"名称"后的文本框中输入名称"zhouzhijia"，然后单击"确定"按钮，打开"新建绘图"对话框。

2. 新建图纸。

单击"浏览"按钮，打开光盘中的文件——zhouzhijia.prt，在指定模板中单击"空"单选按钮，使用横向 A4 图纸。单击"确定"按钮，创建一个新的工程图文件。

3. 创建主视图。

(1) 单击"布局"功能区"模型视图"面板上的"常规"按钮，在绘图区指定一点。

(2) 打开"绘图视图"对话框，在模型视图中选择 RIGHT 视图，如图 13-121 所示，创建主视图，如图 13-122 所示。

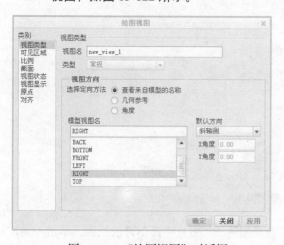

图 13-121 "绘图视图"对话框

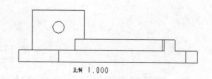

图 13-122 创建主视图

4. 创建投影视图。

(1) 单击"布局"功能区"模型视图"面板上的"投影"按钮🎛，选择前视图为父视图，在适当位置创建俯视图和左视图。

(2) 分别双击俯视图和左视图，打开"绘图视图"对话框，设置参数，结果如图 13-123 所示。

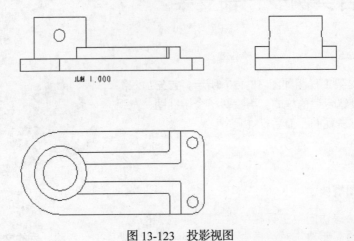

图 13-123　投影视图

5. 制作剖视图。

(1) 双击前视图，打开"绘图视图"对话框，选择"截面"选项，单击"2D 截面"单击按钮，单击添加按钮➕，打开"横截面创建"菜单管理器。

(2) 选择"平面"/"单一"/"完成"选项，在弹出的消息输入窗口中输入截面名"A"，单击"接受值"按钮✔，如图 13-124 所示。

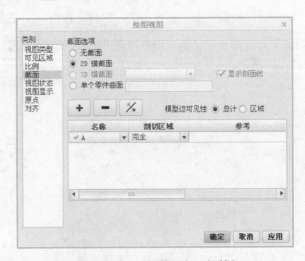

图 13-124　"绘图视图"对话框

(3) 打开"设置平面"菜单管理器，选择俯视图的 RIGHT 平面剖开前视图，单击"确定"按钮，结果如图 13-125 所示。

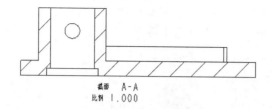

图 13-125　剖视图

（4）重复上述步骤，创建左视图的剖视图，结果如图 13-126 所示。

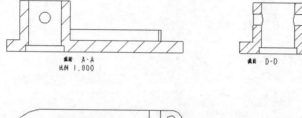

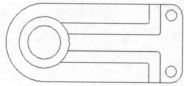

图 13-126　创建左剖视图

6. 标注尺寸。

单击"草绘"功能区"尺寸"面板上的"法向"按钮↦，标注模型的尺寸，结果如图 13-127 所示。

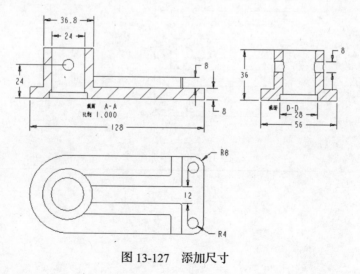

图 13-127　添加尺寸

7. 添加符号。

（1）右击需要添加直径的尺寸，在弹出的快捷菜单中选择"属性"选项，如图 13-128 所示。

(2) 打开"显示"选项卡，单击"文本符号"按钮，选择直径符号到前缀，如图 13-129 所示；按照相同的办法在 R8 的尺寸前缀添加"2-"，完成结果如图 13-130 所示。

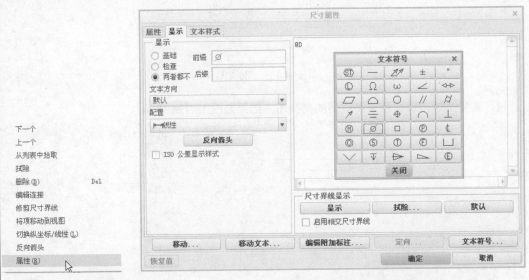

图 13-128　快捷菜单　　　　　　　　　　图 13-129　"尺寸属性"对话框

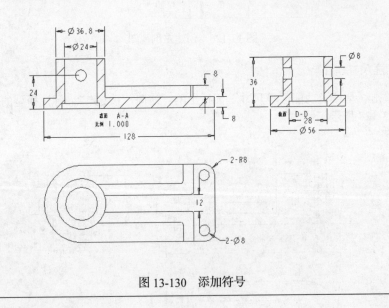

图 13-130　添加符号

第 14 章
齿轮泵综合设计

本章导读

　　本章以齿轮泵的整体设计过程为例，深入地讲解了应用 Creo Parametric 1.0 进行齿轮泵设计的整体思路和具体实施方法。

　　本章在前面讲解的各种建模方法的基础上，具体讲解 Creo Parametric 1.0 在工程实践中的应用。

知识重点

- 齿轮泵零件

- 齿轮泵装配

14.1　齿轮泵零件设计

14.1.1　齿轮轴

思路分析

本例创建的齿轮轴如图 14-1 所示。齿轮轴的设计过程是：首先利用"旋转"命令生成轮辐，然后绘制齿根圆及分度圆曲线，利用方程生成齿廓形状，修剪生成齿槽并阵列齿槽特征。创建的过程中使用了很多参照线，因此通过设置图层的方法隐藏参照线。

图 14-1　齿轮轴

绘制步骤

1.　创建轮辐。

（1）单击"快速访问"工具栏中的"新建"按钮，打开"新建"对话框。在"类型"选项组中点选"零件"单选钮，在"子类型"选项组中点选"实体"单选钮，在"名称"文本框中输入文件名"gear-1"，取消对"使用默认模版"复选框的勾选，单击"确定"按钮，然后在打开的"新文件选项"对话框中选择"mmns_part_solid"选项，单击"确定"按钮，创建一个新的零件文件。

（2）单击"模型"功能区"形状"面板上的"旋转"按钮，打开"旋转"操控板；依次单击"放置"→"定义"按钮，如图 14-2 所示，打开"草绘"对话框；选择 RIGHT 基准平面作为草绘平面，如图 14-3 所示，接受默认参照方向，单击"草绘"按钮，进入草绘界面。

（3）单击"草绘"功能区"草绘"面板上的"中心线"按钮，绘制一条中心线（与基准平面 TOP 对齐）；单击"草绘"功能区"草绘"面板上的"线"按钮，绘制如图 14-4 所示的外形线（必须封闭）。

（4）单击"草绘"功能区"尺寸"面板上的"法向"按钮，进行尺寸标注，修改尺寸后的图形如图 14-5 所示；然后单击"确定"按钮，退出草图绘制环境。

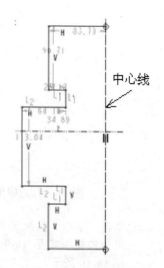

中心线

图 14-2 "放置"下滑面板　　图 14-3　草绘参数设置　　图 14-4　绘制轮辐草图

（5）在"旋转"操控板中选择旋转方式为"以指定角度值旋转"⬒，输入旋转角度值为 360°，然后单击操控板中的"确定"按钮✓，生成的旋转特征如图 14-6 所示。

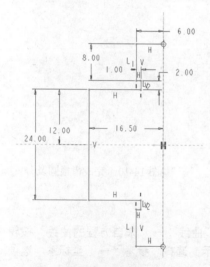

图 14-5　修改轮辐草图尺寸　　　　　图 14-6　创建旋转特征

（6）单击"模型"功能区"工程"面板上的"倒角"按钮◇，打开"边倒角"操控板，选择圆柱外侧的边进行倒角，设置倒角方式为"45×D"，倒角距离为 1，如图 14-7 所示。最后单击操控板中的"确定"按钮✓，生成倒角特征。

（7）重复上述步骤，对齿轮的 4 个棱边依次进行 C1 倒角，生成的轮辐效果如图 14-8 所示。

2. 绘制齿根圆和分度圆曲线。

（1）单击"模型"功能区"基准"面板上的"草绘"按钮⬠，打开"草绘"对话框，选择 FRONT 基准平面作为草绘平面，接受默认参照方向，单击"草绘"按钮，进入草绘界面。

图 14-7 "边倒角"操控板

图 14-8 轮辐效果

(2) 单击"草绘"功能区"草绘"面板上的"同心圆"按钮 ◎，绘制两个同心圆，修改尺寸后的图形如图 14-9 所示，单击"确定"按钮 ✔，完成齿根圆及分度圆的绘制，如图 14-10 所示。

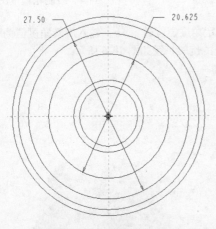

图 14-9 修改同心圆尺寸

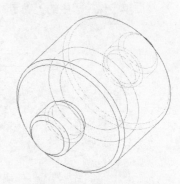

图 14-10 完成齿根圆及分度圆的绘制

3. 利用方程绘制齿廓外形曲线。

(1) 单击"模型"功能区"基准"面板上的"曲线"→"来自方程的曲线"按钮 ～，打开"曲线：从方程"操控板，如图 14-11 所示，选择"参考"→"坐标系"选项。

(2) 在模型树上选择如图 14-12 所示的"DEFAULT_CSYS"选项，在操控板中单击"方程"按钮，打开"方程"对话框，输入齿廓的曲线方程，如图 14-13 所示。

图 14-11 "曲线：从方程"操控板

图 14-12 模型树

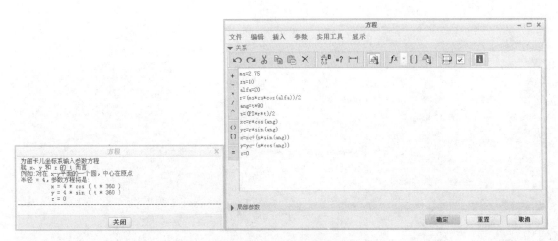

图 14-13　输入曲线方程

(3) 单击"曲线：从方程"对话框中的"确定"按钮，生成齿廓曲线，如图 14-14 所示。

(4) 选择刚刚生成的齿廓曲线，单击"模型"功能区"编辑"面板上的"镜像"按钮，打开"镜像"操控板，选择 TOP 基准平面作为镜像平面，单击操控板中的"确定"按钮，完成曲线的镜像，如图 14-15 所示。

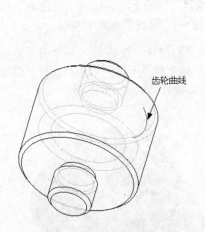

图 14-14　生成齿廓曲线

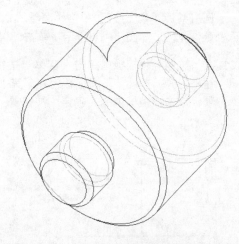

图 14-15　镜像齿廓曲线

(5) 选择刚刚镜像得到的曲线，单击"模型"功能区"操作"面板下的"复制"按钮，再单击"模型"功能区"操作"面板下的"选择性粘贴"按钮，打开"选择性粘贴"对话框。勾选"对副本应用移动/旋转变换"复选框，如图 14-16 所示，单击"确定"按钮，在绘图区上方打开"旋转"操控板。

(6) 单击操控板中的"旋转"按钮，并选择屏幕中轴的中心线作为参照，在"角度"文本框中输入旋转角度为-16.2921°，单击操控板中的"确定"按钮，完成曲线的旋转复制，如图 14-17 所示。

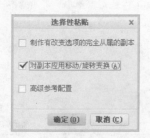

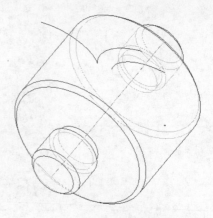

图 14-16 "选择性粘贴"对话框　　　　　　图 14-17 旋转复制曲线

4. 创建齿形特征并阵列。

（1）单击"模型"功能区"形状"面板上的"拉伸"按钮，打开"拉伸"操控板；依次单击"放置"→"定义"按钮，打开"草绘"对话框；选择 FRONT 基准平面作为草绘平面，接受默认参照方向，单击"草绘"按钮，进入草绘界面。

（2）单击"草绘"功能区"草绘"面板上的"投影"按钮，选择两条弧线、齿根圆及齿顶圆（共计 4 条弧线）；单击"草绘"功能区"编辑"面板上的"拐角"按钮，修剪或延伸草图，如图 14-18 所示；单击"确定"按钮，退出草图绘制环境。

（3）在"拉伸"操控板中单击"实体"按钮和"去除材料"按钮，再单击"选项"按钮，打开"选项"下滑面板，在"第 1 侧"与"第 2 侧"下拉列表中均选择"穿透"选项，单击操控板中的"确定"按钮，生成的齿槽特征如图 14-19 所示。

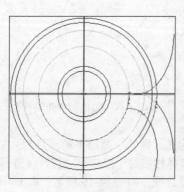

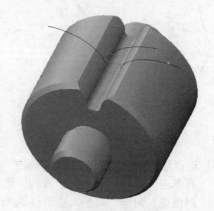

图 14-18 绘制齿形草图　　　　　　　　　图 14-19 创建齿槽特征

（4）单击"模型"功能区"工程"面板上的"倒圆角"按钮，输入半径值为 1.2，再依次选择如图 14-20 所示齿根的两条棱；单击操控板中的"确定"按钮，生成的齿根圆角特征如图 14-21 所示。

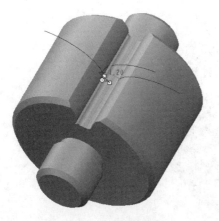

图 14-20 选择倒圆角边

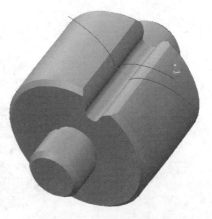

图 14-21 创建齿根圆角特征

(5) 在模型树中选择前面创建的拉伸特征和倒圆角特征并右击，在打开的快捷菜单中选择"组"选项创建组，如图 14-22 所示。

(6) 选择刚刚创建的"组 LOCAL"，单击"模型"功能区"操作"面板下的"复制"按钮🗐，并单击"模型"功能区"操作"面板下的"选择性粘贴"按钮🗐，打开"选择性粘贴"对话框，勾选"从属副本"和"对副本应用移动/旋转变换"复选框，并点选"完全从属于要改变的选项"单选钮，然后单击"确定"按钮；在操控板中单击"旋转"按钮⟳，并选择屏幕中轴的中心线作为参照，输入旋转角度为 36°，单击操控板中的"确定"按钮✔，完成齿槽的旋转复制，如图 14-23 所示。

(7) 选择刚刚旋转复制的齿槽特征，单击"模型"功能区"编辑"面板上的"阵列"按钮⊞，双击屏幕中出现的角度尺寸，在打开的文本框中输入 36，如图 14-24 所示。按<Enter>键确定，在操控板中设置阵列个数为 9，最后生成的阵列效果如图 14-25 所示。

图 14-22 创建组

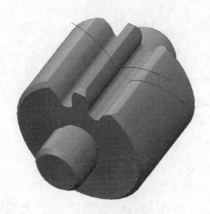

图 14-23 旋转复制齿槽

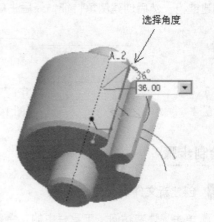

图 14-24 设置阵列角度

图 14-25　阵列齿槽特征

说明　此处选择旋转后的特征时，应选择"Moved Copy 2"，不可以选择它下面的"组COPIED_GROUP"，如图 14-26 所示。

图 14-26　选择阵列特征

14.1.2　阶梯轴

思路分析

本例创建的阶梯轴如图 14-27 所示。首先绘制轴体截面，使用"旋转"命令生成轴体外形；其次创建键槽；然后创建倒角特征；最后生成螺纹修饰。

图 14-27　阶梯轴

绘制步骤

1. 创建新文件。

单击"快速访问"工具栏中的"新建"按钮□，打开"新建"对话框，在"类型"选项组中点选"零件"单选钮，在"子类型"选项组中点选"实体"单选钮，在"名称"文本框中输入文件名"shaft"，取消对"使用默认模板"复选框的勾选，单击"确定"按钮，在打开的"新文件选项"对话框中选择"mmns_part_solid"选项，单击"确定"按钮，创建一个新的零件文件。

2. 旋转体。

(1) 单击"基础特征"工具栏中的"旋转"按钮 ⬙，打开"旋转"操控板。

(2) 单击"放置"→"定义"按钮，打开"草绘"对话框，选择 TOP 基准平面作为草绘平面，单击"草绘"功能区"基准"面板上的"中心线"按钮 ⫶，绘制一条中心线（与基准平面 FRONT 对齐）。单击"草绘"功能区"草绘"面板上的"线"按钮 ⟋，绘制如图 14-28 所示的轴轮廓草图。单击"确定"按钮 ✔，退出草图绘制环境。

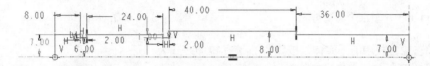

图 14-28　绘制轴轮廓草图

说明	此草图必须为封闭图形，否则不能完成此特征的创建。

(3) 单击操控板中的"实体"按钮 ▢，选择定义旋转角度的方式为"以指定角度值旋转" ⩊，输入角度值为 360°，单击"确定"按钮 ✔，生成的旋转特征如图 14-29 所示。

图 14-29　旋转特征

3. 创建短键槽特征。

(1) 单击"模型"功能区"形状"面板上的"拉伸"按钮 ⬚，打开"拉伸"操控板；依次单击"放置"→"定义"按钮，打开"草绘"对话框，此时需要创建一个新的草绘平面。单击"模型"功能区"基准"面板上的"平面"按钮 ⬚，打开如图 14-30 所示的"基准平面"对话框，选择 TOP 基准平面作为参照平面，给定平移尺寸为 4.5，单击"确定"按钮，再单击"草绘"对话框中的"草绘"按钮，进入草绘界面。

(2) 单击"草绘"功能区"草绘"面板上的"线"按钮 ⟋ 和"3 点相切端"按钮 ⟍，绘制如图 14-31 所示图形；单击"草绘"功能区"约束"面板上的"重合"按钮 ⬥，使半圆的

圆心与基准平面 FRONT 对齐；单击"草绘"功能区"尺寸"面板上的"法向"按钮 |↔|，修改尺寸，绘制完成的短键槽草图如图 14-31 所示。最后单击"确定"按钮 ✓，退出草图绘制环境，返回到"拉伸"操控板。

图 14-30　"基准平面"对话

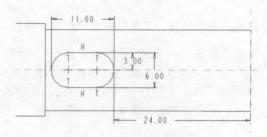

图 14-31　绘制短键槽草图

(3) 单击操控板中的"实体"按钮 □，选择拉伸方式为"完全贯穿" ⌇|，单击"去除材料"按钮 ⊿，最后单击"确定"按钮 ✓，完成短键槽特征的创建，如图 14-32 所示。

4. 创建长键槽特征。

图 14-32　创建短键槽特征

(1) 单击"模型"功能区"形状"面板上的"拉伸"按钮 ▱，打开"拉伸"操控板；依次单击"放置"→"定义"按钮，打开"草绘"对话框，此时需要重新创建一个新的草绘平面。单击"模型"功能区"基准"面板上的"平面"按钮 ▱，打开"基准平面"对话框，选择 TOP 基准平面作为参照平面，给定平移值为 3.5，单击"确定"按钮，再单击"草绘"对话框中的"草绘"按钮，进入草绘界面。

(2) 单击"草绘"功能区"草绘"面板上的"线"按钮 ╲ 和"3 点相切端"按钮 ╲，绘制如图 14-33 所示图形；单击"草绘"功能区"约束"面板上的"重合"按钮 ◈，使半圆的圆心与基准平面 FRONT 对齐；单击"草绘"功能区"尺寸"面板上的"法向"按钮 |↔|，标注并修改尺寸，绘制完成的长键槽草图如图 14-33 所示。最后单击"确定"按钮 ✓，退出草图绘制环境。

(3) 在"拉伸"操控板中单击"实体"按钮 □，选择拉伸方式为"完全贯穿拉伸" ⌇|，再单击"去除材料"按钮 ⊿，最后单击操控板中的"确定"按钮 ✓，完成长键槽特征的创建，如图 14-34 所示。

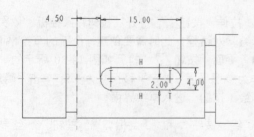

图 14-33　绘制长键槽草图

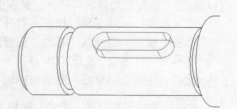

图 14-34　创建长键槽特征

5. 创建边倒角特征。

（1）单击"模型"功能区"工程"面板上的"倒角"按钮 ⃕，打开"边倒角"操控板。

（2）在打开的操控板中设置倒角方式为"45×D"，输入倒角值为 1，选择两端面的棱进行倒角。

（3）单击操控板中的"确定"按钮 ✓，生成的边倒角特征如图 14-35 所示。

图 14-35　创建边倒角特征

6. 创建螺纹修饰。

（1）单击"模型"功能区"工程"面板下的"修饰螺纹"命令，系统打开如图 14-36 所示的"螺纹"操控板。

（2）选择需要创建螺纹的曲面（右侧圆柱外表面），再选择螺纹起始面（右侧圆柱顶面），输入深度值为 22、直径值为 12。

（3）单击"螺纹"操控板中的"确定"按钮 ✓，完成螺纹修饰特征的创建，结果如图 14-27 所示。

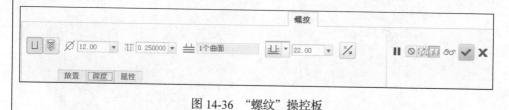

图 14-36　"螺纹"操控板

14.1.3　齿轮泵前盖

思路分析

本例创建的齿轮泵前盖如图 14-37 所示。首先生成齿轮泵前盖外形；然后创建 2 个轴孔和 6 个沉头孔，为了节省绘制时间，可以使用"复制"命令快速生成；再加工两个定位销孔；最后设置图层。

绘制步骤

1. 新建文件。

单击"快速访问"工具栏中的"新建"按钮 ⃤，打开"新建"对话框，在"类型"选项组中点选"零件"单选钮，在"子类型"

图 14-37　齿轮泵前盖

选项组中点选"实体"单选钮,在"名称"文本框中输入文件名 front_cover_pump,取消对"使用默认模版"复选框的勾选,单击"确定"按钮,然后在打开的"新文件选项"对话框中选择"mmns_part_solid"选项,单击"确定"按钮,创建一个零件文件。

2. 创建齿轮泵前盖外形。

(1) 单击"模型"功能区"形状"面板上的"拉伸"按钮，打开"拉伸"操控板；依次单击"放置"→"定义"按钮,选择 TOP 基准平面作为草绘平面。

(2) 单击"草绘"功能区"草绘"面板上的"线"按钮 和"3 点相切端"按钮 ,绘制如图 14-38 所示的泵体外形,并使用"草绘器工具"工具栏的约束功能为图形添加约束。

(3) 单击"草绘"功能区"尺寸"面板上的"法向"按钮 ,进行尺寸标注并修改尺寸,修改尺寸后的图形如图 14-38 所示；单击"确定"按钮 ,退出草图绘制环境。

(4) 在"拉伸"操控板中单击"实体"按钮 ,选择拉伸方式为"指定深度拉伸" ,输入拉伸深度值为 9,单击操控板中的"确定"按钮 ,生成的前盖基体如图 14-39 所示。

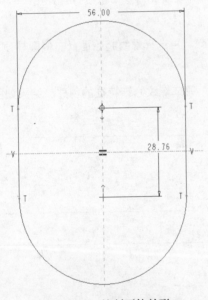

图 14-38 绘制泵体外形

图 14-39 创建前盖基体

(5) 单击"模型"功能区"形状"面板上的"拉伸"按钮 ,打开"拉伸"操控板；依次单击"放置"→"定义"按钮,打开"草绘"对话框；选择 TOP 基准平面作为草绘平面,接受默认参照方向,单击"草绘"按钮,进入草绘界面。

(6) 单击"草绘"功能区"草绘"面板上的"偏移"按钮 ,打开"类型"对话框,点选"环(L)"单选钮,如图 14-40 所示；再选择已生成实体的上表面,在打开的提示框中输入偏移值为-12,单击"确定"按钮 ,退出草图绘制环境。

(7) 在"拉伸"操控板中单击"实体"按钮 ,选择拉伸方式为"指定深度拉伸" ,输入拉伸深度值为 16,单击操控板中的"确定"按钮 ,生成的拉伸特征如图 14-41 所示。

图 14-40 "类型"对话框　　　　　　　　图 14-41 创建拉伸特征

3. 创建轴孔特征。

(1) 单击"模型"功能区"基准"面板上的"轴"按钮 ⁄，系统打开"基准轴"对话框，如图 14-42 所示；选择实体上端曲面作为参照面，单击"确定"按钮，完成基准轴的创建。重复上述操作，在下端面中心也创建基准轴，如图 14-43 所示的 A_1 和 A_2。

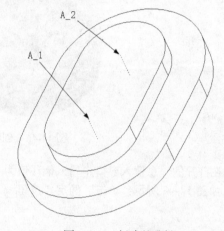

图 14-42 "基准轴"对话框　　　　　　　图 14-43 创建基准轴

(2) 单击"模型"功能区"工程"面板上的"孔"按钮 ⊥ᵢ，打开"孔"操控板，单击"放置"按钮，打开"放置"下滑面板，选择已绘制好的中心线，使用<Ctrl>键，选择齿轮泵前盖的内表面，放置参数设置如图 14-44 所示。

(3) 在"孔"操控板中按照如图 14-45 所示的参数进行设置，然后单击操控板中的"确定"按钮 ✓，生成轴孔特征。重复上述操作，完成另一个轴孔特征的创建，如图 14-46 所示。

4. 创建沉头孔特征。

(1) 单击"模型"功能区"基准"面板上的"草绘"按钮，系统打开"草绘"对话框；选择如图 14-47 所示的 S1 平面作为草绘平面，接受默认草绘方向，单击"草绘"按钮，进入草绘界面；单击"草绘"功能区"草绘"面板上的"偏移"按钮 ，打开"类型"对话框，点选"环（L）"单选钮，再选择齿轮泵前盖的上表面，打开"选取链"菜单，

单击"下一个"命令，直至加亮最外面的边，单击"接受"命令。

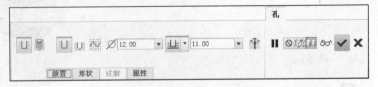

图 14-44　"放置"下滑面板　　　　　图 14-45　"孔"操控板

图 14-46　创建轴孔特征

（2）在打开的消息输入窗口中输入偏移值为-6，单击"确定"按钮 ✓，完成参考线的绘制，如图 14-48 所示；单击"确定"按钮 ✓，退出草图绘制环境。

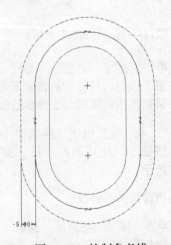

图 14-47　选择草绘平面　　　　　　图 14-48　绘制参考线

（3）在模型树中右击参考线（即草绘 1），在打开的快捷菜单中单击"属性"命令，系统打开

"线造型"对话框，在"线型"下拉列表中选择"双点划线"选项，如图 14-49 所示；单击"应用"按钮，完成属性的修改，如图 14-50 所示。

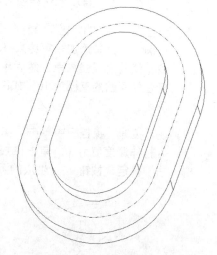

图 14-49　"线体"对话框

图 14-50　转换参考线

（4）单击"模型"功能区"形状"面板上的"拉伸"按钮，打开"拉伸"操控板；依次单击"放置"→"定义"按钮，打开"草绘"对话框；选择如图 14-47 所示的 S1 平面作为草绘平面，接受默认绘图方向，单击"草绘"按钮，进入草绘界面；绘制 6 个大小相同的圆，位置如图 14-51 所示。

（5）单击"草绘"功能区"尺寸"面板上的"法向"按钮，修改圆的直径为 5，然后单击"确定"按钮，退出草图绘制环境。

（6）在"拉伸"操控板中单击"实体"按钮，选择拉伸方式为"完全贯穿拉伸"，再单击"去除材料"按钮，最后单击操控板中的"确定"按钮，生成的基孔特征如图 14-52 所示。

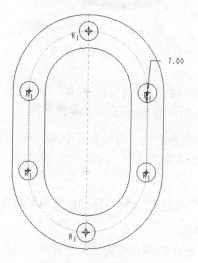

图 14-51　绘制基孔草图

图 14-52　创建基孔特征

(7) 单击 "模型" 功能区 "形状" 面板上的 "拉伸" 按钮 ⬚，打开 "拉伸" 操控板；依次单击 "放置" → "定义" 按钮，打开 "草绘" 对话框；选择如图 14-47 所示的 S1 平面作为草绘平面，接受默认绘图方向，单击 "草绘" 按钮，进入草绘界面。

(8) 单击 "草绘" 功能区 "草绘" 面板上的 "同心圆" 按钮 ◎，分别绘制与基孔圆同心的 6 个圆，并为其添加相等约束 R_1；单击菜单栏中的 "编辑" → "转换到" → "加强" 命令，使其变成强约束；然后单击 "草绘" 功能区 "尺寸" 面板上的 "法向" 按钮 ↦，标注任意圆的直径为 10，如图 14-53 所示，然后单击 "确定" 按钮 ✓，退出草图绘制环境。

(9) 在 "拉伸" 操控板中单击 "实体" 按钮 ⬚，选择拉伸方式为 "指定深度拉伸" 딱，输入拉伸深度值为 6，单击操控板中的 "反向" 按钮 ✗ 和 "去除材料" 按钮 ⬚，最后单击 "确定" 按钮 ✓，生成的沉头孔特征如图 14-54 所示。

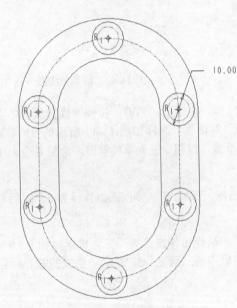

图 14-53　绘制沉头孔草图

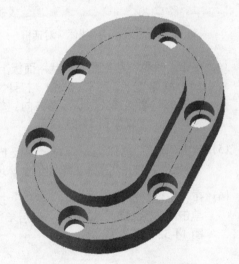

图 14-54　创建沉头孔特征

5. 创建定位销孔特征。

(1) 单击 "模型" 功能区 "形状" 面板上的 "拉伸" 按钮 ⬚，打开 "拉伸" 操控板；依次单击 "放置" → "定义" 按钮，选择如图 14-47 所示的 S1 平面作为草绘平面。

(2) 绘制与 RIGHT 基准平面夹角为 45° 的两条平行中心线，再绘制两个大小相同的圆，如图 14-55 所示；选择灰色的相等约束 R_1，单击菜单栏中的 "编辑" → "转换到" → "加强" 命令，使其变成强约束。

(3) 单击 "草绘" 功能区 "尺寸" 面板上的 "法向" 按钮 ↦，标注刚刚绘制的圆的直径为 5，单击 "确定" 按钮 ✓，退出草图绘制环境。

(4) 在 "拉伸" 操控板中单击 "实体" 按钮 ⬚，选择拉伸方式为 "完全贯穿" 彐彐，并单击 "去除材料" ⬚ 按钮和 "确定" 按钮 ✓，生成的定位销孔特征如图 14-56 所示。

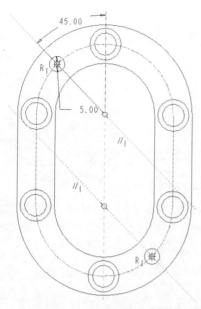

图 14-55 绘制定位销孔草图

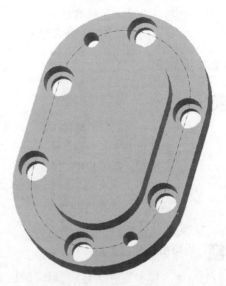

图 14-56 创建定位销孔特征

6. 创建倒圆角特征。

（1）单击"模型"功能区"工程"面板上的"倒圆角"按钮 ，打开"倒圆角"操控板。

（2）设置圆角半径为 1，再依次选择如图 14-57 所示泵盖外侧的 3 条棱边。

（3）单击操控板中的"确定"按钮 ，生成的倒圆角特征如图 14-58 所示。

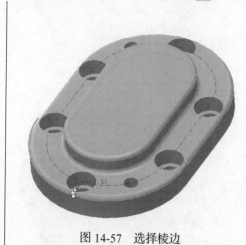

图 14-57 选择棱边

图 14-58 创建倒圆角特征

14.1.4 齿轮泵后盖

思路分析

本例创建的齿轮泵后盖如图 14-59 所示。齿轮泵后盖的设计方法与齿轮泵前盖基本相同，由于齿轮轴在后盖部分将伸出泵体同其他机构相连，因此在此处设计的轴孔为通孔，并增加了轴套部分，在轴套部分增加了螺纹修饰，其余的部分同前盖的创建过程基本一致。

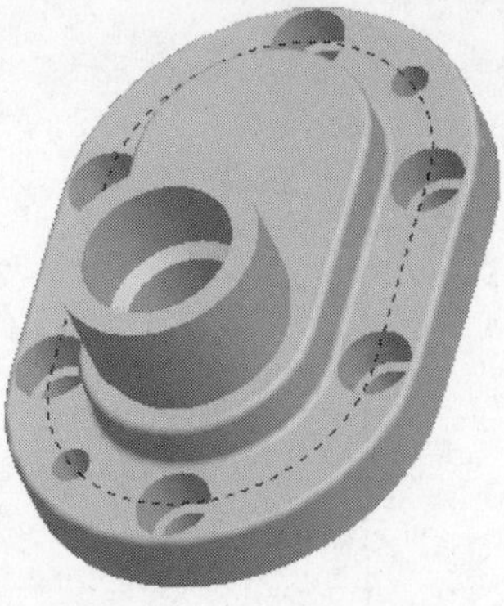

图 14-59　齿轮泵后盖

绘制步骤

1. 新建文件。

单击"快速访问"工具栏中的"新建"按钮，打开"新建"对话框，在"类型"选项组中点选"零件"单选钮，在"子类型"选项组中点选"实体"单选钮，在"名称"文本框中输入文件名"back_cover_pump"，取消对"使用默认模版"复选框的勾选，单击"确定"按钮；在打开的"新文件选项"对话框中选择"mmns_part_solid"选项，单击"确定"按钮，创建一个新的零件文件。

2. 创建齿轮泵后盖基体特征。

(1) 单击"模型"功能区"形状"面板上的"拉伸"按钮，打开"拉伸"操控板；依次单击"放置"→"定义"按钮，选择 TOP 基准平面作为草绘平面。

(2) 单击"草绘"功能区"草绘"面板上的"线"按钮和"3 点相切端"按钮，绘制齿轮泵后盖外形，并使用"草绘器工具"工具栏中的约束按钮为图形添加约束，结果如图 14-60 所示。单击"确定"按钮，退出草图绘制环境。

(3) 在"拉伸"操控板中单击"实体"按钮，选择拉伸方式为"指定深度拉伸"，输入拉伸深度值为 9，再单击"确定"按钮，生成的拉伸特征如图 14-61 所示。

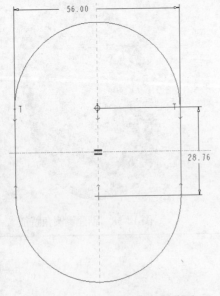

图 14-60　绘制齿轮泵后盖草图

图 14-61　创建拉伸特征

(4) 单击"模型"功能区"形状"面板上的"拉伸"按钮，打开"拉伸"操控板；依次单击"放置"→"定义"按钮,选择 TOP 基准平面作为草绘平面,接受默认参照方向,单击"草绘"按钮,进入草绘界面。

(5) 单击"草绘"功能区"草绘"面板上的"偏移"按钮 ,打开"类型"对话框,点选"环(L)"单选钮,选择已生成实体的上表面,在打开的消息输入窗口中输入偏距值为-12,再单击"确定"按钮 ✓,退出草图绘制环境,得到的凸台外形草图如图 14-62 所示。

(6) 在"拉伸"操控板中单击"实体"按钮 □,选择拉伸方式为"指定深度拉伸" ,输入拉伸深度值为 16,再单击操控板中的"确定"按钮 ✓,生成的齿轮泵后盖基体如图 14-63 所示。

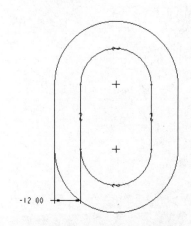

图 14-62 绘制凸台外形草图

图 14-63 齿轮泵后盖基体

3. 创建轴孔特征。

(1) 单击"模型"功能区"形状"面板上的"拉伸"按钮 ,打开"拉伸"操控板;依次单击"放置"→"定义"按钮,打开"草绘"对话框;选择 TOP 基准平面作为草绘平面,接受默认参照方向,单击"草绘"按钮,进入草绘界面。

(2) 单击"草绘"功能区"草绘"面板上的"同心圆"按钮 ◎,选择下面的半圆弧作为同心圆的参照,绘制如图 14-64 所示的圆;再单击"确定"按钮 ✓,退出草图绘制环境。

(3) 在"拉伸"操控板中单击"实体"按钮 □,选择拉伸方式为"指定深度拉伸" ,输入拉伸深度值为 15,单击操控板中的"确定"按钮 ✓,生成的圆柱体如图 14-65 所示。

(4) 单击"模型"功能区"形状"面板上的"拉伸"按钮 ,打开"拉伸"操控板;依次单击"放置"→"定义"按钮,选择如图 14-65 所示的圆柱顶面 S2 作为草绘平面,接受默认参照方向,单击"草绘"按钮,进入草绘界面。

(5) 单击"草绘"功能区"草绘"面板上的"同心圆"按钮 ◎,绘制圆柱的同心圆,如图 14-66 所示;单击"确定"按钮 ✓,退出草图绘制环境。

(6) 在"拉伸"操控板中单击"实体"按钮 □,选择拉伸方式为"指定深度拉伸" ,输

入拉伸深度值为 13，再单击"反向"按钮 ⚋，最后单击操控板中的"确定"按钮 ✓，生成的螺纹基体特征如图 14-67 所示。

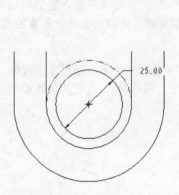

图 14-64　绘制圆

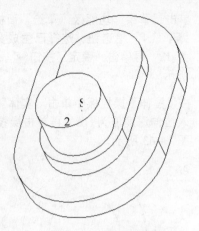

图 14-65　创建圆柱体

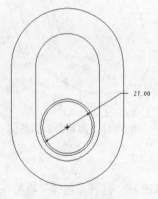

图 14-66　绘制同心圆

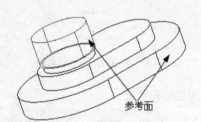

图 14-67　创建螺纹基体特征

(7) 单击"模型"功能区"基准"面板上的"轴"按钮 ⚋，系统打开"基准轴"对话框；选择如图 14-67 所示的曲面作为参照面，单击"确定"按钮，完成基准轴的创建，如图 14-68 所示。

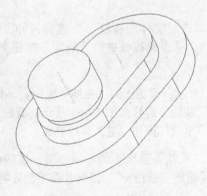

图 14-68　创建基准轴

(8) 单击"模型"功能区"工程"面板上的"孔"按钮，打开"孔"操控板；单击"放置"按钮，打开"放置"下滑面板；选择齿轮泵后盖基体下表面作为孔放置面，选择基准轴 A_5 作为主参照，泵盖的内表面作为次参照，"孔"操控板中的参数设置如图 14-69 所示；单击操控板中的"确定"按钮，完成轴孔 1 的创建，如图 14-70 所示。

图 14-69　"孔"操控板　　　　　　　　　　图 14-70　创建轴孔 1

(9) 单击"模型"功能区"形状"面板上的"旋转"按钮，打开"旋转"操控板；依次单击"放置"→"定义"按钮，打开"草绘"对话框；选择 RIGHT 基准平面作为草绘平面，接受默认参照方向，单击"草绘"按钮，进入草绘界面。

(10) 单击"草绘"功能区"基准"面板上的"中心线"按钮；绘制一条中心线（对齐至下面圆柱的中心线）；再单击"草绘"功能区"草绘"面板上的"线"按钮，绘制如图 14-71 所示的轴孔草图（外形线必须封闭，且两端线对齐至泵体端面）；单击"确定"按钮，退出草图绘制环境。

(11) 在"旋转"操控板中输入旋转角度为 360°，单击"去除材料"按钮，再单击"确定"按钮，生成轴孔 2，如图 14-72 所示。

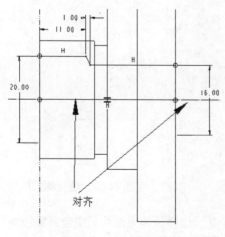

图 14-71　绘制轴孔草图　　　　　　　　　　图 14-72　创建轴孔 2

4. 创建沉头孔特征。

(1) 单击"模型"功能区"基准"面板上的"草绘"按钮，打开"草绘"对话框，选择如图 14-72 所示的 S1 平面作为草绘平面，接受默认草绘方向，单击"草绘"按钮，进入草绘界面。

(2) 单击"草绘"功能区"草绘"面板上的"偏移"按钮，打开"类型"对话框，点选"环（L）"单选钮，再选择底座实体的上表面，在打开的"选取链"菜单中单击"下一个"命令，直至加亮最外面的边，单击"接受"按钮。

(3) 在打开的消息输入窗口中输入偏距值为-6，单击"确定"按钮，再单击"确定"按钮，退出草图绘制环境，完成参考线的绘制，如图 14-73 所示。

(4) 在模型树中右击刚刚绘制的参考线，在打开的快捷菜单中单击"属性"命令，系统打开"线体"对话框，在"线体"下拉列表中选择"中心线"选项，单击"应用"按钮，完成属性修改。

(5) 单击"模型"功能区"形状"面板上的"拉伸"按钮，打开"拉伸"操控板；依次单击"放置"→"定义"按钮，打开"草绘"对话框；选择如图 14-72 所示的 S1 平面作为草绘平面，接受默认绘图方向，单击"草绘"按钮，进入草绘界面。

(6) 绘制 6 个大小相同的圆，位置如图 14-74 所示；选择灰色的相等约束 R_1 并右击，在打开的快捷菜单中单击"强"命令，使其变成强约束；单击"草绘"功能区"尺寸"面板上的"法向"按钮，标注任意圆的直径为 7，再单击"确定"按钮，退出草图绘制环境。

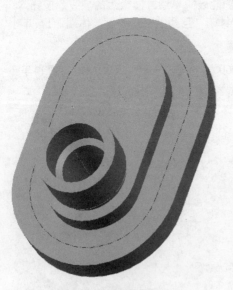

图 14-73 绘制参考线

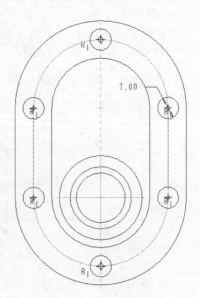

图 14-74 绘制基孔圆

(7) 在"拉伸"操控板中单击"实体"按钮，选择拉伸方式为"完全贯穿拉伸"，并单击"去除材料"按钮，再单击"确定"按钮，生成基孔特征。

(8) 单击"模型"功能区"形状"面板上的"拉伸"按钮 🖍，打开"拉伸"操控板；依次单击"放置"→"定义"按钮，打开"草绘"对话框；单击"使用先前的"按钮，再单击"草绘"按钮，进入草绘界面。

(9) 单击"草绘"功能区"草绘"面板上的"同心圆"按钮 ◎，分别绘制与基孔圆同心的 6 个圆，选择灰色的相等约束 R_1 并右击，在打开的快捷菜单中单击"强"命令，使其变成强约束。

(10) 单击"草绘"功能区"尺寸"面板上的"法向"按钮 ↤|，标注任意同心圆的直径为 10，如图 14-75 所示，然后单击"确定"按钮 ✓，退出草图绘制环境。

(11) 在"拉伸"操控板中单击"实体"按钮 □，选择拉伸方式为"指定深度拉伸" ⏸️，输入拉伸深度值为 6，然后单击"反向"按钮 ⅄ 和"去除材料"按钮 ⬚，再单击"确定"按钮 ✓，生成的沉头孔特征如图 14-76 所示。

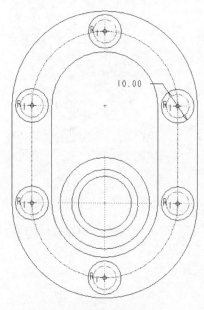

图 14-75 修改同心圆尺寸

图 14-76 创建沉头孔特征

5. 创建定位销孔特征。

(1) 单击"模型"功能区"形状"面板上的"拉伸"按钮 🖍，打开"拉伸"操控板；依次单击"放置"→"定义"按钮，打开"草绘"对话框；单击"使用先前的"按钮，再单击"草绘"按钮，进入草绘界面。

(2) 在如图 14-77 所示的位置绘制两条通过参考曲线的圆心且与 RIGHT 基准平面成 45°角的平行中心线，再绘制两个大小相同的圆，选择灰色的相等约束 R_1 并右键单击，在打开的快捷菜单中单击"强"命令，使其变成强约束。

(3) 单击"草绘"功能区"尺寸"面板上的"法向"按钮 ↤|，标注任意圆的直径为 5，然后单击"确定"按钮 ✓，退出草图绘制环境。

（4）在"拉伸"操控板中单击"实体"按钮□，选择拉伸方式为"完全贯穿拉伸"⊪，并单击"去除材料"按钮⊿和"确定"按钮✓，生成的定位销孔特征如图 14-78 所示。

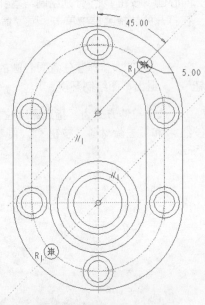

图 14-77 绘制定位销孔草图

图 14-78 创建定位销孔特征

6. 创建螺纹修饰特征。

（1）单击菜单栏中的"插入"→"修饰"→"螺纹"命令，打开"修饰：螺纹"对话框。

（2）在打开的消息输入窗口中输入直径值为 25，首先选择要添加螺纹的曲面（圆柱外表面），再选择螺纹起始面（圆柱顶面），在打开的"方向"菜单中选择合适得到方向，然后在打开"指定到"菜单中依次单击"至曲面"→"完成"命令。

（3）根据绘图区上方的提示信息，选择螺纹柱截止面（圆柱后端面），在打开的文本输入框中输入直径值为 25；在打开的"特征参数"菜单中单击"完成/返回"命令；在"修饰：螺纹"对话框中单击"确定"按钮，生成的螺纹修饰特征如图 14-79 所示。

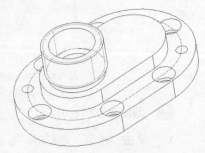

图 14-79 创建螺纹修饰特征

7. 创建倒圆角特征。

（1）单击"模型"功能区"工程"面板上的"倒圆角"按钮，打开"倒圆角"操控板。

（2）在操控板中输入圆角半径为 1，再依次选择泵盖外侧的 3 条棱边，如图 14-80 所示。

（3）单击操控板中的"确定"按钮✓，生成的倒圆角特征如图 14-81 所示。

图 14-80　选择棱边

图 14-81　创建倒圆角特征

14.1.5　齿轮泵基座

思路分析

本例创建的齿轮泵基座如图 14-82 所示。首先生成泵腔外形和底座外形；然后创建进、出油口外形以及泵体内腔；再创建进、出油口螺纹孔；最后生成 6 个螺丝孔、两个销定位孔和底座固定孔。

绘制步骤

1. 创建泵腔外形拉伸特征。

(1) 创建文件名为"base_pump"的新实体零件。

(2) 单击"模型"功能区"形状"面板上的"拉伸"按钮 ⬜，打开"拉伸"操控板；依次单击"放置"→"定义"按钮，打开"草绘"对话框；选择 FRONT 基准平面作为草绘平面，接受默认参照方向，单击"草绘"按钮，进入草绘界面。

图 14-82　齿轮泵基座

(3) 单击"草绘"功能区"草绘"面板上的"线"按钮 ⟋ 和"3 点相切端"按钮 ⌐，绘制泵腔体外形；单击"草绘"功能区"尺寸"面板上的"法向"按钮 ⟷，标注尺寸并修改；结果如图 14-83 所示；单击"确定"按钮 ✔，退出草图绘制环境。

(4) 在"拉伸"操控板中单击"实体"按钮 ⬜，设置拉伸方式为"对称拉伸" ⬚，输入拉伸深度值为 24，再单击操控板中的"确定"按钮 ✔，生成的泵腔外形拉伸特征如图 14-84 所示。

2. 创建底座外形特征。

(1) 单击"模型"功能区"形状"面板上的"拉伸"按钮 ⬜，打开"拉伸"操控板；依次单击"放置"→"定义"按钮，打开"草绘"对话框；选择 FRONT 基准平面作为草绘平面，接受默认参照方向，单击"草绘"按钮，进入草绘界面。

(2) 单击"草绘"功能区"草绘"面板上的"线"按钮 ⟋ 和"圆形修剪"按钮 ⌐，绘制底座外形；单击"草绘"功能区"尺寸"面板上的"法向"按钮↔，标注尺寸并修改，结果如图 14-85 所示；单击"确定"按钮✔，退出草图绘制环境。

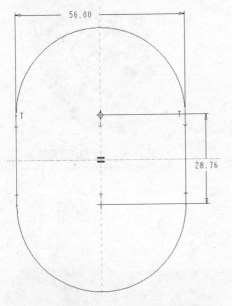

图 14-83　绘制泵腔体外形草图

图 14-84　创建泵腔外形拉伸特征

(3) 在"拉伸"操控板中单击"实体"按钮□，设置拉伸方式为"对称拉伸"⊟，输入拉伸深度值为 16，再单击操控板中的"确定"按钮✔，生成的底座外形拉伸特征如图 14-86 所示。

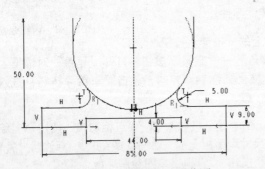

图 14-85　绘制底座外形草图

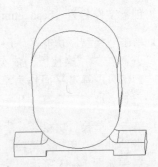

图 14-86　创建底座外形拉伸特征

3. 创建油口外形拉伸特征。

(1) 单击"模型"功能区"形状"面板上的"拉伸"按钮⬡，打开"拉伸"操控板；依次选择"放置"→"定义"，打开"草绘"对话框；选择 RIGHT 基准平面作为草绘平面，其他选项系统默认设置，单击"草绘"按钮，进入草绘界面。

(2) 单击"草绘"功能区"草绘"面板上的"圆心和点"按钮○，绘制如图 14-87 所示的油口外形草图，然后单击"确定"按钮✔，退出草图绘制环境。

(3) 在"拉伸"操控板中单击"实体"按钮□，设置拉伸方式为"对称拉伸"⊟，输入拉伸深度值为 70，再单击操控板中的"确定"按钮✓，生成油口外形拉伸特征，如图 14-88 所示。

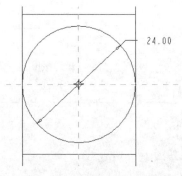

图 14-87　绘制油口外形草图

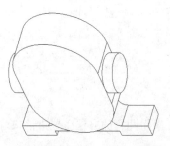

图 14-88　创建油口外形拉伸特征

4.　创建泵体内腔特征。

(1)　单击"模型"功能区"形状"面板上的"拉伸"按钮，打开"拉伸"操控板；依次单击"放置"→"定义"按钮，打开"草绘"对话框；选择泵体正表面作为草绘平面，其他选项系统默认设置，单击"草绘"按钮，进入草绘界面。

(2)　单击"草绘"功能区"草绘"面板上的"偏移"按钮，打开"类型"对话框，点选"环(L)"单选钮，再选择基座的上表面，在打开的消息输入窗口中输入偏距值为-10.75，得到泵体内腔草图，如图 14-89 所示，单击"确定"按钮✓，退出草图绘制环境。

(3)　在"拉伸"操控板中单击"实体"按钮□，设置拉伸方式为"完全贯穿拉伸"，并单击"反向"按钮和"去除材料"按钮，再单击"确定"按钮✓，生成泵体内腔特征，如图 14-90 所示。

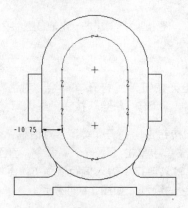

图 14-89　绘制泵体内腔草图

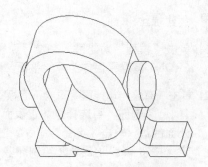

图 14-90　创建泵体内腔特征

5.　创建进、出油口螺纹孔。

(1)　单击"模型"功能区"工程"面板上的"孔"按钮，打开"孔"操控板，单击"放置"按钮，选择油口的中心线作为主参照，出油口端面作为孔放置面。

(2)　在操控板中单击"标准孔"按钮，设置螺纹系列为 ISO、螺钉尺寸为 M16×2、孔深

为 20；再单击"形状孔"按钮 ，如图 14-91 所示；单击"形状"按钮，打开"形状"下滑面板，按照如图 14-92 所示的尺寸进行设置，单击"确定"按钮 ，完成出油口螺纹孔的创建。

图 14-91　参数设置

（3）采用同样的方法生成进油口螺纹孔，完成效果如图 14-93 所示。

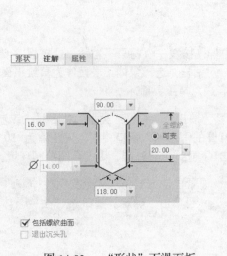

图 14-92　"形状"下滑面板

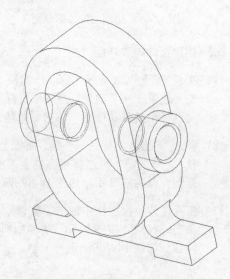

图 14-93　创建进、出油口螺纹孔

6. 创建螺丝孔。

（1）单击"模型"功能区"基准"面板上的"草绘"按钮 ，打开"草绘"对话框；选择 FRONT 基准平面作为草绘平面，默认草绘方向，单击"草绘"按钮，进入草绘界面。

（2）单击"草绘"功能区"草绘"面板上的"偏移"按钮 ，打开"类型"对话框；点选"环（L）"单选钮，再选择泵体正表面，在打开的菜单中单击"下一个"命令，直至加亮最外面的边；单击"接受"命令，在打开的消息输入窗口中输入偏距值为-6，再单击"确定"按钮 ，退出草图绘制环境，完成参考线的绘制，如图 14-94 所示。

（3）在模型树中右击刚刚绘制的参考线，在打开的快捷菜单中单击"属性"命令，系统打开"线造型"对话框；在"样式"下拉列表中选择"中心线"选项，如图 14-95 所示，单击"应用"按钮，完成属性的修改。

（4）单击"模型"功能区"形状"面板上的"拉伸"按钮 ，打开"拉伸"操控板；依次单击"放置"→"定义"按钮，选择泵体正面作为草绘平面，默认绘图方向，单击"草绘"按钮，进入草绘界面。

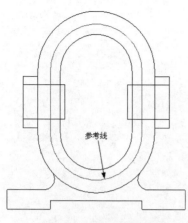

图 14-94 绘制参考线

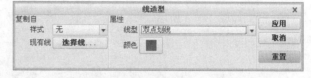

图 14-95 "线造型"对话框

(5) 选择绘制的参考线，绘制 6 个大小相同的圆，位置如图 14-96 所示。

(6) 选择灰色的相等约束 R_1 并右击，在打开的快捷菜单中单击"强"命令，使其变成强约束。

(7) 单击"草绘"功能区"尺寸"面板上的"法向"按钮 ↦I，标注任意圆的直径为 5，再单击"确定"按钮 ✔，退出草图绘制环境。

(8) 在"拉伸"操控板中，单击"实体"按钮 □，设置拉伸方式为"完全贯穿拉伸" ⬚，并单击"反向"按钮 ⟋ 和"去除材料"按钮 ⟋，然后单击操控板中的"确定"按钮 ✔，生成挖孔特征，如图 14-97 所示。

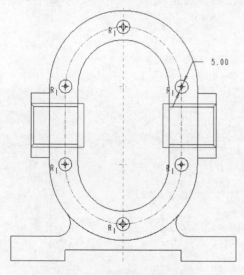

图 14-96 绘制螺纹孔草图

图 14-97 创建挖孔特征

(9) 单击菜单栏中的"插入"→"修饰"→"螺纹"命令，打开"修饰：螺纹"对话框，根据提示，先选择要绘制螺纹的曲面（螺纹孔内表面），再选择螺纹起始面（泵体正表面），在打开的菜单管理器中单击"正向"命令，在下一级菜单中依次单击"至曲面"→"完成"命令；根据提示，选择螺纹孔的截止面（泵体背面），在打开的消息输入窗口中输入直径值为6；在打开的下一级菜单中单击"完成/返回"命令，然后单击"修饰：螺纹"对话框中的"确定"按钮，生成螺纹修饰特征。

(10) 采用同样的方法添加另外 5 个孔的螺纹修饰特征，如图 14-98 所示。

7. 创建定位销孔。

(1) 单击"模型"功能区"形状"面板上的"拉伸"按钮 ，打开"拉伸"操控板；依次单击"放置"→"定义"按钮，打开"草绘"对话框；选择泵体正面作为草绘平面，默认绘图方向，单击"草绘"按钮，进入草绘界面。

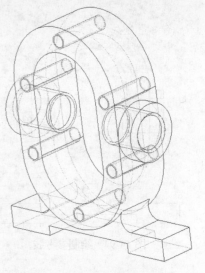

图 14-98　创建螺纹修饰特征

(2) 过上、下两个 $\phi56$ 圆的圆心绘制与 RIGHT 基准平面成 45°角的两条平行参考线，并以其与竖直参考线的交点为圆心绘制两个大小相同的圆，如图 14-99 所示。

(3) 选择灰色的相等约束 R_1 并右击，在打开的快捷菜单中单击"强"命令，使其变成强约束；单击"草绘"功能区"尺寸"面板上的"法向"按钮 ，标注任意圆的直径为 5，单击"确定"按钮 ，退出草图绘制环境。

(4) 在"拉伸"操控板中单击"实体"按钮 ，设置拉伸方式为"完全贯穿拉伸" ，并单击"反向"按钮 和"去除材料"按钮 ，然后单击"确定"按钮 ，生成定位销孔特征，如图 14-100 所示。

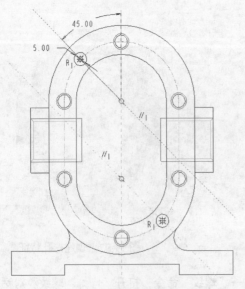

图 14-99　绘制定位销孔草图

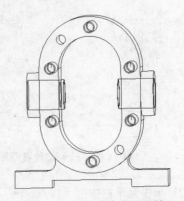

图 14-100　创建定位销孔特征

8. 创建底座固定孔特征。

（1）单击"模型"功能区"形状"面板上的"拉伸"按钮，打开"拉伸"操控板；依次单击"放置"→"定义"按钮，打开"草绘"对话框；选择齿轮泵底座的顶面作为草绘平面，接受默认绘图方向，单击"草绘"按钮，进入草绘界面。

（2）添加参考基准平面 FRONT，在如图 14-101 所示的位置绘制两个大小相同的圆，且以 RIGHT 基准平面为中心左右对称。

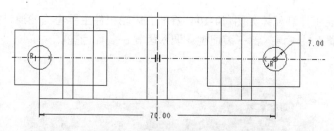

图 14-101 绘制底座固定孔草图

（3）选择灰色的相等约束 R_1 并右键单击，在打开的快捷菜单中单击"强"命令，使其变成强约束；单击"草绘"功能区"尺寸"面板上的"法向"按钮，标注任意圆的直径为 7，然后单击"确定"按钮，退出草图绘制环境。

（4）在"拉伸"操控板中单击"实体"按钮，设置拉伸方式为"完全贯穿拉伸"，并单击"反向"按钮和"去除材料"按钮，然后单击操控板中的"确定"按钮，生成底座固定孔特征，如图 14-102 所示。

9. 创建倒圆角特征。

（1）单击"模型"功能区"工程"面板上的"倒圆角"按钮，打开"倒圆角"操控板。

（2）给定倒圆角半径值，然后依次选择要倒圆角的边。

（3）单击操控板中的"确定"按钮，生成倒圆角特征，如图 14-103 所示。

图 14-102 创建底座固定孔特征

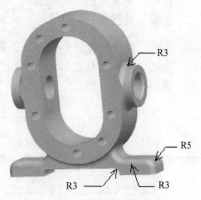

图 14-103 创建倒圆角特征

14.2 齿轮泵装配

14.2.1 齿轮组件装配体

思路分析

本例生成的齿轮组件装配体如图 14-104 所示。齿轮组件主要将齿轮通过键与轴进行连接，具体装配步骤为：调入轴→调入键→装配键→调入齿轮→装配齿轮。

图 14-104　齿轮组件装配体

装配步骤

1. 调入轴零件。

(1) 单击"快速访问"工具栏中的"新建"按钮 ，打开"新建"对话框，在"类型"选项组中点选"组件"单选钮，在"子类型"选项组中点选"设计"单选钮，在"名称"文本框中输入"shaft_gear"，取消对"使用默认模板"复选框的勾选，单击"确定"按钮，打开"新文件选项"对话框，选择"mmns_asm_design"选项，单击"确定"按钮，进入装配界面。

(2) 单击"模型"功能区"元件"面板上的"装配"按钮 ，在打开的"打开"对话框中选择随书光盘中的"shaft.prt"文件，单击"打开"按钮，打开如图 14-105 所示的"元件放置"操控板。

(3) 单击"放置"按钮，打开"放置"下滑面板，在"约束类型"下拉列表中选择"默认"选项，系统自动选择元件和组件的坐标系，完成全部的约束，如图 14-105 所示，单击操控板中的"确定"按钮 ，完成轴零件的调入，如图 14-106 所示。

图 14-105　"元件放置"操控板

图 14-106　调入轴零件

2. 调入键零件。

(1) 单击"模型"功能区"元件"面板上的"装配"按钮，在打开的"打开"对话框中选择"key.prt"文件，单击"打开"按钮，调入键零件，设置约束类型为"重合"。

(2) 分别选择如图 14-107 所示的重合面 1、重合面 2 作为组件和元件的重合面，单击"放置"下滑面板中的"新建约束"按钮，创建新的约束类型，设置约束类型为"重合"。

(3) 选择如图 14-107 所示的重合面 3 和重合面 4，单击操控板中的"确定"按钮，完成键与轴的装配，如图 14-108 所示。

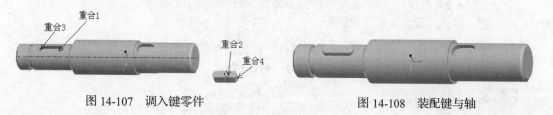

图 14-107　调入键零件　　　　　　　　　图 14-108　装配键与轴

3. 调入直齿轮零件。

(1) 单击"模型"功能区"元件"面板上的"装配"按钮，在打开的"打开"对话框中选择"gear-3.prt"选项，调入直齿轮，如图 14-109 所示。

(2) 在打开的"元件放置"操控板中单击"放置"按钮，在打开的"放置"下滑面板中，设置约束类型为"重合"，然后选择如图 14-109 所示的重合 1；再单击"放置"下滑面板中的"新建约束"按钮，设置约束类型为"重合"，选择如图 14-109 所示的重合 2。

(3) 单击"放置"下滑面板中的"新建约束"按钮，设置约束类型为"重合"选择如图 14-109 所示的重合 3，最后单击操控板中的"确定"按钮，完成直齿轮与轴的装配，效果如图 14-110 所示。

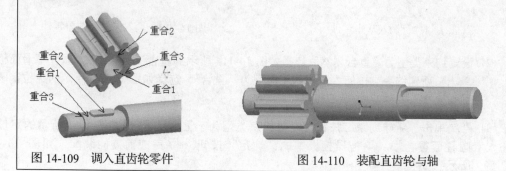

图 14-109　调入直齿轮零件　　　　　　图 14-110　装配直齿轮与轴

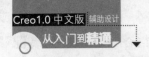
14.2.2 齿轮泵总装配

思路分析

本例创建的齿轮泵装配体如图 14-111 所示。将装好的齿轮组件放置在下箱体上，再放置箱盖，然后用螺钉固定，最后创建装配体的爆炸视图。

装配步骤

图 14-111 齿轮泵装配体

1. 调入基座零件。

（1）新建名称为"pump.asm"的装配文件。

（2）单击"模型"功能区"元件"面板上的"装配"按钮，在打开的"打开"对话框中选择随书光盘中的"base_pump.prt"文件，单击"打开"按钮，打开"元件放置"操控板。

（3）设置约束类型为"默认"，再依次选择元件和组件的坐标系，单击操控板中的"确定"按钮，完成基座零件的调入，如图 14-112 所示。

2. 调入齿轮泵前盖零件。

（1）单击"模型"功能区"元件"面板上的"装配"按钮，在打开的"打开"对话框中选择"front_cover_pump.prt"文件，单击"打开"按钮，调入的齿轮泵前盖零件，如图 14-113 所示。

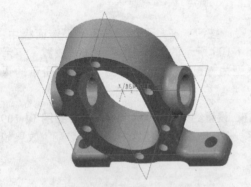

图 14-112 调入基座零件

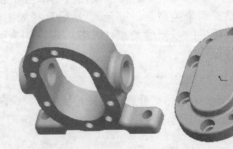

图 14-113 调入齿轮泵前盖零件

（2）设置约束类型为"重合"，然后选择如图 14-114 所示的重合 1；然后"放置"下滑面板中单击"新建约束"按钮，设置约束类型为"重合"，选择如图 14-114 所示的定位销圆柱面重合 2。

（3）再次单击"新建约束"按钮，设置约束类型为"重合"，选择如图 14-5 所示的定位销圆柱面重合 3，单击操控板中的"确定"按钮，完成前盖的装配，如图 14-115 所示。

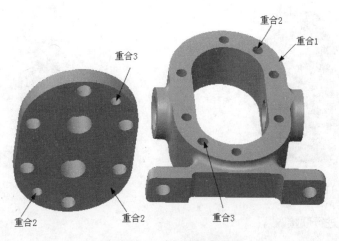

图 14-114　选择装配匹配面

3. 调入定位销进行定位。

（1）单击"工程特征"工具栏中的"装配"按钮，在"打开"对话框中选择"pin.prt"文件，单击"打开"按钮，调入定位销，结果如图 14-116 所示。

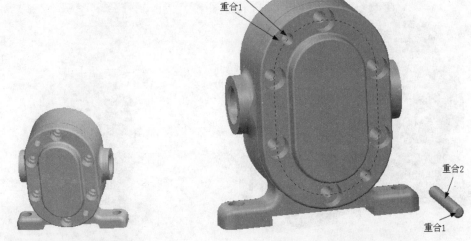

图 14-115　装配齿轮泵前盖　　　　　　　　　　图 14-116　调入定位销

（2）在打开的"元件放置"操控板中设置约束类型为"重合"，选择如图 14-116 所示的重合 1，设置偏移类型为重合；

（3）单击"放置"下滑面板中的"新建约束"按钮，设置约束类型为"插入"，选择如图 14-116 所示的重合 2，单击操控板中的"确定"按钮，完成第一个定位销的装配，如图 14-117 所示。

（4）重复上述操作，装配另一侧的销，如图 14-118 所示。

图 14-117　装配第一个定位销

图 14-118　装配另一个定位销

4. 调入螺钉进行联接。

(1) 单击"模型"功能区"元件"面板上的"装配"按钮，在"打开"对话框中选择"screw.prt"文件，单击"打开"按钮，调入螺钉，如图 14-119 所示。

(2) 在"元件放置"操控板中设置约束类型为"重合"，选择如图 14-119 所示的圆柱面重合 1，单击"新建约束"按钮，设置约束类型为"重合"，然后选择如图 14-119 所示的重合 2，单击操控板中的"确定"按钮，完成第一个螺钉的装配，如图 14-120 所示。

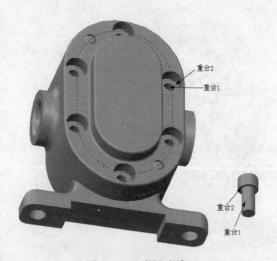

重合2
重合1

重合2
重合1

图 14-119　调入螺钉

图 14-120　装配第一个螺钉

(3) 采用同样的方法重复装配其他螺钉，结果如图 14-121 所示。

5. 调入齿轮轴。

(1) 单击"模型"功能区"元件"面板上的"装配"按钮，在打开的"打开"对话框中选择"gear_1.prt"文件，单击"打开"按钮，打开"元件放置"操控板。

(2) 在"放置"下滑面板中设置约束类型为"重合"，然后选择如图 14-122 所示的距离 2，输入距离为 0.1。

(3) 单击"新建约束"按钮，设置约束类型为"重合"，然后选择如图 14-122 所示的重合 1，单击操控板中的"确定"按钮 ✓，完成齿轮轴的装配，效果如图 14-123 所示。

图 14-121 完成螺钉装配

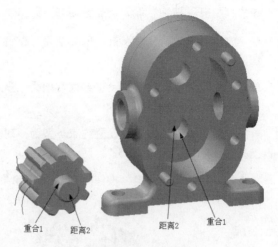

图 14-122 选择面

6. 调入齿轮组件。

(1) 单击"模型"功能区"元件"面板上的"装配"按钮 🔲，在"打开"对话框中选择"shaft_gear.prt"文件，单击"打开"按钮，打开"元件放置"操控板。

(2) 在"放置"下滑面板中设置约束类型为"距离"，然后选择如图 14-124 所示的距离 1，给定偏移值为 0.1。

图 14-123 装配齿轮轴

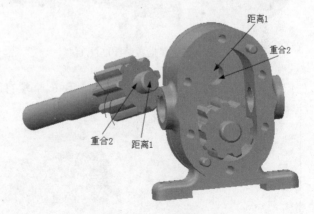

图 14-124 调入齿轮组件

(3) 单击"新建约束"按钮，设置约束类型为"重合"，选择如图 14-124 所示的重合 2。

(4) 单击"新建约束"按钮，设置约束类型为"相切"，选择两齿轮面。

(5) 单击操控板中的"确定"按钮 ✓，完成齿轮轴的装配，效果如图 14-125 所示。

7. 调入齿轮泵。

(1) 单击"模型"功能区"元件"面板上的"装配"按钮 ，在"打开"对话框中选择"back_cover_pump.prt"文件，单击"打开"按钮，调入齿轮泵后盖。

(2) 在"放置"下滑面板中设置约束类型为"重合"，选择如图 14-126 所示的重合 1。

(3) 单击"新建约束"按钮，设置约束类型为"重合"，选择图 14-126 所示的重合 2。

(4) 单击"新建约束"按钮，设置约束类型为"对齐"，然后选择图 14-126 所示重合 3。

图 14-125 装配齿轮组件

单击操控板中的"确定"按钮 ，完成齿轮泵后盖的装配，效果如图 14-127 所示。

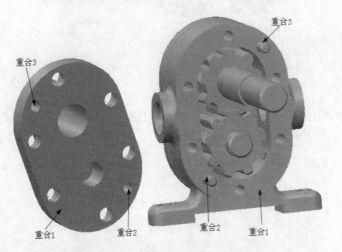

图 14-126 齿轮泵后盖装配匹配面

图 14-127 装配齿轮泵后盖

(5) 采用与前面相同的螺钉装配方法，用 6 个螺钉固定齿轮泵后盖，结果如图 14-128 所示。

图 14-128 装配后盖安装螺钉

14.2.3　齿轮泵爆炸视图

思路分析

　　本例创建的齿轮泵爆炸视图如图 14-129 所示。利用分解图命令先创建原始爆炸视图，然后利用编辑位置命令编辑各个零件之间的距离。

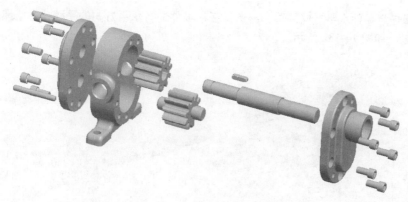

图 14-129　齿轮泵爆炸视图

装配步骤

1. 打开文件。

　　单击"快速访问"工具栏中的"打开"按钮📂，打开上节装配的齿轮泵。

2. 创建爆炸视图。

　　单击"模型"功能区"模型显示"面板上的"分解图"按钮⛰，得到如图 14-130 所示的初始爆炸视图。

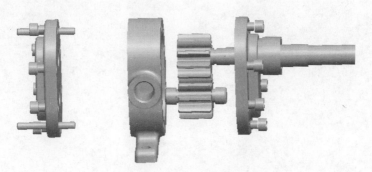

图 14-130　创建初始爆炸视图

3. 编辑视图。

（1）单击"视图"功能区"模型显示"面板上的"编辑位置"按钮🖑，打开"分解工具"操控板，如图 14-131 所示。

图 14-131　"分解工具"操控板

(2) 选择任意零件水平方向的边，再选择任意零件进行水平方向的平移，生成爆炸视图最终
效果，如图 14-132 所示。

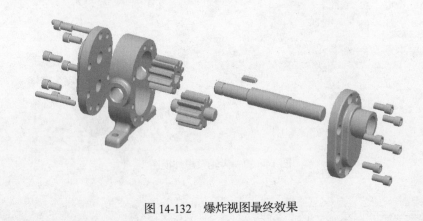

图 14-132　爆炸视图最终效果

| 说明 | 根据需要移动的方向及位置可以变换运动类型或运动参照等，读者可以自己进行试验。读者也可以根据第 11 章所学的知识创建齿轮泵分解动画。 |